基于集合论的煤矿床三维建模与算法研究

朱庆伟　著

西北工业大学出版社

【内容简介】 本书针对煤矿三维可视化面临的理论和技术问题,以集合论的数学理论为基础,归纳和概括了目前三维可视化模型,分析和总结了已有算法的优、缺点,并集成了非平行似三棱柱的数据模型,设计并构建了基于集合论和以非平行似三棱柱(Unparallel Analogical Triangular Prism,UATP)为基础的新的空间数据模型——集合论数据模型(Set Theory Mothod,STM)。该模型从煤矿床的基本特点出发,研究了大量原有三维可视化方法,重点设计了针对煤矿床的模型结构和数据模型,模型把三维空间实体分解为三维点、三维线(包括简单线、曲线、弧段)、三维简单面(包括 TIN 面)、三维面(包括三维面片、三维面组件)、三维体(简单体、UATP 体元等)等 5 种大的空间数据模型等,并通过实例来验证、分析了该模型的性能和效率。书后附有系统框架的部分核心代码算法程序。

本书可作为矿山测量、计算机图形学、地理信息系统、空间信息学等专业的研究生的教材,也可供从事矿山安全、计算机图形学和地理信息系统等理论研究的科研人员和工程技术人员参考。

图书在版编目(CIP)数据

基于集合论的煤矿床三维建模与算法研究/朱庆伟著 . —西安:西北工业大学出版社,2014.12

ISBN 978 - 7 - 5612 - 4254 - 4

Ⅰ.①基… Ⅱ.①朱… Ⅲ.①集论—应用—煤田—三维—建立模型—研究②集论—应用—煤田—算法—研究 Ⅳ.①P618.11

中国版本图书馆 CIP 数据核字(2015)第 008798 号

出版发行:西北工业大学出版社
通信地址:西安市友谊西路 127 号　　邮编:710072
电　　话:(029)88493844　88491757
网　　址:www.nwpup.com
印 刷 者:北京京华虎彩印刷有限公司
开　　本:787 mm×1 092 mm　　1/16
印　　张:16.125
字　　数:457 千字
版　　次:2015 年 1 月第 1 版　　2015 年 1 月第 1 次印刷
定　　价:49.00 元

前　言

　　煤炭在我国能源生产和消费结构中约占 70％的份额。据预测到 2030 年,煤炭占我国能源生产和消费结构的 58％左右市场份额,2050 年,仍将占我国能源生产和消费结构 50％以上的市场份额,因此,煤炭在相当长的时期内仍将是我国的主要能源。然而在我国的煤矿中约70％为地下煤层,其埋藏的范围和几何形状在开采前均为未知状态,如不能完全掌握其地下煤层的几何形状,对煤层高效开采而言,困难重重,容易造成大量的资源浪费,且浪费形势严峻,不容乐观,因此,建立数字矿山系统就是当务之急。煤矿床三维可视化是数字矿山系统中一个重要子系统,既依附又制约着矿井开采大系统。建立安全、可靠和经济的煤矿床三维可视化系统是矿井高效生产的基本保证,是确保我国矿山可持续、健康发展的重要保障。

　　地理信息系统(GIS)是 20 个世纪中后期发展起来的一门新兴学科,随着 GIS 研究的不断深入,三维地理信息系统(Three Divisions GIS,简称三维或 3DGIS)的研究已成为热点,其中有代表性的有数字城市、数字矿山等。

　　20 个世纪后期,随着计算机技术的发展,通过计算机等现代化工具来表现现实世界成为可能,最早人们通过 2DGIS 来表示现实世界,但这种方式未能解决对现实世界空间的第三维信息的表达,特别是对地下不可预知的地质体信息等。为了弥补 GIS 在处理空间真三维信息方面的缺陷,许多学者开始了对 3DGIS 的研究,AutoCAD 就是其中一个,CAD 系统最初用于生成、编辑和显示二维图形,后来用来建立简单的三维图形和图像模型,但对于复杂的三维图形和图像可视化具有一定的局限性。此外,目前大部分三维 GIS 软件不是基于真三维开发的软件,即空间实体的表示不是用真正的三维坐标来表示的,而是用二维 GIS 中的每一组(x,y)值表示一个空间位置,这就不可能对空间实体进行真正的空间分析,更不能进行真三维地理信息的相关操作。其根本原因在于 3DGIS 在诸多方面要比二维 GIS 复杂得多,主要表现在数据采集、数据模型、空间操作及分析算法、系统维护、界面设计等。其中,数据模型是重中之重。

　　数据模型是建立 GIS 软件的一个重要内容,是三维 GIS 的灵魂,可以说,一个好的模型和基于该模型的数据结构是建立三维 GIS 软件的关键,特别是对于地质体来说,由于其几何形态相对要复杂得多,要开发出好的三维地质软件,其数据模型就显得更加重要。目前三维 GIS数据模型从建模要素上可以分为基于面的数据模型、基于体的数据模型、混合数据模型等;从数据存储上来说可分为矢量模型、栅格模型、矢量-栅格混合模型等。

　　本书在前人工作的基础上,主要就以下几方面进行了深入研究,进行了具体分析阐述。①集合论数据模型的建立:集合论是 20 个世纪末一门新兴的学科,现已经成为现代数学和现代逻辑的基础之一,本书用素朴集合论的观点来阐述问题。在对现有数据模型分析研究的基础上,特别是对地质体(包括矿山)相关软件进行了较全面剖析的基础上,运用集合论的原理,提出了集合论的数据模型。该模型将三维空间分成三维点(主要是指三维节点等,对于煤矿床等地质体主要指钻孔点)、三维线(包括三维直线和三维曲线)、三维简单面(主要是指没有孔的连续表面)、三维复合面(包括三维面片、有孔的简单面)以及三维体(包括三维简单无孔体和三维空间体)等。具体描述了这 5 种模型间的拓扑关系的建立,同时推导出了各数据模型间的相关集合操作(包括集合交、集合并、集合补等操作)的具体算式。②提出非平行似三棱柱模型概念:传统的正三棱柱要求三条棱边相互平行且垂直于水平面,是一种理想化的模型,对于地质体实际情况来说,这种正三棱柱模型通常是无法应用的,有学者就提出了类三棱柱或广义三棱柱模型,为了便于理解,本书提出了一种非平行似三棱柱模型概念,该模型包括节点、三角形边、棱边、三角形面、侧面、UATP 等 6 个基本类型,并就其拓扑关系的表达进行了扩展。③集成的数据模型研究以及二、三维集成的一些关键算法:根据集合论模型和非平行似三棱柱的特点,提出了两种模型的集成方法。将空间地质体对象抽象为点状地物、线状地物、简单面状地物、面状地物、体状地物等,并以此数据模型建立了 9 种数据结构:具体分为节点(Node)、曲线数据结构(包括 TIN 边,即简单 Line、棱边 edge、弧段 Arc)、面数据结构、体数据模型等,最大限度地发挥了各自模型的优点。由于目前的二、三维系统大都是相互独立的,本书给出的集成模型可以在一个系统内方便实现从二维到空间三维的相互转换问题,包括转换的框架、数据的处理(包括地质体边界的确定、地质体表面的光滑、平面与剖面对应动态变换、储量的自动生成、地质体各类剖分以及约束三角网的建立)等。

本书附录有一个研发成熟的框架模型系统,结合基于构成要素的数据模型分类方法,把目前空间数据模型分成了 6 个大类,从而可以更加清晰地分辨出各类模型的特点,为设计空间数据模型打下坚实的基础。笔者提出了基于集合论和非平行似三棱柱集成的地质体空间数据模型,并给出了集成模式及核心算法,同时就集成模型的相关操作给出了核心算法。在具体算法方面,给出了求平面凸包的优化算法、逼真的可视化图像处理方法、平剖动态对应的处理算法、光照改进的方法,并给出了以上各算法相应处理的代码。通过以上算法,提高了模型构建速度,三维地质体的显示更加逼真。

在本书出版之际,特别感谢教育部博士点新教师基金(20096121120001)、陕西省自然科学基金(2009JQ5001)、陕西省教育厅专项科研计划(09JK606、12JK0781)、西安科技大学培育基金和西安科技大学矿业工程博士后启动基金等的资助。

由于笔者从事该项研究的时间、经验和水平有限,本书难免存在错误或不妥之处,敬请有关专家、学者、同行和广大读者不吝赐教。

朱庆伟

2014 年 11 月

目　　录

第1章 绪 论

1.1 研究背景

20世纪60年代以来,从加拿大学者 R. F. Tomlinson 提出地理信息系统(简称 GIS)这个概念,到现在已有半个多世纪。陈述彭院士最早于20世纪80年代初将 GIS 概念引入中国,至今也已经30多年了。从 GIS 最早的定义,即将地球科学、空间科学、环境科学、信息科学和管理科学等理论,到现在综合应用计算机技术、遥感技术(简称 RS)、现代地理学和自动制图技术的新兴学科(陈述彭,李德仁,1991;马蔼乃,1996;吴立新,史文中,2003)。目前我国的 GIS 发展已经和国际先进水平日渐接近,但在理论创新和应用的深度、广度等方面仍有不少差距。1992年,Goodchild 提出了地理信息科学(Geographical Information Science,简称亦为 GIS)的概念,认为 GIS 已经不仅是一门技术,而是与计算机、地理学、测绘学密切相关的一门科学(钱学森,1994;马蔼乃,1996;吴立新,2003)。在马蔼乃教授最新出版的专著《地理科学导论》中就指出:地理信息科学是建立在开放的、复杂巨系统基础之上的,是复杂性的科学,它是天地信息一体化网络的、是为可持续发展信息社会服务的重要支柱之一;它是介于自然科学与社会科学之间的"桥梁科学"。因此,地理信息科学对我国的自然科学和社会科学的发展都有着举足轻重的作用。

GIS 的发展最早来源于地图,即使用二维投影方式解决对现实世界各类三维对象的表达,但这种方式未能解决对现实世界空间的第三维信息的表达,使得 GIS 在处理第三维空间信息时遇到了困难。例如,地球科学和工程建设中的地质、矿山、石油、城市等典型应用领域,特别是这些领域中涉及人密切相关的城市、矿山等。为了弥补 GIS 在处理空间真三维信息方面的缺陷,许多学者开始了对 3DGIS 的研究,并将已有的 GIS 系统称之为二维 GIS。基于这种对 GIS 扩展的考虑,人们试图建立一个具有普适性的 3DGIS,CAD 系统最初用于生成、编辑和显示简单的三维图形和图像模型,对于复杂的三维图形和图像可视化具有一定的局限性。

此外,虚拟现实(Visual Reality,VR)技术也是近年来信息技术迅速发展的产物,它是一门在计算机图形学、计算机仿真技术、人机接口技术、多媒体技术和传感技术的基础上发展起来的交叉学科。我国自20世纪80年代以来投入了大量的人力与物力,对 VR 技术进行了深入的研究(王兆其,1999),如图1.1所示。然而,近年来有人将虚拟现实称作 3DGIS,这一点显然是不合适的,因为 VR 系统没有 GIS 中最基本的空间分析功能,不能与现有的一些软件如Arc CAD,ArcGis,Arc View 等进行联合应用。

随着科学计算可视化技术在地质、采矿领域应用的不断深入,人们迫切希望可以快速、准确地处理和分析那些日益复杂的地质、采矿资料并挖掘出隐藏在它们背后的"信息"。各种传统地质资料(剖面图、柱状图等)的简单扫描或计算机化在一定程度上可以做到这一点,但随着现实需求以及技术的发展,这些折中的办法始终无法满足人们对于精确度以及高效性日益提高的要求。因此,还原地质体,如煤矿床、矿区地表沉陷体等的本来面目——建立可视化的三维系统——已经成为目前的研究重点。基于这种对 GIS 扩展的考虑，人们试图建立一个具有专业性的 3DGIS，如三维数字城市、数字矿山、三维地质模型等，由于数据模型是建立三维 GIS 的核心，因此建立三维数据模型成了 3DGIS 研究的核心内容。

图 1.1   虚拟现实

1.2   研究目的和意义

随着 GIS 的迅速发展，人们首先对城市环境中各种三维信息的表达与处理变得日益迫切，人们不仅需要表达单个建筑物或建筑物群体，还需要建立整个城市景观模型，并希望利用这个模型进行有关城市的规划设计、交通指挥、信号站布设等工作。因此，需要处理的数据不再仅限于几个建筑物或一个城市小区，而是整个城市范围内所有需要表达的三维信息。然而在三维 GIS 中，空间目标通过三维坐标定义空间对象，空间关系复杂程度更高，三维 GIS 的可视表现不再是静止的二维地图符号表示，它比二维 GIS 复杂得多，因此必须有专门的三维可视化理论、算法来解决，并借助于三维可视化功能，将客观世界以立体造型技术呈现给用户。对空间对象进行三维空间分析和操作也是三维 GIS 特有的功能。而与 CAD 及各种科学计算可视化软件相比，它具有独特的管理复杂空间对象能力及空间分析的能力。三维空间数据库是三维 GIS 的核心，三维空间分析则是其独有的能力。与功能增强相对应的是，三维 GIS 的理论研究和系统建设工作比二维 GIS 也更加复杂。

三维 GIS 是指能对空间地理现象进行真三维描述和分析的 GIS 系统，是布满整个三维空间的 GIS。其研究对象是通过空间 X,Y,Z 轴进行定义，每一组 (x,y,z) 值表示一个空间位置，而不是二维 GIS 中的每一组 (x,y) 值表示一个空间位置。可以认为，二维 GIS 是三维 GIS 在空间上的简化，三维 GIS 是二维 GIS 在空间上的延伸。三维 GIS 的要求与二维 GIS 相似，但在数据采集、数据模型、空间操作及分析算法、系统维护、界面设计等诸多方面要比二维 GIS 复杂得多。从二维 GIS 到三维 GIS，尽管只增加了一个空间维数，但它可以包容几乎所有的空间信息，突破常规二维表达的约束，为更好地观测和理解现实世界提供了多种选择（朱庆，2004）。

近年来，不少学者致力于三维数字城市的研究（陈军，2000；孙敏，2003），并为此付出了大量的心血。而要建立一个完整的三维数字城市模型还必须解决以下几方面的问题:多种类型的三维数字城市实体的建模;庞大数据量的组织与管理;各种复杂的三维空间关系的表达以及操作;三维空间数据的存储、管理以及查询与检索;提供整个城市范围的实时、快速的可视化;建立用户可以交互操作的三维图形界面。数字城市的具体应用中,如在数字社区的开发建设前,用户可以选定一定的路线模拟飞机飞行或汽车行使效果,或完全由用户用鼠标或操纵杆进行操纵,在三维场景中进行任意漫游。同时在城市物业管理领域,利用三维城市模型可以模拟该小区的三维景观,从而建立数字式的小区,对于小区的建筑物的销售和售后服务进行管理,大大地降低人力、物力和财力的消耗,与通信相结合可以建立智能化的小区。

然而,三维数字城市多半是研究城市地面及其上空的,即地球表面及以上的三维实体的建模,而地下考虑得较少。随着研究的不断深入,特别是当工作的重点和研究范围开始转向较小的领域或地域,如地质、矿山时,发现一个完全不同的表示方式。即主要针对地下实体(这里主要指地质体、矿藏、地下洞室等)的 3D 地学模拟研究(3D Geosciences modeling system, 3DGMS)(Simon W. Houlding,1994;吴立新,2003)。

当建立 3DGIS 时(不论地上或地下),都应具备一些最基本的功能:

(1)能够同时管理三维空间中的零维到三维的空间对象;

(2)以三维可视化形式表现 2.5 维和三维对象;

(3)借助三维空间数据库技术来管理空间信息;

(4)基于三维的空间分析功能,并包容二维 GIS 的空间分析功能;

(5)多数据源包容与集成功能。

当描述 3DGIS 这个概念时,都要运用到地学数据这个概念,即用来描述地球表面或近地表面演化历史及变化趋势的多学科数据,这是因为在具体研究过程中,必定要涉及地层、岩石、构造、古生物、矿产、地球物理化学、遥感,测绘、地籍等领域的数据,这些数据互相关联和联系,所以必须总体考虑它们之间的关系(郭达志,等,2000;黄文斌,等,2001;吴立新,等,2003)。表 1.1 比较了 3DGIS 与 3DGMS(吴立新,等,2003)。

表 1.1　3DGIS 与 3DGMS 比较

	不同之处		相同之处
研究对象	地球表面及以上	地球表面及以下	以地球表面为界
数据来源	大地测量、工程测量、摄影测量与遥感	地质勘探、地球物理、矿山测量、地质解译	规划设计数据、统计分析数据
空间参照	大尺度时球面坐标	大尺度时球体坐标	一般为(x,y,z)
空间构模	以面元构模为主	以体元构模为主	面元、体元可混合使用
拓扑描述	不可或缺	开始研究	基于要素或者对象
空间量算	非以体积计算为主	以体积计算为主	方位、面积计算
空间分析	以可视分析为主	以包含、临近分析为主	其他空间分析
应用领域	城市景观、立体交通、管网规划、军事、环境	地下空间、矿山地质、土木工程、海洋、水文	地球整体、地上下整合

由于数据模型是建立三维地理信息模型(无论地球表面之上还是地球表面之下,这里统称

为三维地理信息)的核心,所以建立三维数据模型成了研究的核心内容。模型是人们对于现实世界的一种抽象,如三维地质(这里主要指煤矿床)模型。它是人们对井下复杂地质实体地质构造的一种抽象,主要描述地质实体、地质构造的空间形态、空间属性和其相互之间的拓扑关系等信息。在模型建立好了以后,其三维可视化就是利用可视化技术将地质模型的空间形态以及各种属性信息以真三维的形式表达出来,达到决策者能够观察,研究人员能够模拟,一线生产、技术人员能够提早认知的程度,从而丰富了科学发现的过程,给予人们对地理科学的新的认知。

矿区一旦建立了地面、地下的三维空间的煤层关系,就会有相当多的应用领域产生,如煤矿生产环境的风险评价、事故模拟与调查分析、生产过程的动态模拟与矿山安全培训等,然而,这些并不是本书的研究方向目标。本书的研究内容是在现有矿区建模软件的基础上,研发出一种新型的、抽象的空间数据模型,该模型可以方便对煤矿区地质体进行建模,而且可以方便、清晰、直观地表现煤矿床的几何形态和分布状态,进而为数字矿山虚拟系统做准备。数字矿山虚拟系统是指利用虚拟现实技术和硬件设备,根据煤矿地层数据、巷道数据、钻孔数据和图像数据模拟出包括煤矿各种自然实体和人工实体在内的三维空间,完全模拟开采过程和开采状态,使矿区研究人员可以在其中改变相应参数,从而观测矿区在一种开采方法下模拟开采中的状态、常量、矿井通风量,等等,真正实现矿井软科学。

目前研究 3DGIS 时,最重要的是解决三个方面的关键问题:三维数据模型、三维分析和三维可视化。在这三大技术中,三维空间数据模型和数据结构理论与方法是三维 GIS 研究的核心技术,它是三维 GIS 能否成功的关键(李清泉,2003)。

在地质矿山领域,随着经济的飞速发展,各国都非常重视能源的开发和利用,而能源多数都埋藏于地下,因此地质工作者非常希望能在具体方案实施前,如果有针对地质采矿的特有 3DGIS 数据模型,则根据现有的各种地质采矿数据方便地绘制出地下各类矿体的等值线图、剖面图、储量预计等。同时应用计算机可视化技术将井下地质构造和矿体几何结构形象、直观的表达出来,并根据虚拟现实技术模拟矿体被开采的状态,这样不仅可以大大提高工作和管理效率,同时可以更准确地进行矿产资源的决策规划,减少矿产资源勘探风险,以产生巨大的社会和经济效益。

众所周知,目前的 GIS 多是以二维或假三维的形式来表达地理信息的,这不利于研究人员理解真实的地理实体及其分布。尤其是在地质和矿业领域,其研究对象如地质体、地质构造、采矿工程等在客观世界中都是以三维的形式存在的,这就要求我们要以真三维的形式来准确表达这些地理信息。三维地理信息系统(3DGIS)是目前地理信息系统领域的一个热点,而三维可视化正是 3DGIS 研究中的一个难点问题,它不仅包括空间实体的表达,而且还涉及人机交互与信息表达方式的研究。研究三维地质建模,建立切实可用的可视化系统,对于三维地理信息的研究是一个有益的尝试。

本书研究的目标是初步建立一个抽象的三维数据模型,并利用素朴集合论的方法对模型可视化显示。综合运用三维建模、可视化、3DGIS、虚拟现实等技术来初步建立一个真三维地质模型的可视化系统,并通过实际矿山数据来建立真三维地质模型,除能够对模型进行可视化显示外,还可以通过直接三维交互的方式对模型进行各种后期可视化处理操作,以更大限度地将模型内部信息展现于用户面前,为勘查设计规划、开采方案确定以及采矿生产的安全预测提供服务。

1.3 国内外研究现状

1.3.1 国外研究现状

目前,市场上出现了一些可以进行三维场景显示、漫游的 GIS 软件,特别是在采矿、地质领域出现了一些专业三维软件,如 ESRI 公司的 ArcView 3D Analyst、加拿大 Lynx Geosystems 公司的 Lynx、Mine 公司的 MineScape、澳大利亚 Earthworks 公司的 InTouch、澳大利亚联邦矿业工程研究组的 Virtual Mine、澳大利亚 Surpac 软件、法国 ENSG 组织的 GOCAD、Ctech 公司的 EVS 和 MVS、GEO Visual System Limited 公司的 GEOCard 等。此外还有 MutiGen 公司的 Creator,Vega 等软件,其开发的 Open Flight 已经成为三维数据的标准;ERDAS 公司的 IMAGING Virtual GIS 软件,可以同时查询三维地物表面的纹理属性和地图矢量层的属性;瑞士 ETH Zurich 大学的 Cyber - City GIS 软件能够进行数字城市的 3DS 模型重建和数据管理;等等。以下就一些有代表性的国外软件进行介绍。

1. ArcView 3D Analyst 软件

ArcView 3D Analys 软件是世界最早的 GIS 开发商 ArcGIS 的三维可视化软件,其最大的特点就是数据的无缝衔接,由于其支持多种数据格式(包括 VRML,3D Studio Max),所以其具有极快的显示速度,特别是对一些多分辨率、多尺度的数据其速度优势显得更加突出。

同时 ArcGIS 3D Analyst 能够对表面数据进行高效率的可视化和地理信息系统分析,也提供了三维建模的工具等。此外,ArcView 3D Analyst 还进一步增强了三维可视化的逼真性,其中包括大量的可用图标、纹理等。

2. Lynx 软件

Lynx 软件于 1987 年推出,为地质技术应用提供软件解决方案。经过不断地改进,Lynx 软件已可以对地质科学信息进行管理、可视化、解释、预测和空间分析,对地表、地下挖掘进行工程设计、计划、生产和观察。在地质模型中,Lynx 软件融面建模技术与体建模技术于一体,不仅能描述复杂形态的地质体,而且能作地质统计分析。

Lynx 软件主要应用两种建模工具:体建模技术和面建模技术。面建模技术一般用在相对简单的地质条件下,而体建模技术多用于稍复杂的地质体建模。此外 Lynx 软件可以进行简单的地质统计,可用于地表、地下挖掘和地下工程结构的交互设计、计划和观测。当进行模型设计时,Lynx 软件可对模型进行交互旋转、摆动、缩放、比例调整、彩色图定义和数据选择。

Lynx 软件的数据结构有 5 种:其中钻孔数据结构和地图数据结构用于管理野外属性资料和简单图形资料;面数据结构和体数据结构用于解释和预测地质构造和地层形态,并能表示地质工程设计结果;格网数据结构用于计算某个投影变量空间变化的等值图(见图 1.2)。

3. MineScape 软件

Mine 公司是一家致力于矿产资源勘探、开发、采矿规划及管理的三维软件系统开发、营销、咨询的国际公司。MineScape 软件主要功能如下:野外数据采集;坑道里面样品资料存储及显示;制作等值线和异常图,地球化学和地球物理剖面显示;勘探和钻孔数据库建立与管理,数据有效性检查和校正;钻探设计及优化;三维地质建模;三维可视化显示和资源储量评估;矿山生产地质管理及坑道的勘探测量管理;中长期的采掘计划制订;经济评价:盈/亏计算分析;

品位控制和采场设计;均衡矿块、采矿、选矿之间的关系;矿山资源储量动态管理;等等。

MineScape 软件在三维地质建模方面,亦采用面体混合建模方法,同样使用的是地质数据、钻孔数据等基础地质资料,具体建模时可提供人际交互的方式来最大限度地减少建模中可能产生的一些错误(见图 1.3)。

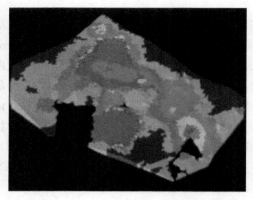

图 1.2 Lynx 软件实现的储量模拟　　　　图 1.3 MineScape 软件实现块段模拟

4. InTouch 软件、Virtual Mine 软件以及 Surpac 软件

这 3 个软件均是澳大利亚的公司或组织研发的产品,InTouch 软件是 Earthworks 公司开发出的一款产品,该软件从其他系统中导入各种不同来源的矿山地质对象和人工物体,用来建立地质体的三维模型。可导入的地质对象有地形、矿体、断层面、矿坑设计、钻孔、地震剖面等。InTouch 软件采用了纹理映射、透明、雾化等图形学技术,增强了地质体的真实性(见图 1.4)。

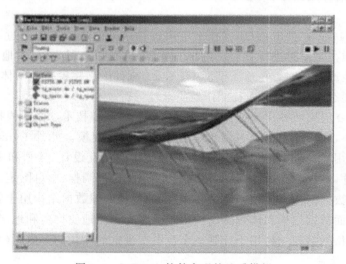

图 1.4 InTouch 软件实现的地质模拟

Virtual Mine 软件是一个将各种不同煤矿数据进行集成和可视化显示的平台(见图 1.5)。通过 Virtual Mine 软件,用户可以直观、立体地观察数据及其相互之间的关系。Virtual Mine 软件采用 Java 和 VRML 进行开发,利用 Web 技术进行发布,因此用户可以通过网页浏览器

Netscape 直接访问虚拟煤矿环境,便于数据共享和用户操作。Virtual Mine 软件不进行具体的虚拟环境建模,所有的数据均在其他软件如 Minescape,Virtuozo,Geolog 6 软件中进行处理,然后使用第三方的软件进行格式转换,输入到 Virtual Mine 软件中。

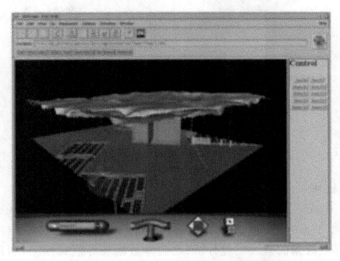

图 1.5　Virtual Mine 软件实现的地质模拟

Surpac 软件根据一组空间轮廓线生成三维面数据,制作勘探线剖面轮廓线,将剖面连接起来,建立轮廓三角网(见图 1.6)。

图 1.6　Surpac 软件实现的地质模拟

5. GOCAD 软件

GOCAD 即地质目标计算机辅助设计,是由点、线重构面以及由 2D 剖面重构 3D 体的建模方式。它主要建立两类模型:几何模型和属性模型。软件研发中除采用 J. L. Mallet 教授提出的离散光滑插值技术(DSI),还采用了适应能力很强的三角剖分和四面体剖分技术,并独立地开发了软件中的地质统计学部分。GOCAD 软件的建模思想是建立在工作流程之上,是以地质建模的内在规律和程序为基本框架的,这样使地质思想得以准确地融合到地质建模过程中。GOCAD 软件实现的地质模拟如图 1.7 所示。

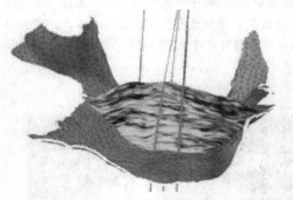

图 1.7　GOCAD 软件实现的地质模拟

6. EVS,MVS 软件

这两款软件是 Ctech 公司开发的具有代表性的产品。EVS（Environment Visualization System）产品共有 3 个系列（EVS for ArcView,EVS Standard,EVS PRO）。其主要特征如下：钻井数据和采样点数据的置入处理分析；绘制体数据和等值线数据；利用专家系统对参数进行评价，使二维和三维的 Kriging 算法达到最优的变量图；具备通过对浓度、矿物质、污染等属性进行颜色显示来激发地质土层的三维可视能力；综合了对于土壤、地下水污染和含有金属岩石的体积或土石方计算的能力；有限差和有限元素栅格模型的产生；三维栅栏图的生成；多种分析物同时进行分析的能力；可以从任意角度、任意方向进行切片的切割；高级动画输出、实时地形漫游、高级地质结构建模、交互式分析以及与 ODBC 软件进行实时交互等。

MVS（Mining Visualization System）软件是可视化应用与分析的旗舰产品，主要增加了针对探矿工程和规划实际需要的功能模块。主要特征模块如下：隧道挖掘；高级纹理工具；坑槽建模；交互式构造分析；工程计算；利用已有的数据分析，选取最优的钻井位置，选取矿物含量较高的地点；等等。

这两款软件主要满足地质学家、地质化学家、环境学家、探矿工程师、海洋学家以及考古学家等多方面的需求。

7. GEOCard 软件

GEOCard 是主要为石油工业开发的三维建模与可视化软件。它主要使用规则格网剖分技术，可以利用钻孔数据或模拟数据建立地质模型，用表面数据建立三维地质网格。该软件应用多种算法插值或随机方法构造格网中的石油物理特性的分析模型。它提供了大量基于网格的建模，使用 Kringing 技术和许多随机建模算法，例如指示器和 Gaussian 模拟。格网中的属性被认为是一个巨大的第四维表格，在地质构造格网中用于存储多种特征变量，在地质分析格网中存储时间步长数据、可视化地质分析特征变量。作为基于格网的变通，GEOCard 软件提供了许多基于对象的算法，用到了 Boolean 技术。这些模拟结果能被网格化成地质构造格网，或作为模板控制基于网格的分析和插值算法。

1.3.2　国内研究现状

相对于国外，国内软件这些年也得到了快速的发展。代表性的有北京东方泰坦科技

Titan 三维建模软件、中国地质大学的 MapGIS 软件、北京理正公司的理正软件、适普软件公司的三维可视软件 IMAGIS;吉奥信息工程技术有限公司的数码城市地理信息系统 CCGIS;北京灵图软件技术有限公司的三维地理信息系统软件系列产品 VRMap;等等,此外,煤炭科学研究总院西安分院推出了矿井三维地质模型软件,它可以建立三维多层地质模型,实现任意地质、水文地质剖面功能、矿井巷道系统三维地质模型显示和成图功能,能够进行储量自动计算,实现光照明模型显示。同时,在其他领域也出现了多种各自的三维工具软件,如机械和建筑行业的三维 CAD 软件,虚拟现实和游戏中常用的 maye 三维建模软件,等等。下面就以上代表性软件做具体介绍。

1. Titan 软件

Titan 三维建模(3DM)软件是基于框架建模的思路研制开发而成的,利用平行或基本平行的剖面数据建立起三维空间任意复杂形状物体的真三维实体模型,并以此模型为基础,为特定的要求提供特定的服务,产品的应用范围非常广泛,包括石油地质勘探、采矿、公路桥梁等土建工程、环境保护等。

该软件有 5 个核心功能模块,分别为:①虚拟钻孔模块,主要功能是编辑钻孔数据;②剖面处理模块,主要功能是建立模型的数据剖面,数据剖面由多边形、环和点元素组成,主要操作内容包括专题的生成,剖面、多边形、环对象的生成,修改、复制粘贴操作,以及剖面类型模板的生成与编辑;③对应关系处理模块,主要功能是建立起专题内剖面之间、多边形之间、环之间和点之间的对应关系,这样便建立起了建模元素之间在三维空间中的联系;④模型处理模块,三维模型的生成和显示、设置、表面积和体积的计算、显示属性的设置、模型切割、切面的生成、显示;⑤SboreMap 模块,主要功能包括剖面组文件的创建和剖面文件矢量化、矢量编辑和统计分析等,也可以方便地制作剖面图和柱状图。

2. MapGIS 软件

MapGIS 软件在三维可视化方面具有如下功能:支持 DEM、GRD、高程库、映像以及多种矢量数据格式,以及海量高程、影像以及其他数据的三维显示浏览;方便地模型库和纹理库管理;采用分层管理地理信息数据,方便地控制显示内容;支持键盘漫游、路径漫游两种漫游方式。

MapGIS 软件是中国地质大学自主开发的一款地理信息软件,其在地质中的应用尤为突出。对于地质资料中的各种成果资料、基本信息进行一体化管理。采用三维可视化技术直观、形象地表达区域地质构造单元的空间特征以及各种地质参数。同时 MapGIS 软件具有任意方向切割、立体剖面图生成、钻孔、地层三维拾取查询、三维空间交互定位、三维空间量算等功能。

3. 理正软件

北京理正公司在三维地质模型方面也做了一定的研究,其推出的地质地理信息系统可以构造三维地质数字模型,表达岩石的构造和产状,显示任意角度的剖面图,并能够进行三维统计、分析、计算(如指定范围的体积计算、土石方分类计算、填挖方计算等);可以自动生成和显示三维地形图、地质图、地层图;能够以多种方式定位、属性图素查询、一般土质条件下的地质构造简单推断。

4. 煤炭科学研究总院软件

煤炭科学研究总院西安分院推出了矿井三维地质模型软件,它可以建立三维多层地质模型,实现任意地质、水文地质剖面功能,矿井巷道系统三维地质模型显示和成图功能,能够进行储量自动计算,实现光照明模型显示。

由于三维 GIS 的复杂性,目前国际国内还没有一个成熟、完整的三维 GIS 系统,与三维 GIS 相关的系统大多集中在三维可视化方面。有些二维 GIS 软件在原有基础上增加了三维功能,使其能够表达现实世界中的三维对象。但真正上成熟的三维 GIS 商业化软件还很难从市场上得到。目前所开发出的三维软件都能进行空间实体的构建、管理、修改和简单查询,同时也能进行目标物的可视化,但空间分析功能还很差。就目前国外软件来说,由于其矿产资源多半是露天矿或浅层埋藏的煤矿,所以其处理对象多半是地面及其以上的目标物,对处理以深采为主的中国煤矿区地质体建模多少有些不妥,且这些软件动辄几十万美元的价格和其高昂的硬件费用,也阻碍了其在中国的发展和应用。而国内软件多半是以深采矿井可视化为研究对象,以地下地质体为对象进行开发,但由于其起步较晚,还不能达到国外软件的灵活、方便的建模状态和良好的可视化效果,究其原因主要还是数据模型建立的不够完善,然而三维空间数据模型是研究解决三维地质可视化的基础和核心。

以上是从三维软件的角度出发来分析其发展现状的,而具体构建时,主要是要考虑其数据的组织和管理,也就是说,是数据模型的设计问题。针对地质体(包括煤矿床等)的建模来讲,其数据模型从大的方面分可以分为基于面的数据模型(如边框模型、不规则三角网模型、格网模型、线框模型、剖面模型、多层 DEM 模型等),基于体的数据模型(如八叉树模型、结构实体几何模型、四面体模型等)和基于面体混合的数据模型(如不规则三角网模型和结构实体几何模型相结合,不规则三角网模型和八叉树模型相结合等)。以上的各类数据模型的具体研究将在第 2 章进行评述。

此外,针对煤矿地质条件,要建立合适复杂地质体的模型主要有以下困难:数据获取非常不便,不论从数据的质量和数量上来说都是远远不够的;地质体本身结构和几何形状非常复杂,很难用已有的规则几何体进行建模;地质条件的不确定性(李德仁,2000),地质现象中存在的复杂性、不连续性及不确定性等客观因素以及三维地质建模的应用目的各异等主观因素,使三维模型的建立缺乏统一而完备的理论技术,导致现有系统缺乏空间分析能力(武强,2004)。

由此可见,研究地质体,特别是煤矿床空间数据模型和其三维可视化是十分必要的,既具有重要的科学意义,又具有很高的市场实用价值。这正是本书研究的主要目的所在。

1.4　主要研究内容和结构安排

数据模型对空间建模至关重要,是开发出优秀的三维地质软件的重要基础。本书由此提出基于集合论和 UATP 集成的煤矿床数据模型的概念,就地质体数据模拟的有关理论和方法以及系统开发进行研究:

(1)从不同的角度出发,深入研究了目前 3DGIS 软件数据建模的发展(包括基于面的数据模型、基于体的数据模型和混合数据模型等),并着重对目前常用的三种建模思想进行分析对比,总结地质空间实体的特点,剖析建立地质体空间数据模型核心问题。

(2)提出了一种基于集合论的空间数据模型,该模型针对煤矿床的特点,将空间矿床分解为三维点、三维线、三维简单面、三维复合面以及三维体等,从而实现了相对复杂的煤矿床的三维建模。

(3)在对三棱柱、直三棱柱、广义三棱柱等的三维地质模型已有研究成果进行分析的基础上,提出了非平行似三棱柱模型概念,并就这种模型的拓扑表达进行扩展,使得程序更容易实现。

(4)提出煤矿床建模的基本思想、方法,提出了将集合论模型和 UATP 模型相集成的一种新型数据模型,同时,就集成的数据模型设计了相应的数据结构,使基于该数据结构的方法能够进行针对任意地质实体间的空间查询和分析,同时对集成模型的拓扑关系进行了分析,并对集成模型间的一些关键运算给出了具体方法。

(5)实现了在同一系统内从二维平面到三维空间的相互转换。对具体转换过程中的一些核心问题进行探索,并给出了相应算法,包括地质体表面边界确定、边界光滑处理、平剖对应、地质体空间剖分,以及 UATP 四面体剖分,等等。

(6)针对提出的集成模型开发了一个试验系统,并以断层和矿区地表沉陷为例,验证了模型的可行性和科学性。

本书的结构安排如下:第 1 章,绪论,介绍论文的研究背景及目的意义,并重点介绍国内外相关研究现状;第 2 章,地质体(煤矿床)空间数据模型的研究现状和特点;第 3 章,模型的具体建立;第 4 章,二、三维模型集成研究;第 5 章,模型的试验与验证;第 6 章,总结与展望。

第2章 地质体空间数据模型

2.1 空间数据模型的概念

在现实生活中,客观世界的万事万物都是具体可见的或者可以认知的,而模型则不同。具体来说,模型是现实世界的本质的反映或科学的抽象,反映事物的固有特征及其相互联系或运动规律(Zlatanova,2000),是人们对事物或现象认识的基础,同时又是进一步获取客观规律的方法和手段。随着计算机的产生,人们为了更好地表现客观世界,以便计算机系统进行有效的管理,通常需要按照一定的规则(模型)来建立描述客观实体本身以及实体之间联系,这种表示实体以及实体之间联系的模型称为数据模型(Data model)(Vossen G, 1991)。

数据模型分成了两类:一种是对真实实体的可量测的、可观察的、可试验的属性进行空间表达和应用而建立的模型;另一种是用户为了规划、计算、决策而设计的模型。这两种数据建模的过程都称之为数据建模。

数据模型是通过数据手段对现实世界的抽象,是操作与完备性规则经过形式化定义的目标集合(Godd,1995)。在数据库系统中,数据模型是描述数据库的概念集合,包括精确描述数据、数据关系、数据语义及完整约束的概念。对数据库而言,数据模型反映了数据的整体逻辑结构,或用户所看到的数据之间的逻辑结构,反映了实体之间的逻辑关系。通用的数据模型有层次模型、网络模型、关系模型以及面向对象的模型(龚健雅,1993)。

陈述彭院士1999年提出了地理空间分类:即把空间分为相对空间和绝对空间两大类。绝对空间是具有属性描述的空间位置的集合,它由一系列不同位置的空间坐标组成;相对空间是具有空间属性特征的实体的集合,它由不同实体之间空间关系构成。在具体数学描述上,王家耀给出了一个数学公式:$S=\{\Omega,R\}$,Ω为地理空间各个实体集合,R表示地理空间实体之间存在的相互联系和相互制约关系。这里我们可以理解为各种拓扑关系。

空间数据模型的种类很多,包括三维、四维,甚至多维信息。空间数据模型是关于现实世界中的空间实体及其相互间联系的概念,是建立在对地理空间的充分认识与完整抽象的地理空间认知模型(或概念模型)的基础上,并用计算机能够识别和处理的形式化语言来定义和描述现实世界地理实体、地理现象及其相互关系,是现实世界到计算机世界的直接映射(吴立新,2003)。王家耀院士将地理空间抽象为四个层面,他认为地理空间最底层是物理数据模型,最顶层是现实世界和现象,层次由高到低关系递进,如图2.1所示。

空间数据模型从大的方面来讲包括几何模型和语义模型,通常主要的研究方向多集中在几何模型上,而语义模型的研究相对较少,只是作为辅助项,由数据库模型来进行描述。

二维数据模型经过近半个世纪的发展,目前已经相对成熟,基于2DGIS的产品已经非常多,且功能相对完善。但由于2DGIS没有第三维的信息,所以不能满足人们对客观世界的更进一步的了解,人们迫切需要新的第三维信息的表达,于是出现了一些2.5维GIS,甚至2.75维GIS,但它们都不是真正的3DGIS。究其原因,主要是空间数据模型的建立问题,因为只有建立好了三维空间数据模型,才能对空间数据进行高效的管理,对空间对象进行形象的表达,才能真正的像 2DGIS 那样做空间分析,等等。

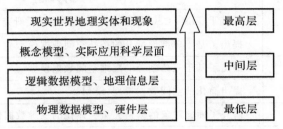

图 2.1　空间数据模型的层次

一旦有了好的数据模型,就可以在模型的基础上设计数据结构。数据结构是数据模型的具体化,空间数据结构是指对描述空间实体的数据进行合理的组织,以便于进行计算机处理(陈述彭,1999)。同时数据结构在设计时反过来可以对模型的合理性和科学性进行验证,因为数据模型决定数据结构,而数据结构是具体的操作和代码映射,是计算机具体的编码、存储和表现方法。任何一种数据模型都需要选择相应的数据结构进行表达。一般来讲,空间数据模型是空间数据表达的概念模型,而空间数据结构是空间数据的逻辑表达与物理实现,前者是后者的基础,后者是前者的具体实现(江斌,等,2002)。

当然,一种数据模型可能有几个数据结构可以具体化,同时,每种数据结构也可以用不同的实现方法进行实现,等等。目前空间数据结构可以分为三大类:矢量数据结构、栅格数据结构、矢量与栅格混合结构。2.2 节将对目前 3D 数据模型的发展和特点进行阐述。

2.2　地质体空间数据模型的发展

目前三维数据模型经过几十年的发展,其数据模型有十几种之多,笔者做了较为系统总结,结果见表 2.1。

表 2.1　三维数据模型的发展

时间	提出者	具体理论
1987 年	Carlson	提出了单纯复形模型(Simplified Complex)
1992 年	Molenaar	提出了三维矢量数据模型(3DFDS)
	郭达志	研究了基于八叉树(Octree)的矿山信息存储结构
1994 年	Li Rongxi	将多种概念引入 3DGIS,结构实体几何(CSG)、边界表示(BR)、指针模型、形状模型(Shape)以及格网模型(Grid)等
	Pilout M	研究了基于四面体的三维矢量数据模型(TEN)
1996 年	Shi Wenzhong	研究了不规则三角形格网(TIN)与 Octree 的混合数据模型
1997 年	李德仁,等	提出了基于 Octree - TEN 的混和数据模型
	龚健雅,等	提出了矢量与栅格集成的面向对象三维空间数据模型
	李青元	基于点、边、环、面、体元素的五组拓扑关系结构

续 表

时间	提出者	具体理论
1998 年	李清泉	对基于 TIN - CSG 的混合数据模型进行了研究
	陈军	提出了基于单纯形剖分的拓扑空间数据模型
	孙敏	提出了基于三角剖分的三维空间数据模型
2000 年	Zlatanova	提出简化的空间数据模型（SSM）
	边馥苓,等	研究了面向对象的栅格矢量一体化的三维数据模型
2001 年	曹代勇	对地质模型的各种模型进行综合分析
2002 年	Coors	提出了城市数据模型（UDM）
	吴立新,齐安文	广义三棱柱体的三维数据模型（GTP）
	侯恩科	研究了面向地质建模的三维拓扑数据模型
	武强	就地质体三维可视化进行了较为深入的研究
2003 年	史文中,吴立新	研究了操纵复杂三维对象的面向对象三维数据模型（OO3D）
	李建华	研究了基于单元分解表示（CE）、CSG 和 BR 数据模型

从表 2.1 可以看出,各国学者都对三维空间数据模型进行了大量的研究。表中所列的这些模型基本代表了研究的主流。针对研究的情况,2001 年王家耀院士对模型进行了分类,将三维空间数据模型归纳为基于面表示的数据模型（Facial Model）、基于体表示的数据模型（Volumetric Model）和集成表示数据模型（Hybrid Model or Mixed Model）;2002 年,杨必胜博士将三维空间数据模型分为面结构数据模型、体结构数据模型、栅格（Raster）和矢量（Vector）与栅格集成（Integration）的数据模型;2003 年,吴立新教授从三维空间构模原理的角度将空间构模方法分为基于面模型的准三维构模、基于体模型的构模和基于面体混合构模;2004 年,Zlatanova 将三维空间数据模型分为几何数据模型和拓扑数据模型;随着面向对象技术的发展,边馥苓等人提出了分类还应该把面向对象单独考虑等等分类方法,具体见表 2.2。

表 2.2　数据模型的分类

提出者	具体分类方法
王家耀	Facial Model,Volumetric Model,Hybrid Model
杨必胜	Facial Model,Volumetric Model,Raster-Vector Integration
吴立新	基于面模型的准三维构模、基于体模型的构模和基于面体混合构模
Zlatanova	几何数据模型和拓扑数据模型
边馥苓	从面向对象角度出发考虑进行分类
……	……

但就目前而言,若从几何角度看,王家耀院士提出的分类方法认同度最高;从数据格式来看,将空间数据模型分为矢量、栅格及集成混合模型等。下面结合几何角度和数据存储格式角

度两个方面来总结目前三维空间建模的分类,见表 2.3(吴立新,修改)。

表 2.3　三维空间建模法分类

Facial Model		Volumetric Model		Hybrid Model
		Regular	Irregular	
Vector	TIN	CSG	TEN	TIN - CSG
	B,Rep		GTP	
	Wire,Frame		GEOCellular	
	Section,TIN		Irregular Block	
	Multi,DEMS		3D Voronoi	
	3D FDS		Pyramid	
Raster	Grid,Shape	Voxel,Octree	None	None
	Grid DEMs	Regular Block		
V - R integration	Grid - TIN	Needle	None	TIN - Octree
				Octree - TEN
				Wire Frame - block

从表 2.3 可以看出目前三维空间数据建模的方法很多,但每种方法都有其局限性。事实上,国内外在三维可视化方面的研究十分广泛,主要集中在模型的数据模型研究、可视化处理研究、三维拓扑关系研究等方面。虽然许多专家在这方面已经进行了大量的研究,但其理论与技术仍未成熟,仍然需要在实践中不断地探索。各种数据模型如矢量模型、表面模型、体元模型在使用过程中都存在着不同程度的优缺点。从模型的表达显示方面来讲,大部分数据模型只注重模型的外表,对内部结构与属性的表达做得不够,没有形成一种行之有效的表达模型。从模型的操作方面来讲,无法完全做到直接的三维交互。

　　这里,将按照三维空间数据的三个大的分类:基于面的数据建模、基于体的数据建模和基于混合模式的数据建模,并结合表 2.1,表 2.2 和表 2.3 等,就目前主要的三维空间数据建模方法进行简要评述。

2.2.1　基于面的数据建模

　　基于面的数据建模主要有面片模型(Facets)如不规则三角网(TIN)、边框模型(B - rep)、线框模型(Wire Frame)、简化空间数据模型(SSM)、面向对象数据模型(OO3D)等。

　　(1)面片模型(Facets):可以说是最早的面状数据模型。就是用不同大小和形状的面片来近似地表达地质体的表面,这些形状包括正方形、矩形、三角形以及一些规则四边形或多边形等。当面片的形状是大小相等的正方形格网时,它就是 Grid 模型,其格网中的其他值可以通过内插的方法求得。在面片模型中,发展最成熟的就是 TIN,它采用某种规则(如 Delaunay 规则)将三维物体表面采集的无重复的散乱点进行三角剖分,使得这些散乱点形成连续但不重叠的不规则三角网,并以此来描述物体的表面。目前的数字高程模型多半采用这种方法。

　　(2)边框模型(B - rep):主要是通过点、边、面来描述,同时引入了环(或称边界)的概念,这里的面可以是由不同的边构成或是由环确定的,环是由边组成的,而边又包括直线边或是曲线边等,边和边之间或边和环之间是通过点来连接的。其优点是结构清晰,缺点是难于开发并维护。长方体 B-rep 示例如图 2.2 所示。

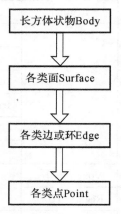

图 2.2 长方体 B-rep 示例

(3)线框模型(Wire Frame):(赫尔丁 S. W.,1989)线框模型是用直线把建模对象表面的采样点或特征点连接起来,形成一系列多边形,然后把这些多边形面拼接起来形成一个多边形网格来模拟三维对象,例如,地质研究领域的矿体边界或开采边界等。有的系统会将多边形网以三角形填充。当采样点或特征点沿环线分布时,所连成的线框模型称为连续切片模型(见图 2.3)。

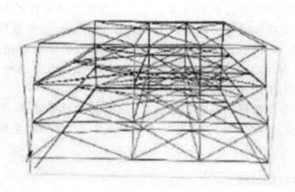

图 2.3 线框模型示例

(4)简化空间数据模型(SSM):(Zlatanova,2000)该模型将空间对象定义为四类空间对象,即点、线、面、体等,定义了两个构造对象节点和面元素。该模型中节点为最小的描述单元,可以用来描述点、线、面等对象,面元素可以用来描述表面实体和体实体,且必须是凸的平面。该模型的主要特点是不再考虑弧段显示存储,去掉了弧段和面的一一对应关系,也就是说,一条弧段可以属于两个以上的面所有。在空间分析阶段,该模型采用 9 交模型来建立实体间的拓扑关系。特别是在城市建模方面,对建筑物的建模特点突出,可视化速度较快,得到了一定的应用(见图 2.4)。

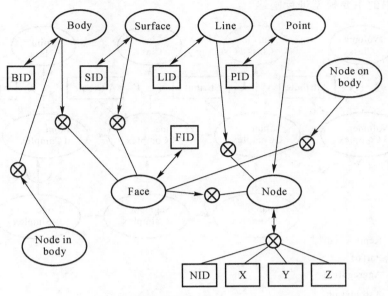

图 2.4 简化空间模型(Zlatanova,2000)

(5)面向对象数据模型(OODM):20 世纪 90 年代初,人们利用面向对象的技术来建立 GIS 软件,从而提出了面向对象数据模型。它是对空间对象的属性数据(状态)和对这些属性数据进行操作的方法(行为)进行统一建模,并永久存储。面向对象数据模型可以建立对象层次结构,符合地理要素层次分类结构,便于应用开发和数据建模等特点。

Shi W. Z. 将三维空间对象抽象为点、线、面、体(包括简单体和复杂体)4 个层次,研究了面向对象三维的概念模型、逻辑模型和形式化描述,并以香港 3DCM 为例进行了实验分析。该模型由基本目标类型——节点、线段、三角形——和两个扩展类型——面和体——组成,同时定义了 5 个约束规则,在此基础上可以生成复杂点、线、面模型。由此可见它的层次非常清晰:线段由点组成;线是由线段连接而成;面或体都是由三角形构成;体是由有边界的面构成(归根结底是由三角形构成),等等。由于 TIN 建模技术已经比较成熟,因此 OO3D 和 3DCM 技术一样在构建城市三维实体方面优点突出,且其数据的拓扑关系相对简单,对象操作相对简单,但其三维空间分析功能较弱。其主要特点如下:可以建立自然的表示现实世界的概念模型;提供了概念模型到逻辑数据模型以至物理数据模型一致的表示方法;面向对象特性是一种开放式的系统;数据的多态性;为建立构件式和分布式系统提供了基础;可以增加知识的表示方法,以支持更高级的空间分析和辅助决策(见图 2.5)。

2.2.2 基于体的数据建模

体建模是目前唯一的一种真三维的空间建模方法,因而可以对三维空间进行分析和操作。关于体模型的分类也有好几种,这里从体元的规则与否主要分为规则体和不规则体两大类,基于规则体元的建模主要有结构实体几何(CSG)、八叉树模型(Octree)、规则块体模型(Regular Block)、针体模型(Needle)、三维体素模型(Voxel)等;非规则体建模主要有非规则块体模型(Irregular Block)、实体模型(Solid)、四面体模型(TEN)、金字塔模型(Pyramid)、地质细胞模型(Geocelluar)、三棱柱模型(Tri—Prism)、3D Voronoi 模型和广义三棱柱(GTP)等 8 种模型,下面就其中的主要模型进行阐述。

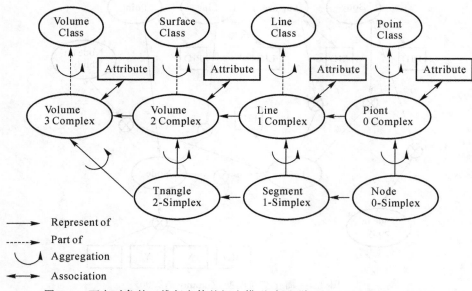

图 2.5　面向对象的三维复杂体的概念模型(杨必胜,2002,Shi W.Z.,2003)

(1)结构实体几何(CSG):(Voelcker & Requicha)是指先将一些简单的几何形体,如立方体、圆柱体、球体、圆锥等通过必要的几何正则运算,如并、交、补等和必要几何变换,如旋转和平移等操作进而生成实体的过程(见图 2.6)。用这种方法生成的三维物体可以用一个简单的CSG 树来表示,即树的根节点是具体的布尔操作或是几何变换操作,而叶节点是具体的事先定义好的那些几何形体。该模型对一些相对简单的实体相当有效,而对一些复杂的三维实体表达不是很方便。

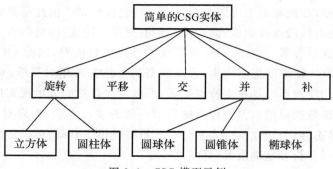

图 2.6　CSG 模型示例

(2)八叉树模型(Octree):是三维体素模型(是指用相同大小的体素来剖分需要表示的 3D实体的模型)的拓展,而三维体素模型又是 2DGrid 的扩展。在八叉树模型中,顶端是根节点即需要表达的实体本省,然后向空间 x,y,z 三个方向进行分割,该方法将三维空间区域分成 8个象限,且在树上的每个节点处存储 8 个数据元素,当 8 个数据元素的属性值唯一时就停止分割。此时的每个树上的叶节点都是唯一的值,因此得到一个八叉树。八叉树的编码有普通八叉树、线性八叉树、三维行程编码八叉树等,其中线性和三维行程编码八叉树由于数据压缩量大,操作灵活,在三维数据结构中用得较多(韩建国,1992)。Octree 模型在医学、生物学、机械学等领域已经得到了成功的应用,但在矿床地质建模中有较大的局限性。八叉树的主要缺点是其数据量大,当提高三维实体显示精度一个数量级时,其数据量将直接扩大 100 倍(李清泉,1998)。基十八叉树,肖乐斌等人 1998 年提出了四层矢量化八叉树层次结构,边馥菱等人2000 年提出了面向目标的数据结构。这些都是可以控制其数据量的有效设想,因此如何有效地控制其数据量是八叉树急需要解决的问题(见图 2.7)。

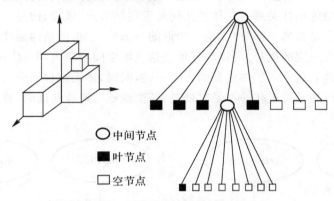

图 2.7　八叉树模型(侯恩科,2002)

(3)规则块体模型(Regular Block,RB):(Simon W. H.,1994)规则块模型是传统的地质构模方法,它把要建模的空间按照一定的方向(3 个正交的方向)和间隔分割成规则的 3D 立方网格,称为块段,在每个块段中,由克立格法、距离加权平均法、杨赤中滤波与推估等方法所确定的品位、质量或其他参数被视为常数,即块体均被视为一个均质同性体。比较典型的有RTZ 公司开发的 OBMS 和 OPDP 系统、Control Data 公司的 Mineval 系统和 Minetec 公司的MEDS 系统。该模型的优点是数据结构简单、规律性强、容易编程实现,其缺点是描述矿体形态的能力差,在矿体边界处误差大,尤其对复杂矿体,模拟效果不理想,不能精确模拟矿体边界或开采边界(见图 2.8)。

(4)非规则块体模型(Irregular Block,IB):IB 与 RB 的主要区别表现在,规则块体 3 个方向的尺度不相等,而非规则块体不仅尺度不相等,而且不是常数。IB 的优点是模型的精度较高(见图 2.9)。

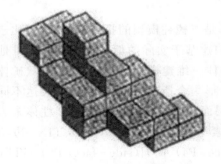

图 2.8　规则块体模型

图 2.9　非规则块体模型

(5)实体模型(Solid):该方法采用多边形网格来精确描述地质和开挖边界,同时采用传统的规则块模型来独立描述实体内部的品位或质量的分布,该模型既可以保证边界构模的精度,又可以简化实体内部属性表达和体积计算,缺点是在具体建模时需要人工输入很多参数,工作量巨大。

(6)四面体模型(TEN):(Pilouk,1994)该模型是在 TIN 的基础上提出来的,模型把不规则四面体作为基本体元素,把空间离散的点两两相连,并使其互不相交,然后把这些线段连接成互不相交的四面体,从而把一个空间实体剖分成一系列这样的四面体,通过四面体间的邻接关系来反映空间对象的拓扑关系。具体的几何元素包括节点、弧段、边界、三角形以及四面体。它们之间的关系是点是弧的一部分、弧是三角形的一部分、三角形是四面体的一部分。该模型对于地质体的表达有一定的优势,可以较好地表达三维空间对象内部及实体内部的拓扑关系。通过插值可以精确地表达空间实体内部的不均一性,同时,体元结构简单,操作时计算量小,可以有效地进行插值运算及可视化。不足之处是,在生成三维连续曲面时,算法设计复杂。其数据模型如图 2.10 所示。

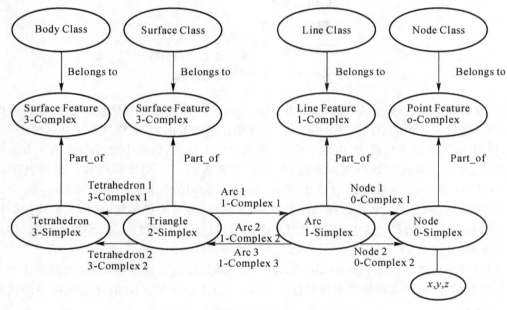

图 2.10 四面体模型(Pilout M.,1994)

(7)广义三棱柱(GTP):(吴立新,史文中,2003)是三棱柱模型的拓展,该模型相比三棱柱而言,并不要求三棱柱的三条棱边平行,因而可以构建基于实际的偏斜钻孔的真三维地质模型,并能处理复杂的地质构造。GTP 主要用于地质体三维建模,尤其是适用于层状矿体的描述。GTP 建模原理是,用 GTP 的上、下底面的三角形集合所组成的 TIN 面来表达不同的地层面,然后利用 GTP 侧面的空间四边形面来描述层面间的空间关系,用 GTP 柱体来表达层与层之间内部实体。GTP 构模单元由 6 个基本元素组成:节点(Node,P1)、TIN-边(TIN-edge,P2)、侧边(side-edge,P3)、TIN 面(TIN-face,P4)、侧面(side-face,P5)、GTP(P6)。此外还引入了对角线概念,目的是在切割时提高处理速度。从 GTP 建模的特点中可以看出,当其 P3 退化成一个点时 GTP 模型就变成 Pyramid 模型,当 P5 退化成一条线时 GTP 模型就变成 TEN 模型。由于 GTP 直接基于原始钻孔数据建模,因此可以最大限度地利用钻孔数据来表达地质体层与层的空间关系,使得所构建的模型更符合实际地质状况并确保了模型精度（见图 2.11 和图 2.12）。

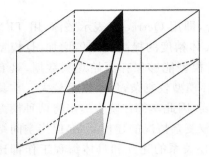

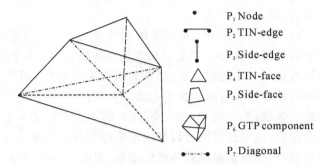

图 2.11　广义三棱柱模型(吴立新,2002)　　　图 2.12　GTP 单元组成要素(吴立新,2002)

2.2.3　基于混合的数据建模

目前基于面的数据建模主要侧重构建实体的表面,而不能处理实体的内部,不能进行空间分析,但数据容易更新和显示,并且处理速度快;而基于体的数据模型可以看出其优点是可以进行空间分析和查询,缺点是数据量巨大,占用很多存储空间,算法复杂,实现困难,且处理速度慢。因此一些学者将这两种模型结合起来建模,以最大限度地发挥各自建模的优点。它一般是利用一组数据文件形式来存储几何空间数据和拓扑关系数据,而利用通用的关系数据库管理系统(RDBMS)的关系表来存储属性数据,通过唯一的标识符来建立它们之间的关联、访问和运算。近年来,一些大的 GIS 公司都在应用这种模式。混合数据模型的发展主要包括TIN+CSG,TIN+Octree,Wire Frame+Block,TEN+Octree 等,下面分别进行简要评述。

(1)TIN+CSG:即不规则三角网和结构实体几何模型相结合,李清泉和孙敏作了一定研究,这也是目前在数字城市中应用得较多的混合数据模型。具体来讲,就是用 TIN 模型表示地形表面,以 CSG 模型表示城市建筑物,两种模型的数据是分开存储的。为了实现 TIN 与CSG 的集成,在 TIN 模型的形成过程中将建筑物的地面轮廓作为内部约束,同时把 CSG 模型中的建筑物的编号作为 TIN 模型中建筑物的地面轮廓多边形的属性,并且将两种模型集成在一个用户界面上。这种集成是一种表面上的集成方式,也就是说,一个建筑物只由一个模型来表示,然后通过建筑物地表公共边界来连接其与其他地物的边界,因此其操作与显示都是分开进行的。同时,对于复杂的地质构造,TIN+CSG 在城市数据建模时有一定的作用。

(2)TIN+Octree:即不规则三角网和八叉树模型相结合,史文中等人对该模型进行深入的研究。具体来讲,就是用 TIN 来表示一切空间对象的表面,用 Octree 表示一切空间对象的内部,用指针来关联它们。操作时,用 TIN 来进行空间对象可视化和对象间的拓扑关系的建立,用 Octree 来进行空间对象内部的描述,如断层等。这种模型充分考虑了 TIN 和 Octree 的优点,可以较有效地进行实体的显示、数据压缩;缺点是在模型的编辑、数据的检索方面比较复杂,数据维护比较困难,且 Octree 数据须跟随 TIN 数据的改变而改变,容易引起指针混乱。因此该模型具体应用时比较烦琐。

(3)Wire Frame+Block:即线框模型和块体模型相结合,即用 Wire Frame 模型来表示实体的外形,用 Block 来表示实体的内部,为提高边界区域的模拟精度,可按照某种规则对 Block

进行细分,例如,以 Wire Frame 的三角形面与 Block 的截割角度为准则来确定 Block 的细分次数,该模型实用效率不高,即每一次开挖或地质边界的变化都需要对模型进行一次修改(吴立新,2003)。

(4)TEN＋Octree:即四面体模型和八叉树模型相结合,即用 Octree 来表示整体,用 TEN 来表示局部。Octree 模型的缺点是其数据量将随着表示实体精度的提高而成倍增加,且模型始终只能是一个近似的表达,不能保留原始数据,而 TEN 模型能够保存原始观测数据,具有精确表示目标和空间拓扑关系的能力,与八叉树相比,TEN 模型较复杂,且数据量较大。在具体地质领域,单一的 Octree 或 TEN 都不能很好的满足需要,因此李德仁院士提出将两种模型结合起来,该混合模型可以解决地质体中断层或结构面等较复杂情况的建模问题,但当空间结构较多时,其数据量还是要成倍增加,因此,空间实体间拓扑关系的建立和具体编程工作都比较复杂、困难(见图 2.13)。

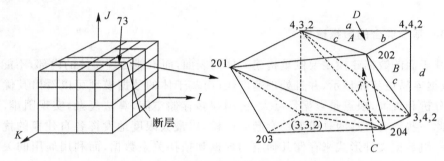

图 2.13　八叉树和四面体混合(李德仁,1997)

2.3　地质体模型的特点分析

2.3.1　地质体建模方法比较

通过 2.2 节的阐述,可以系统地了解到目前 3DGIS 空间建模的发展状况,目前还没有一种统一的方法可以应用。在地质领域更是如此,究其原因是地质体的复杂程度高,而且其数据的获取和数据本身的质量都存在一定的问题,因此在建立模型时考虑的问题就比较复杂。下面就地质体空间建模的方法进行了比较(见表 2.4)

从表 2.4 的前 5 行可以看出,基于面的数据模型其共同特点是易于表示空间实体的表面,可视化效果较好,且数据更新相对较为方便,系统实现和维护起来也比较容易。但是其主要的缺点就是不能有效地进行三维地质体内部的表示,不能有效地进行三维地质体空间分析和查询。

从表 2.4 的第 6 行到第 11 行可以看出,基于体的数据模型其共同特点是直接从地质体内部构造出发,比较容易表示三维地质体边界和内部构造。在体模型的研究过程中可以针对地质体本身的不同分为两种:规则体如建筑物和非规则体如煤层(煤矿床等)。这种基于体的数据模型可以很好地进行地质体空间查询和分析,是真正的 3DGIS,但就目前而言,这种形式的数据模型有一些共同的缺点或不足,就是数据在具体建模的过程中,交互工作量巨大,对复杂地质体可视化效果不是很好,且随着空间表达精度的提高,其数据量将成几何级数形式增长,同时在程序实现和维护上都有很大的工作量。

表 2.4 的最后 3 行是基于面体混合的数据模型,这种数据模型集成了面模型和体模型的优点,取长补短,来实现对三维地质体的描述。这种混合模型可以是单纯的面模型与面模型规则体示的混合,可以是体模型和体模型的混合,还可以是面模型和体模型的混合。目前研究最多的就是这种面模型和体模型的混合,这种模型多半还是分开进行模型的建立,然后通过集中的管理来实现的。因此其特点就是对三维地质体可视化而言效果不错,同时可以进行必要的空间查询和分析。这种混合数据模型分开进行模型的建立,虽然其模型的实现相互影响较小,但综合管理难度较大,不易操作。因此李德仁院士提出直接建立一种新的模型:即"集成模型"来直接表示,但目前还只是一种想法而已。就近年来的研究热点来看,还是以基于面体混合的数据模型比较受青睐。

表 2.4 地质体常用空间数据模型比较

模型名称	构成要素	特点	应用性
TIN	三角网面片	精度较高,可视化效果较好;拓扑关系不宜建立	较复杂地表地质体表面
Grid	正方形、长方形	数据量大;精度不高	平坦地表地形
BP	点、边界、面、体	有利于几何运算;数据量大,不宜维护	结构相对简单、规则的地质体
WF	有边界的面	数据结构简单、存储量小;不能描述矿体内部信息	地质体表面可视化处理
Multi-DEMS	以 DEM 来进行模型缝合	结构简单,可以反映每层信息;不能描述矿体内部信息	对层状地质体
Needle	三维格网在 Z 方向进行行程压缩	数据结构简单、空间占用少;数据精度低,处理速度慢	对层状地质体
CSG	提前定义好的规则体元	层次关系明确,精度较高;不规则体表示能力差,拓扑建立困难	规则地表构筑物或规则地质体
Octree	用八叉树进行规则剖分	结构简单,存取方便;数据量太大,数据管理不便	结构简单的规则地质体
RB	规则的块段	结构简单,计算方便;不能精确表达	结构变化不大的地质体
TEN	节点、弧段、三角形和不规则四面体	可视化效果好,能精确模拟边界;数据量大,算法不易实现	简单或复杂地质体模型
GTP	节点、TIN 边面、侧边面以及 GTP	适用于不规则地质体的描述;可视化方面稍有困难	规则或不规则地质体的模型
TIN+CSG	三角网面片和规则体元	可以描述规则实体的外部和内部;对不规则地质体表达困难	规则实体
TIN+Octree	三角网面片和八叉树剖分	拓扑关系较好建立,可视化较好;Octree 指针不好控制	地质矿山不规则实体建模
TEN+Octree	节点、弧段、三角形、不规则四面体和八叉树剖分	表示精度较高,占用空间较少;程序实现困难,拓扑建立困难	地质构造不是很复杂的情况

当然表 2.4 只是列出了主要的针对地质体的空间数据模型,还有一些在其他领域的空间数据模型也发展很快,特别是在工业设计和数字城市领域。在工业制图领域用 CAD 结合 3DS 或 3DMAX 进行设备结构的空间可视化,取得了较好的效果;在数字城市领域简化空间数据模型(Simplified Spatial Model,SSM)、城市数据模型(Urban Data Model,UDM)、三维城市模型(3 Divisions City Model,3DCM)等都是近年来提出的针对城市建筑物的数据模型。但是,目前针对复杂地质体的建模方法还很少,还需要进一步深入研究。

从 GIS 角度来看,3DGIS 空间模型还可以分为矢量和栅格两个大类(参见表 2.3),当然还可以是两种的混合模式,但这些模型都有自身的一些缺点。对于矢量模型来说,其数据量相对较少,精度相对较高,其主要是包括一些基本的对象如点、线、面、体等,但生成的拓扑关系相对复杂,维护较困难等;对于栅格数据模型来说,其空间单元离散化表示,并它没有真正的坐标表达,因此就没有拓扑关系描述,就这一点来说既是本身最大的缺点(不能描述空间地质体的相互关系,数据量大),又是一大优点(操作相对简单,可以清楚地表达空间地质体的内部结构和构造等)。

可见,由于具体应用不同,在 3DGIS 方面目前还没有通用模型,这是因为不同的模型其适用不同:有的模型注重三维可视化,有的模型注重空间分析功能,有的模型注重编辑功能,等等。因为不同的行业有不用的需求,笔者认为没有必要把这些模型进行统一,只要针对不同的行业、不同空间实体进行有针对性的设计就可以。由于单一数据模型(不论是面模型还是体模型)都很难完成一个系统的需要,因此发展混合数据模型将是 3DGIS 发展的总的趋势。

2.3.2　地质体建模的核心问题

许多学者在地质体建模方面进行了大量的研究工作,笔者对其进行深入研究后,归纳出一些有代表性模型的构成要素、特点及其适用范围(详见表 2.3 和表 2.4),在详细分析、比较各类地质体模型的基础上,揭示地质体建模成败的根本原因:

(1)要建立地质体三维图像,其最大的困难是获取大量的、高质量的空间第一手数据,只有针对这些数据进行的模型设计才是行之有效的。对于地下不可见的地质体来说,先期主要的数据有钻孔数据、矿区平面大比例尺地形图数据、与平面图对应的剖面图数据;随着开采工作的进行,对矿体(如煤矿床)的认识也进一步认知,于是可以得到矿体的摄影测量数据,矿区表面遥感数据,其他格式的纹理数据,等等,这些数据在生成矿体可视化时作用很大,可以大大提高可视化的逼真性和真实性。

(2)对煤矿床的三维表达,主要考虑煤层的形态。大量的生产实践发现,煤层多半是呈层状分布的,而且层与层之间大都是连续变化的,因此建模时可以考虑用较成熟的 GRID 或 TIN 建模,然后层与层之间用适当 DEM 来关联等。

(3)地质体(这里主要是指煤层)通常包含大量地质构造如弯曲、褶皱、断层等,要区分这些不同的地质构造,就必须通过表达其边界来描述。对于三维地质体,单纯用矢量数据结构不能解决地质体内部物质的不均一问题,单纯用栅格数据结构又不能完整、精确地模拟地质体表面,容易产生精度较差结果。因此建立矢量栅格混合数据模型是描述地质体模型较好的方法。

综上所述,要建立系统的地质体模型,就必须能够完全集成矢量和栅格数据模型,并且该模型可以实现对空间地质体的查询和分析等基本功能的操作。

第3章 基于集合论和非平行似三棱柱集成的地质体数据模型

3.1 基于集合论和非平行似三棱柱的数据模型的设计

要进行三维地质体的表达,不论是进行可视化还是进行空间分析,数据模型都是最关键的。有了好的数据模型,就可以根据数据模型的特点设计相应的数据结构;有了好的数据结构,程序实现和维护就比较容易。

这里笔者以矿体三维空间数据模型为研究目标,进行模型的概念设计和逻辑设计,将矿体空间对象抽象分解为点、线、简单面、面(或称复杂面)、体5个基本类型,提出了基于集合论操作的空间数据模型。

3.1.1 集合论的特点

集合论(Set Theory,ST)是20个世纪末一门新兴的学科,现已经成为现代数学和现代逻辑的基础之一,成为数学和逻辑领域的工作者一门必不可少的基础知识。Cantor 最初提出的集合的概念,指明集合的两大特点:素朴和直观。由于集合本身有相斥性,所以必须用严密的公式化思想将其进行叙述,因此就产生了公理集合论,可以这么说,公理集合论是集合论发展的一个历程碑。

本书用素朴集合论的观点来说明问题,主要原因是素朴集合论把一些和集合一样基本的概念一起用最基本的形式语言来表示,即这些概念是平级关系;而公理集合论则把这些同样基本的概念用集合论的概念进行描述,即素朴集合是其他概念的基础,是递进关系。对于像自然数、整数、有理数、实数,素朴集合论不把这些数认为是集合,而是把这些数的集合来作为集合处理。同样,不把数的性质归结为集合的性质来理解。众所周知,数学中最重要的证明方法之一——数学归纳法,其最基本的理论基础就是源于素朴集合论的观点。由此可见素朴集合论对科学发展的重要性非同一般。

但集合本身都是非常抽象的,为说明问题,现从数学的基本角度出发,用素朴集合论的知识来描述空间实体。为此,先介绍一些基本定义:

N:表示自然数集合;

Z:表示整数集合;

Q:表示有理数集合;

R:表示实数集合;

对于上面的定义显然有 $N \subseteq Z, Z \subseteq Q, Q \subseteq R$,即前者是后者的子集,对于任意元素来说,当它属于集合时,用 $\in$ 表示,例如若元素 $x \in N$,则 $x \in Z$。

对于集合 A,集合 B 来讲:

集合的交,定义集合 A 和 B 公共元素的组成的集合称为集合的交,用 $A \cap B$ 表示;

集合的并,定义集合 A 和 B 所有元素组成的集合称为集合的并,用 $A \cup B$ 表示;

集合的差,定义所有属于 A 而不属于 B 的元素组成的集合,用 A/B 表示;

集合的补,定义所有不属于集合 A 的元素组成的集合称为集合的补,用 A^{-1} 表示;

这是集合的最基本的几条概念,具体参见图 3.1。通过这些概念可以直接推导出一些常用的集合定理,这些定理对集合的应用非常重要,如幂等律、交换律、结合律、吸收律、分配律等。

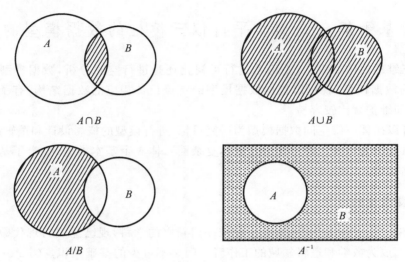

图 3.1　集合的交、并、差、补

此外,映射的概念也是集合中的一些重要的基本概念,包括单射、满射、双射和逆映射等等,这些概念和定理对理解集合的特点尤为重要。

3.1.2　集合论的数据模型(ST)

下面就从空间地质体的特点出发来分析并建立集合论的数据模型。

传统的三维空间数据模型大都将空间实体分成点、线、面、体等四类空间基本对象,有的还加上弧段和多边形等。在一些领域,如 CAD 和 CG(Computer Graphics,计算机图形学)中,已经有了发展较好的空间数据模型,这是因为这些领域中实体的共同特点多为规则形状,能较好进行空间表达和可视化。而在 GIS 中,就本书所研究的地质领域,由于地质体最大的特点就是没有规则性,因此目前用得最多的还是 DTM(数字地面模型)和 DEM(数字高程模型)。然而这些都是非真正的三维数据模型,可以理解为 2.5 维 GIS 的或 2.75 维的 GIS(加上一些必要的坐标转换等基本操作)。因为这些数据模型都是多个平面坐标对应一个或者是几个高程坐标,也就是说高程坐标并不是独立的,并没有用 x,y,z 的函数形式来表达,且不能进行实体内部的表达,而只是进行外部轮廓的表达。

对于空间地质体,笔者将其分解为空间三维点(Three Divisions Point,3DP)、三维线(Three Divisions Line,3DL)、三维简单面(Three Divisions Simple Surface,3DSS)、三维面(Three Divisions Surface,3DS)和三维体(Three Divisions Volume,3DV)等。

3DP 是相应的 2DP(即二维点,下同)在空间上的延伸,是有高程值(即 z 值)的 2DP;3DL 是其在 2DL 上的延伸,例如平面线(直线段或曲线段)和空间线(直线段或曲线段)在计算长度时显然是不一样的。

3DSS,3DS,3DV 都是 2DS 在三维空间的扩展,这三类基本空间对象都可以将 z 值忽略而生成相应的 2DS 空间对象,但这三类有着本质的区别。3DSS 表示空间一个连续的面,可以是平面,也可以是曲面,主要用边界(boundary)、等值线(contour)或轮廓线(silhouette)来表示;3DS 是面的总称,它包括 3DSS 和其他一些复杂的面,这些面都是由单独的 x,y,z 构成,这些面是一些光滑并且连续的(当然可以有一些断裂,还可以有孔或洞,但总的面还是连接在一起的);3DV 是集合数据模型中最复杂的,它可以表示一些相对复杂的空间实体,这些实体可能本身由很多部分组成,而且每个部分可能都还有孔或洞。

现实生活中的多数实体其表达都可以用欧氏空间($\mathbf{R}^3$)来描述,笔者就从欧氏空间出发,抽象概括出一种较为通用的集合数据模型。为了表示拓扑关系且阐述方便,对于每一个 3D 实体,作如下定义:(同点集理论的空间 $9i$ 模型不同)边界的拓扑关系为 ∂A,内部为 A^{I}(Interior),外部为 A^{E}(Exterior),闭集为 $\overline{A}$,所有的数据模型均满足封闭特性(参见图 3.2)。也就是说,当对两个相同模型的实体间进行几何并集、差集、交集运算时,运算后的实体模型不发生变化,也就是说这里的实体模型都是群。群的概念请参阅《现代数学基础》。

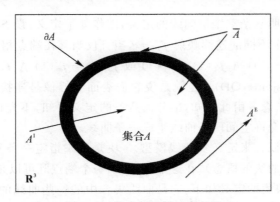

图 3.2　集合信息描述定义图

(1)3DP 定义:在空间这样定义三维点集合,对于独立的点来说,当 3DP 的值域为其有限的空间孤立点的合集时,在这种情况下与数学中集合的定义一样。3DP 的空间数据模型定义为

$$3DP = \{P \subset \mathbf{R}^3 \mid P \text{ 为有限的点集}\} \tag{3.1}$$

规定具有这种类型的值域的点称之为复杂点。当点集为一个单点时,即 $|P|=1$,称 P 为简单点。为使定义完整,对空集来说允许对其进行一些理论上的几何操作;例如同样是一个点实体在进行几何相交操作时,结果可能是完全不同的。对于单点 p,显然 $\partial p=\varnothing$,$p^{\mathrm{I}}=p$,即点的边界是空集,点的内部是其本身;而对于一个复杂点集 $P=\{p_1,\cdots,p_n\}$,它的 4 个拓扑关系可以表示为

$$\left.\begin{array}{l} P^{\mathrm{I}}=\bigcup_{i=1}^{n} p_i^{\mathrm{I}}, \quad \overline{P}=\partial P \bigcup P^{\mathrm{I}}=P^{\mathrm{I}} \\ \partial P=\varnothing, \quad P^{\mathrm{E}}=\mathbf{R}^3-(\partial P \bigcup P^{\mathrm{I}})=\mathbf{R}^3-P^{\mathrm{I}} \end{array}\right\} \tag{3.2}$$

对于三维点集,内部为其所有点集内部的并集,其边界为空集,闭集为内部与边界的并集,外部为空间实数集合减去闭集(即空间实数集合减去内部)。

(2)3DL 定义:对于 3DL 来说,它是由有限个 3DP 组成的(这里是近似理解,当然也可以理解为由无限个 3DP 组成,但在实际操作时,这种近似理解便于解决问题)。定义一种映射 f:对

于任意 X 到 Y 的映射,如果有集合 $A \subseteq X$,则有 $f(A) = \{f(x) \mid x \in A\}$ 存在。作为 3DL 一般定义,也可以理解为无拓扑三维线的定义:

$$3DL = \{\bigcup_{i=1}^{n} l_i([0,1]) \mid n \in \mathbf{N}, \forall 1 \leqslant i \leqslant n\} \tag{3.3}$$

这里,3DL 是由从一维到三维空间有限的映射集合。其中 $l_i([0,1])$ 是指线的两个端点,即线是有边界的,这里所说的线既可以是直线段,也可以是曲线段,还可以是直线和曲线的混合,这是一般 3DL 的基本模型,并没有考虑曲线相交等其他情况。当考虑曲线自身相交的情况时,可以单独进行定义,称其为曲线集。曲线集必须满足:首先曲线在闭区间(即在[0,1],是指线的两个端点)上连续映射;在非闭区间上任取不同的两点,其映射值不等;当一点属于闭区间端点时,而另一点不属于闭区间时,其相应的映射值不等。定义三维曲线为 3DLC,即

$$3DLC = \left\{ \begin{array}{l} f([0,1]) \mid f \text{ 是区间上的连续映射} \\ \forall a \neq b, \text{且 } a, b \notin (0,1): \hat{f}(a) \neq \hat{f}(b) \\ \forall a \in \{0,1\}, \forall b \notin (0,1): f(a) \neq f(b) \end{array} \right\} \tag{3.4}$$

实践证明,满足式(3.4)的曲线是严格意义上的空间曲线,当然这条曲线可以是环状的曲线,即 $f(0) = f(1)$。

下面一步一步来说明复杂三维空间线的定义,需作如下定义:设 S 是三维空间曲线集合,曲线 $l_1, l_2 \in S$,存在两个不同的连续映射 f_1, f_2,当且仅当其在端点相等时(这里的端点指[0,1]),即当满足 $f_1(0) = f_2(0) \wedge f_1(1) = f_2(1)$ 或 $f_1(0) = f_2(1) \wedge f_1(1) = f_2(0)$ 时,称其为准分离状态(Quasi-Disjoint,QD)。也就是说它们表面上好像是连接在一起的,而实际上是分开的,这就是节点的概念。由此可知,准分离状态的定义可知,不允许两条空间曲线相交组成环,可以这么理解,不允许空间两条曲线组成一条曲线。

下面将引入块集的概念来定义复杂线模型。 块是用来指定一条复杂线的某个连接区域(有些类似 CAD 软件中的块的概念),在这个区域中,一个端点既可以是一条曲线的端点,也可以是多条曲线的端点,块集的定义如下:它是曲线集合中的一些曲线的并集;在这个并集中任意两条不同曲线都是处于准分离状态;若任给元素 p 属于这个并集中某条曲线的端点,则映射和这条曲线端点的交集个数不会等于 2,定义三维曲线块集为 3DLB,其数学表达如下:

$$3DLB = \left\{ \begin{array}{l} \bigcup_{i=1}^{m} l_i \mid m \in \mathbf{N}, \quad \forall 1 \leqslant i \leqslant m: l_i \in 3DLC \\ \forall 1 \leqslant i \leqslant j \leqslant m: l_i, l_j \text{ is QD} \\ \forall p \in \bigcup_{i=1}^{m} \{f_i(0), f_i(1)\}: \text{card} \\ (\{f_i \mid 1 \leqslant i \leqslant m \wedge (f_i(0) = p \vee f_i(1) = p)\}) \neq 2 \end{array} \right\} \tag{3.5}$$

图 3.2 所示为一个二维块示意图,点 p 为节点,其中曲线 1 和曲线 3,曲线 1 和曲线 2,曲线 2 和曲线 3 都是 QD 状态,当任意两条曲线(如曲线 1 和曲线 2)组成一条环时,就不再是 QD 状态,若曲线 3 自己构成环状则还是 QD 状态。再看图 3.2,其由罗干条曲线组成,且任意两条曲线(直线可以理解为是曲线的一个特例)都是 QD;由于 p 是 $f_i([0,1])$ 并集中的一个元素,可见 p 不能同时为两个某条曲线的两个端点,因此可见图 3.2 就是一个块集。这里作一个定义:card$(\{f_i \mid 1 \leqslant i \leqslant m \wedge (f_i(0) = p \vee f_i(1) = p)\})$,简写为 cardp,表示某一曲线映射和该曲线的两个端点所交元素的个数。

有了块集的概念,下面定义复杂三维线集合(可以理解为有拓扑线集合)。若有两个块 b_1, $b_2 \in 3DLB$,当且仅当 $b_1 \bigcap b_2 = \emptyset$,定义:

$$3DL = \left\{ \bigcup_{i=1}^{n} b_i \mid n \in \mathbf{N}, \quad \begin{array}{l} \forall 1 \leqslant i \leqslant n : b_i \in 3DLB \\ \forall 1 \leqslant i \leqslant j \leqslant n : b_i, b_j \text{ 不相交} \end{array} \right\} \tag{3.6}$$

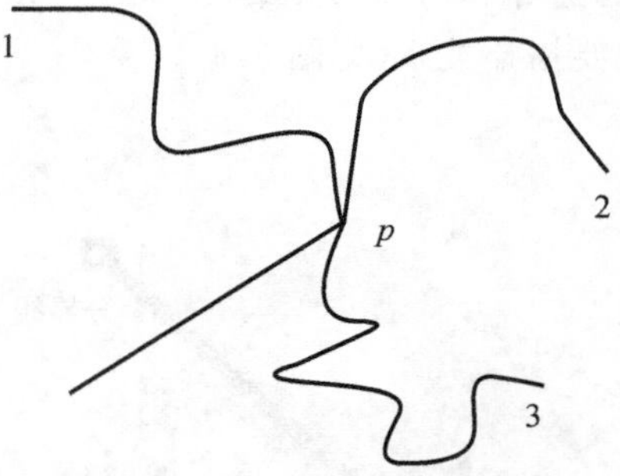

图 3.3　二维曲线块示意图

　　显然,一个块中的曲线不能和另一个块中的曲线相交。下面看看 3DL 空间拓扑关系,对于空间曲线集合来说,其边界是曲线端点集合减去其他曲线共用的端点,而共享的端点属于某条 3DL 的内部。设 $E(L)$ 为所有曲线端点集合,即 $E(L) = \bigcup_{i=1}^{n} \{f_i(0), f_i(1)\}$,则可以得到其边界:曲线端点集合 $E(L)$ 减去 cardp(某一曲线映射和该曲线的两个端点所交元素的个数)不为 1 的那些点;线的闭集即线上所有点的集合(包括线的端点);其内部为线的闭集减去线的边界;而线的外部为整个实数集减去线的闭集。其公式表达如下:

$$\left. \begin{array}{l} \partial L = E(L) - \{p \in E(L) \mid \mathrm{card}p \neq 1 \\ \bar{L} = L, \quad L^{\mathrm{I}} = \bar{L} - \partial L = L - \partial L, \quad L^{\mathrm{E}} = R^3 - L \end{array} \right\} \tag{3.7}$$

　　(3)3DSS 和 3DS 定义:对于面的定义要复杂得多,这里所说的简单面或复杂面其都是体的重要组成部分。在三维空间中,面的角色就像立体的表面一样,是二维到三维空间的有限映射的集合。对于一般的简单面来说,其定义可表示如下(这里要求 s_i 是一个连续映射):

$$3DSS = \left\{ \bigcup_{i=1}^{n} s_i(R) \mid n \in \mathbf{N}, \quad R \in \text{二维区域}, \forall 1 \leqslant i \leqslant n, s_i : R \to \mathbf{R}^3 \right\} \tag{3.8}$$

　　由定义可以得到如下结论:首先面是可以重叠的;面是一种连续映射;面的个数是有限的;且面的范围有界的;等等。

　　要表示拓扑面结构,这里有必要定义面片(3DSF)概念(可以理解为一个有限制参数的面,也可以理解为 facets,即面片结构),就是把点集从面集中提取出来,从而形成面片。面片也是一个基本面结构,要求面片本身不能相交,但面片可以和其他面片相交,同时面片可以是有孔的,这就为建立有钻孔、断层等地质体的表达提供了方便。面片的定义如下(即必须满足以下三点):首先它是一个连续面集合;其次任给 R^{I} 两个不同的点,其映射的面集也不同;最后任给一点属于 $\partial \mathbf{R}$,另一点属于 R^{I},且这两点不相等,则其映射的面集不同。具体面片集合定义如下:

$$3DSF = \left\{ \begin{array}{l} s(R) \mid R \in \text{二维区域且连续} \wedge \\ \forall (x_1, y_1) \neq (x_2, y_2) \in R^{\mathrm{I}} \text{或} \\ \forall (x_1, y_1) \in \partial R, (x_2, y_2) \in R^{\mathrm{I}} \end{array} \right\} s((x_1, y_1)) \neq s((x_2, y_2)) \right\} \tag{3.9}$$

　　显然,在这种情况下,允许面片自身闭合,也允许面片本身有孔存在,并且不考虑面片本身的厚度。可以这样理解,假设存在 B_1, B_2,如果 $B_1 \bigcup B_2 = \partial R$ 且 $B_1 \bigcap B_2 = \varnothing$ 且 $s(B_1) = s(B_2)$,则面片 S 就是闭合或部分闭合的(如图 3.3 所示,两个面片自分解线相连,各自独立成自封闭状态）。在这种情况下，集合 $I(S) = s(B_1)$ ，且是 S 内部的一部分，如果 $I(S) \neq s(B_1)$ ，则 $I(S) = \varnothing$ 。于是就面片来说，它的边界就是总边界与集合 $I(S)$ 的差（即 $\partial S = s(\partial R) - I(S)$ ），内部为 $S^I = s(R^I) \cup I(S)$ ，其闭集为边界和内部的并集（$\bar{S} = \partial S \cup S^I$ ），而外部为 $\mathbf{R}^3$ 与闭集的差（$S^E = \mathbf{R}^3 - \bar{S}$ ），这些就是面片的主要拓扑关系（见图 3.4）。

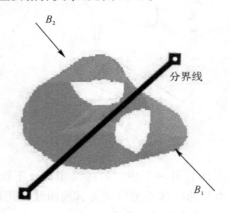

图 3.4　三维面片示意图

面片的并集所组成的集合称为面片集合，用 T 表示。同样，为了定义空间三维复杂面模型（3DS），像 3DL 引入块集一样，这里引入"面组件"（Component，3DSC）的概念。面片之间也存在 QD，定义如下：$S_1, S_2 \in T$ ，当且仅当 $\overline{S_1} \cap S_2^I = S_1^I \cap \overline{S_2} = \varnothing$ ，S_1, S_2 就是准分离状态（简称 QD）。面组件的定义如下：首先它是面片的并集；其次该并集中的任意两个面片都处在 QD 状态；第三，面片边界不仅是某个单独面片的边界，同时至少还是 2 个以上面片的边界；最后，当面片闭合（或部分闭合）时，在其闭合处，由于其边界线重合，其边界线还可以认为是内部，其具体数学定义如下：

$$3DSC = \left\{ \begin{array}{l} \bigcup_{i=1}^{m} S_i \mid m \in \mathbf{N}, \quad \forall 1 \leqslant i \leqslant m : S_i \in T ; \forall 1 \leqslant i \leqslant j \leqslant m : S_i, S_j \text{ are QD} \\ \text{if } l \in 3DLC, \quad \left\{ \begin{array}{l} \forall l \subseteq \bigcup_{i=1}^{m} \partial S_i \\ \forall l \subseteq \bigcup_{i=1}^{m} I(S_i) \end{array} \right\} : \mathrm{card}(\{S_i \mid 1 \leqslant i \leqslant m \wedge l \subseteq \partial S_i\}) \left\{ \begin{array}{l} \neq 2 \\ \geqslant 1 \end{array} \right\} \end{array} \right\}$$

(3.10)

当然面组件只有分离（disjoint）状态，这一点与前面的 3DSS，3DSF 以及线的一些定义不同，这一点应当注意，当 $c_1, c_2 \in 3DSC$ ，当且仅当 $c_1 \cap c_2 = \varnothing$ 时，c_1, c_2 就处于分离状态。

有了前面的 3DSS，3DSF 和 3DSC 定义，空间复杂面的定义就较好表达，定义如下：

$$3DS = \left\{ \begin{array}{l} \bigcup_{i=1}^{n} c_i \mid n \in \mathbf{N}, \quad \forall 1 \leqslant i \leqslant n : c_i \in 3DSC \\ \forall 1 \leqslant i \leqslant j \leqslant n : c_i, c_j \text{ are disjoint} \end{array} \right\}$$

(3.11)

意思是说，空间复杂面首先是面组件的并集；其次并集中任意两个不等的面组件都是分离状态，而不是准分离状态。也就是说，空间复杂面里，不存在一个面组件中的面片集合与另一个面组件中的面片集合相交的情况，因为它们就是彻底的分离状态。空间所有复杂面都可以用 3DS 来表示，如图 3.5 是一个还有孔的煤层面示意图。

有了准确的复杂面的定义，其空间拓扑关系就不难推导。设空间面对象 S 是由面片 S_1 ，$S_2, \cdots, S_m$ 组成，定义：

$L(S)=\{l\in 3DLC\mid l\subseteq\bigcup_{i=1}^{m}I(S_i)\wedge\operatorname{card}(\{S_i\mid 1\leqslant i\leqslant m\wedge l\subseteq\partial S_i\})\geqslant 2\}$，于是可得

$$\begin{cases}\partial S=L(S)\bigcup\{\bigcup_{i=1}^{m}\partial S_i\},&\bar{S}=\partial S\bigcup S^{\mathrm{I}},\\ S^{\mathrm{I}}=\bigcup_{i=1}^{m}\partial S_i-L(S),&S^{\mathrm{E}}=\mathbf{R}^3-\bar{S}\end{cases}\tag{3.11}$$

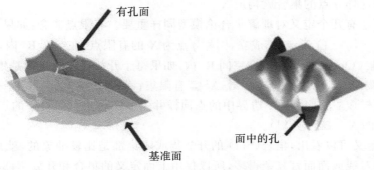

图 3.5　煤矿床的有孔表面

在面类型中包含了 GIS 中仿三维 GIS 软件的一些概念,如 DTM,DEM 等,对于这些概念可以这样理解,即它们都是有独立的 x,y 坐标,而对于 z 而言没有真正的唯一的独立坐标,而在有多个平面坐标时,始终只有一个 z 值与它们对应,因此,它们都是 2.5GIS 的概念(示意图见 3.6)。例如 DEM 可以用面这样表示:设 (x_1,y_1,z_1) 和 (x_2,y_2,z_2) 分别表示面中的任意两点,当 $x_1=x_2$ 且 $y_1=y_2$ 时,必有 $z_1=z_2$,其数学表达如下所示:

$$\mathrm{DEM}=\{\mathrm{dems}\mid\forall s_1(x_1y_1z_1),s_2(x_2y_2z_2)\in S,\quad \mathrm{if}\ x_1=x_2\ 且\ y_1=y_2,得\ z_1=z_2\}$$

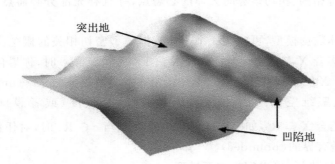

图 3.6　数字地面模型示例

(4)3DV 定义:同样,对于体来说,可以应用上面的思路来定义,当然这里的空间还是欧氏三维空间。先从空间体的距离入手,设空间体上有任意两点 $p(x_1,y_1,z_1)$ 和 $q(x_2,y_2,z_2)$,在欧式空间中,它们的距离是:(当两点不同时取大于号)

$$d(p,q)=\sqrt{(x_1-x_2)^2+(y_1-y_2)^2+(z_1-z_2)^2}\geqslant 0$$

定以集合中领域的概念:即任给空间三维正数 q,存在一个任意小的数 ε,于是存在半径为 ε,中心点为 q 的一个领域,数学表达为

$$N_\varepsilon(q)=\{p\in\mathbf{R}^3\mid d(p,q)\leqslant\varepsilon\}$$

有了领域的概念,就比较容易定义体的一些空间关系。

定义集合 $X \subseteq \mathbf{R}^3$，定义点 q，且 $q \in \mathbf{R}^3$，如果存在 $N_\varepsilon(q)$ 的领域 $N_\varepsilon(q) \subseteq X$，则称 q 点为 X 的内部，类似这样 q 点的集合就构成 X^I；同理如果存在 $N_\varepsilon(q)$ 的领域 $N_\varepsilon(q) \bigcap X = \varnothing$，称 q 点为 X 的外部，类似这样 q 点的集合就构成 X^E；如果 q 既不属于内部又不属于外部，此时 q 点就是边界的点，类似这样 q 点的集合就构成 ∂X；如果 q 既属于内部又属于边界，此时 q 点就是闭集的点，类似这样 q 点的集合就构成 $\overline{X}$。

此外，下面还有几个定义对理解集合论模型同样重要。有限点概念：如果存在 $N_\varepsilon(q)$ 的领域使得 $(N_\varepsilon(q) - \{q\}) \bigcap X \neq \varnothing$ 成立，则称 q 点为 X 的有限点；在空间 $\mathbf{R}^3$ 内，如果 $X = X^\mathrm{I}$，则称集合 X 开放集（Open Set，OS）；在空间 $\mathbf{R}^3$ 内，如果每个开放集中的点都是集合本身的点，则称集合 X 为闭集（$\overline{X}$）。由定义可以推出，$X^\mathrm{I} \subseteq$ 有限集；而有限集中的点并不一定属于 ∂X 中的点（其逆命题同样成立）。集合 X 边界中的点同样并不一定属于有限集中的点，这一点可以由闭集的概念得出（$\overline{X} = \partial X \bigcup X^\mathrm{I}$）。

由上面的定义可以看出，集合（Set）的开放集或闭集都是比较抽象的，就地质体空间对象而言，由于体相对线或面而言复杂得多，所以仅用上面定义的集合和开放集都不能完全说明体的模型，主要因为空间地质体的几何外形相对比较复杂，在定义时还可以嵌套定义，但体模型和其他模型在进行必要的集合运算时，如进行相割、相切运算时，容易丢弃部分点、线，甚至面，使得所形成的新的体丢失边界点而成为一个不闭合的体，这样就无法进行其他操作。

因此普通闭集合开放集都不能完成这些操作，而素朴集合论中有一个"规则闭集"（Regular Closed，RC）的概念，在进行操作时，可以避免这种情况产生。即如果对于集合 X 而言（$X \subseteq \mathbf{R}^3$），当且仅当 $X = \overline{X}^\mathrm{I}$ 成立时，称 X 为规则闭集。由其定义可知对集合内部进行操作时，可以直接去除一些空间离散无意义的点、线、面、部分体；而对于边界操作时，可以去除由于多个实体集合进行相割、相切运算时丢掉的必需点，并且补充部分必需点，使得所得实体仍为空间闭集。

为了方便说明体数据模型，再定义 3 个与体数据模型密切相关的概念：离散性、连接性和有界性。设有两个集合 $X, Y \subseteq \mathbf{R}^3$，当且仅当 $X \bigcap \overline{Y} = \overline{X} \bigcap Y = \varnothing$ 时，称集合 X 与 Y 是离散的（separated）；若集合 $X \subseteq \mathbf{R}^3$，当且仅当它不是两个非空离散集合的并集（union）时，称连接的（connected）。定义三维空间中的一个点 $q(x, y, z)$，其长度（或者膜）可以定义为 $q = \sqrt{x^2 + y^2 + z^2}$，若集合 $X \subseteq \mathbf{R}^3$，如果存在任意小的数 r，当 $r \in \mathbf{R}^+$ 时，对任意 $q \in X$，有 $q < r$ 成立，则称集合 X 是有界的（bounded）。

对于一般体 3DV 来说，可以定义如下模型：

$$3\mathrm{DV} = \{V \subseteq \mathbf{R}^3 \mid V \subseteq rc\ \&\ V\ is\ bounded\ \&\ V\ 的连接集是有限的\}$$

$$(3.12)$$

即体必须是规则闭集、是有界的，V 的连接集是有限的。

当然，就体本身来说也是相当复杂的，可以分成简单体（3D Simple Volumes，3DSV）、有孔的简单体（3D Simple Volumes With Cavities，3DSVC，孔用 c 表示）、复杂体（3D Complex Volumes，3DCV，为统一起来，最后体的表示为 3DV）等等。对简单体来说，从可视化的角度出发，可以考虑用二维的面拓扑模型来描述三维简单体，公式（3.12）可以稍加改动即可认为是一个简单面：

$$3\mathrm{DSV} = \{V \subseteq \mathbf{R}^3 \mid V \subseteq rc\ \&\ V\ is\ bounded\ \&\ V\ 的连接属性相同\} \qquad (3.13)$$

对于"连接属性相同"这个说法可以这样理解：一个简单体只有一个内部连接，一个边界即表面,一个单一的外部连接等。也就是说,简单体就是一个体本身,不含其他体部分,更没有不连续(是指没有孔)。

对于有孔的体来说,集合理论本身不能区分哪些部分在体外,哪些部分在体内,需要从两个体的相互关系(包括相邻 meet,相交 covers,包含 contains,断开 disjoint 等)入手来进行定义。如图 3.7 所示,其中 3.7(a)(b)为 meet,3.7(c)为 covers,3.7(d)、(e)为 contains,3.7(f)为 disjoint,这些是体模型之间的一些主要关系。

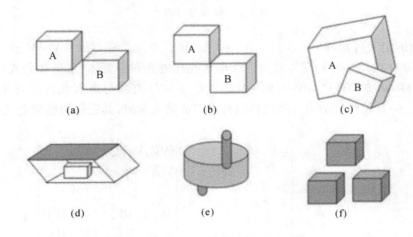

图 3.7 体模型相互关系

首先它必须是简单体的集合,而且体是由一些孔组成;其次,体必须是相连的,否则没有意义;再者,就体相交和体包含来说,体中的孔可以是属于体的边界,或是另一个三维点集或三维线集的一部分,同时对于体相邻或断开时也是一样的。当然在对体进行一些必要的交、并、补等操作时,它们必须始终保持封闭,这一点非常重要,公式(3.14)是 3DSVC 数学定义。

$$3DSVC = \left\{ \begin{array}{l} V \subseteq \mathbf{R}^3 \mid V_0, V_1, \cdots, V_n \in 3DSV \quad \& \quad V_{i(i \neq 0)} \in c: V = V_0 - \bigcup_{i=1}^{n} V_i^I; \\ V \text{ is connected}; \\ \forall 1 \leqslant i \leqslant n: 包含(V_0, V_i) \lor 相交(V_0, V_i) \land (V_0 \bigcap V_i \in 3DP \text{ 或 } 3DL) \\ \forall 1 \leqslant i \leqslant j \leqslant n: 相邻(V_i, V_j) \lor 分离(V_i, V_j) \land (V_i \bigcap V_j \in 3DP \text{ 或 } 3DL) \end{array} \right\}$$

(3.14)

举个例子,定义集合 A,B 都属于 3DSCV,如果从集合 B 中抽取集合 A,集合 B 就在原来的基础上多了个孔,换句话说,两个相邻孔不可能都在一个公共面上,原因是相邻的孔可以进行合并,方法是通过去除公共面来去掉重复的面。这一点很重要,可以提高集合运算中多于数据的删除。如图 3.8 所示为一个包含 3 个部分的体(A,B,C,而不是 4 个部分),其中最大的那个部分(A)含有孔(D)。同样图 3.9 也是 3 个部分体的例子。

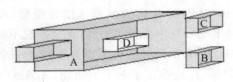

图 3.8 体模型事例 1

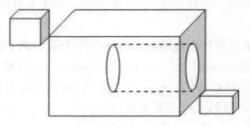

图 3.9　体模型事例 2

通过上面的定义可知，设 $V_0,V_1,\cdots,V_n \in 3\mathrm{DSV}$ & $V_{i(i\neq 0)} \in c$，如果 $V=V_0-\bigcup_{i=1}^n V_i^{\mathrm{I}}$ 成立（就是公式（3.14）的第一行），则体的边界就是这些孔边界和主要体（这里和公式（3.14）一样指 V_0）边界的并集：$\partial V=\bigcup_{i=0}^n \partial V_i$；体的内部就是主要体内部与所有孔内部并集的差：$V^{\mathrm{I}}=V_0^{\mathrm{I}}-\bigcup_{i=1}^n V_i$。一旦体模型的边界和内部信息可以清楚表示时，其完整的模型定义就可以这样表示：

$$3\mathrm{DV}=3\mathrm{DCV}=\begin{cases} V\subseteq \mathbf{R}^3 \mid V_i \in 3\mathrm{DSVC};V=\bigcup_{i=1}^n V_i \\ \forall\, 1\leqslant i\leqslant j\leqslant n: \begin{cases} V_i^{\mathrm{I}}\bigcap V_j^{\mathrm{I}}=\varnothing \\ \partial V_i \bigcap \partial V_j=\begin{cases}\varnothing \\ \in 3\mathrm{DP} \\ \in 3\mathrm{DL}\end{cases} \end{cases}\end{cases} \quad (3.15)$$

由公式（3.15）可以看出，对于复杂的空间体定义可以从这三个方面来理解：空间体的模型都是由一些单一的有孔体组成的（当然也可以是没有孔的体组成）；其次对于空间不同的单一体来说它们必须是相互独立存在，也就是说它们的内部不能相交（或相交为空集）；对于复杂的三维，它们边界相交只能是空集、三维点集（如图 3.8 中的 A 和 B 的关系），或是线集（如图 3.8 中的 A 和 C 的关系），不可能是面集，这一点非常重要。有了空间复杂三维体的模型定义，就容易得出空间三维体的拓扑关系：

$$\partial V=\bigcup_{i=1}^n \partial V_i, \quad V^{\mathrm{I}}=\bigcup_{i=1}^n V_i^{\mathrm{I}}=V-\partial V$$
$$\bar{V}=\partial V \bigcup V^{\mathrm{I}}, \quad V^{\mathrm{E}}=\mathbf{R}^3-\bar{V} \quad (3.16)$$

对以上拓扑的关系，可以参见 3DSVC 的相关拓扑描述，边界和内部基本是一样的，而起闭集和外部和其他三维模型（三维点、三维线）基本一样。

有了上面的具体模型，就可以建立基于集合论的数据模型，如图 3.10 所示。

3.1.3　非平行似三棱柱模型（UATP）

就空间实体来说，体模型是在 2DGIS 数据模型中没有的，而是针对三维数据模型设计开发出来的。在目前研究的体模型中三棱柱是研究比较多的一种，由于其是空间结构最为简单的三维体元，操作简单，所以应用较广。2002 年，毛善君、雄伟根据三棱柱模型提出了基于标准直三棱柱（Triangular Prism，TP）的变化的似直三棱柱模型（Analogical Right Triangular Prism，ARTP）。该模型较标准三棱柱模型进了一步（也就是说不要求三棱柱的上表面平行于下表面，$\triangle A_1B_1C_1$ 不平行 $\triangle A_0B_0C_0$），并就这种模型开发出了一个试验系统。但这种模型要求三棱柱的三条棱边必须相互平行且垂直于上下三角面（$A_1A_0 // B_1B_0 // C_1C_0 \perp$ 水平面）。这一点对矿区显然不合适，由于地下矿产资源的第一手数据资料就是钻孔数据或物探数据，而勘探较深时,钻孔通常是不垂直水平面,同时也不是相互平行的,因此就必须对该模型进行改进。吴立新、龚健雅等教授在同年分别提出了基于 TP 的改进的 GTP,ATP 等模型,较好地解决了这个问题。笔者将引入一种基于 ATP 的 UATP(Unparallel Analogical Triangular Prism, UATP)模型,即非平行的似三棱柱模型,如图 3.11 所示。

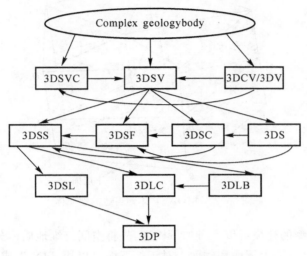

图 3.10　基于集合论的地质体建模

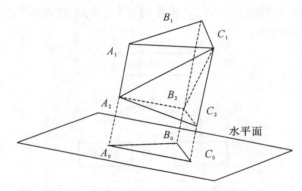

图 3.11　非平行的似三棱柱模型

　　UPATP 模型是介于六面体和四面体之间的一种体元,与六面体相比具有较大的灵活性和适应性,又可以克服四面体体元数据量大、生成算法复杂的缺点。UPATP 模型不仅可以精确模拟地层或矿层等空间对象的表面,而且可以有效表达内部结构,并达到表面和内部的统一。

　　如图 3.12 所示,是一个地质体的 UPATP 模型,可以把空间地质体分解成以上层面为主的 5 个三角形:$\triangle A_1 B_1 C_1$,$\triangle B_1 C_1 D_1$,$\triangle C_1 D_1 E_1$,$\triangle C_1 E_1 G_1$,$\triangle A_1 C_1 G_1$,这样就可以构建如图3.12所示的 10 个 UPATP 体元,分别是 $A_1 B_1 C_1 A_3 B_3 C_3$,$B_1 C_1 D_1 B_3 C_3 D_3$,……,$A_1 C_1 G_1 A_3 C_3 G_3$,等等(从图中 $A_1 B_1 C_1$ 开始,逆时针数)。而具体的一个 $UPATP$ 体元(例如 $A_1 B_1 C_1$)包括顶面三角形、地面三角形、三个侧边四边形。在具体描述时,顶面三角形(例如 $\triangle A_1 B_1 C_1$)和地面三角形(例如 $\triangle A_3 B_3 C_3$)中的任意两个顶点(A_1,B_1 和 A_3,B_3)都可以组成侧面四边形($A_1 A_3 B_3 B_1$),也就

是说顶面和地面三角形分别是由三条边(实际上是线段)组成,三个侧边是由 9 条线段组成,当然这时三条棱边被共同使用了多次。

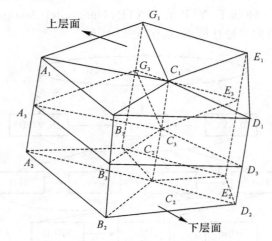

图 3.12　由 UATP 体元表达的地质体

基于 UPATP 模型的建模可以参考如下模型:先将空间三维地质体分解为 UPATP 模型,然后将模型进行细分,分为上下面和侧面。对于上下面可以用 TIN 生成网,而 TIN 本身是由线段组成,而线段最终还是由点组成;对于侧面由线段组成,而线段是由节点组成的。其基本建模如图 3.13 所示。在具体建立 UATP 模型时,其三角形边是指 TIN,而建立 TIN 的数学方法很多,这里不再具体阐述。

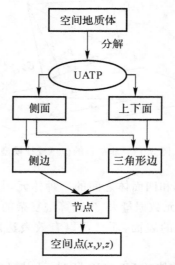

图 3.13　基于 UATP 的地质体建模

在建立 UATP 模型时,关键是构建 UATP 体元,例如在具体构建地层 UATP 体元时,首先将所有控制点都包含进来(包括不同地层的数据),然后在求某个层面的 TIN。在求 TIN 时,所有数据均在这个大的集合内,只是在求某一层面时使用这个层面的控制点数据而已,建立好了这些层的 TIN 后,然后在这些层之间建立联系,通过最初统计的控制点进行必要的差值计算,最后将上、下地层面对应的三角形连接起来,从而形成 UATP 体元。

3.1.4　集合论模型和 UATP 模型的集成

UPATP 模型和 GTP 模型的基本思想一致,只是这样称呼更加具体、形象些,且在具体构建时不同而已。在构建三维地质体时,可以用 UPATP 模型来构建三维地质体内部结构,在进行地质体可视化时(即主要看地质体外表几何形状时),可以用 ST 模型。当然,ST 模型和 UPATP 即可以分别单独表示空间对象,而且可以集成到一起来表示,本书对这种集成的模型模式做了主要研究。

基于 ST 和 UATP 地质体空间数据模型中,将空间地质体对象抽象为点状地物、线状地物、简单面状地物、面状地物、体状地物等(见图 3.14)。

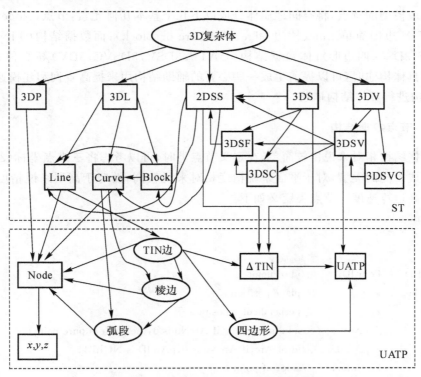

图 3.14　基于 ST 和 UATP 集成数据模型

对于点状地物实体来说,例如钻孔数据信息等,它是零维的,没有大小和方向,用具体位置节点元素来表示,具体坐标为(x,y,z),所有点状地物用 3DP 集合来表示,当然点状地物还有其属性信息等。

线状地物主要是一些钻孔组成的勘探线、断层线等地质信息,可以由三维简单线集合(3DSL),曲线(3DLC 或称弧段)来表示,对于复杂的曲线可以用三维曲线块集合(3DLB)来表示,这些对象都是一维空间对象。当用集合来表示时,不需要单独建立属性编码和属性表。

简单面状实体,可以认为是地层,或是没有断层的连续煤层等,这些都是二维空间对象,可以使三维平面,也可以是三维空间曲面,可以用三维简单面集合(3DSS)或是 TIN 来表示。

面状实体,可以认为是一些含有地质构造(如断层、褶皱等)的连续煤层,这些也是二维空间对象,可以由三维面片(3DSF),三维面组件(3DSC)或用三维复杂面表示(3DS),当然还可以用 TIN 来表示。以上两点都称为面状实体,如都用集合来建立则不需要单独建立属性编码和属性表。若建立 UATP 则需要建立必要的属性信息表。

体状实体是真正的三维空间对象,主要表示体状地物,如地层、煤层(煤矿床等),可以用三维简单体集合(3DSV)、含有孔(这里可以理解为断层)的简单体集合(3DSVC)和复杂体集合(3DV)来表示。同时可以用 UATP 体元来表示,因为任何空间体都可以剖分成一些相邻但并不相交的 UATP 体元。

3.2 数据模型的数据结构

根据集成模型的特点,将空间地质体分成以下几个基本几何元素:节点(Node);曲线数据结构包括(TIN 边即简单 Line、棱边 edge、弧段 Arc or Block);面数据结构(TIN 面;可以是 3DSS,3DSF,3DSC;四边形);体数据结构(UATP;3DSV,3DSVC,3DV)等 9 种大的数据结构。当然在具体构建时,可以提前生成一些必要的辅助结构用来提高查询和建模速度,下面就 9 种数据结构进行具体结构描述。

3.2.1 节点数据结构

节点数据结构相对来说比较简单,在定义节点类时,可以考虑将三维点坐标(3DP)的平面和高程定义成不同的类型,对于平面来说精度相对来说较高,而对于高层来说精度相对较低。这样可以提高运算速度。节点类定义如下:

```
class CPntNode
{
public:
    WORD        PointID;      //id of point
    double      x, y;         //plane position
    float       z;            //perpendicular position
    int         ArcNo;        //number of Arc(if ArcNo is 0,the point is pure point)
    long        * pArcID;     //id of Arc(if AreNo is 0,pArcID is NULL)
    int         PntColor;     //color of point
    ……                       //地质采矿通风等专业需求接口
};
```

其主要方法有获得当前节点的坐标值、当前节点的颜色值等。

3.2.2 曲线数据结构

1.三角形边(TIN 边)

三角形边的模型可以用 3DSL 中一般线的数据结构,再考虑到一些特点,定义 TIN 边数据结构结构:

```
class CTriE
{
public:
```

```
    WORD           TriEID;           // id of TriE
    CPntNode       BegNode;          // begin PntNode
    CPntNode       EndNode;          / end PntNode
    int            LTriID;           //id of left Tri
    int            RTriID;           //id of right Tri
    int            sLineColor;       //color of sLine
    int            sLineType;        //type of sLine
    ……                              //地质采矿通风等专业需求接口
};
```

其主要方法有获得某一指定三角形边的线型和颜色,还可以间接求出某一三角形边的长度等。

2. 棱边的数据结构

```
class CSideE
{
public:
    WORD           SideEID;          //id of SideE
    CPntNode       PointIDB;         //begin PntNode
    CPntNode       PointIDE;         //end PntNode
    int            QuadNum;          //number of Quad
    int            * pQuadID;        //id of Quad
    ……                              //地质采矿通风等专业需求接口
};
```

棱边是 3DLC 的子集,显然,棱边必须符合三维空间曲线的所有定义(包括曲线连续、端点值不相等、非曲线上的任一点其映射值也相等,具体参见公式(3.4))。

3. 弧段数据结构

```
class Arc
{
public:
    WORD           ArcID;            // id of Arc
    CPntNode       PointIDB;         // id of the begin PntNode
    CPntNode       PointIDE;         // id of the end PntNode
    int            ChNum;            // number of change point
    double         * x, * y;         // plane position
    float          * z;              // perpendicular position
    long           * pArcID;         //describe near Arc
    ……                              //地质采矿通风等专业需求接口
};
```

这里弧段可以看作是 3DLB 的一部分,而所有复杂曲线都是由 3DLB 组成的。对于弧段(由于块段原因),弧段可能由其他弧段的一部分组成,因此必须定义弧段可能包含的所有特征变化的点(而这些特征点并非节点)。中间点的坐标可用数组指针表示,当要查询某个点的坐标时,可直接用地址来表示。

3.2.3 面数据结构

1. TIN 面数据结构

TIN 面数据模型可以看作是没有孔的简单面(3DSV),这里要求面必须是连续的二维坐标到三维坐标的映射。TIN 面数据模型是建立在 TIN 边基础上的,而 3 个 TIN 边就组成了 TIN 三角面,其具体定义如下:

```
Class CTinS
{
public：
    WORD        TinSID；          // id of TinS
    int         * pTriEID；       // describe three id of TriEID
    int         * pPointID；      // describe three id of PntNode
    int         * pTinSID；       // describe three Triangle near three TriE
    double      TinSArea；        // area of the TinS
    ……                          //地质采矿通风等专业需求接口
};
```

对于 TIN 面来说,它的主要方法有统计三角形的个数,求出某个三角形面的面积等。有了 TIN 的某个面,就形成了区域的 DEM,进而可以近似表达三维效果(传统 2.5GIS 就是这样表示)。

2. 3DSC 数据结构

这里所说的 3DSC 主要是指含有不连续情况的面,在地质领域这种现象(断层、褶皱)较为突出,可以理解成含有不规则裂缝的一般面,定义如下:

```
class CSurC
{
public：
    WORD        SurCID；          // id of SurC
    int         * pSurCWai；      // describe exterior PntNode of SurC
    int         * pSurCNei；      // describe interior PntNode of SurC
    BOOL        mType；           // describe line the PntNodes to form Sur or cavity
    double      * pTinSArea[2]；  // area of the TinS and cavity
    ……                          //地质采矿通风等专业需求接口
};
```

第 2 行和的第 3 行分别定义模型的外部和内部组成多边形面的所有节点(具体有 x,y,z),然后根据第 4 行的定义来确定任意 2 个相连的点之间的连接方式(弧段或是简单边等)。

3. 四边形数据结构

```
Class CQuad
{
public：
    WORD        QuadID；          // id of Quad
    WORD        PointID[4]；      // id of PntNode on the Quad
    WORD        SideEID[2]；      // id of SideE on the Quad
```

```
    WORD           TriEID[2];          // id of TriE on the Quad
    int            * pUATPID;          // describe near UATP
    ……                                //地质采矿通风等专业需求接口
};
```

3.2.4　体数据结构

1. UATP 数据结构

```
Class CUATP
{
public:
    WORD           UATPID;             // id of uatp
    WORD           TinSID[2];          // id of TinS on the Quad
    WORD           QuadID[3];          // id of Quad on the Quad
    int            * pUATPID;          // describe near UATP
    float          volume              // computer the volume about UATP
    ……                                //地质采矿通风等专业需求接口
};
```

这是一种建立在各种二维基本元素基础上的建模方式,还可以直接建立在更低一级基本元素之上,于是可以将上面的建模方法进行改动,得到下面的数据结构:

```
Class CUATP
{
public:
    WORD           UATPID;             // id of uatp
    WORD           PntPointID;         // id of PntPoint
    WORD           TinSID[2];          // id of TinS on the Quad
    WORD           QuadID[3];          // id of Quad on the Quad
    int            UATP[5];            // five other UATP near the UATP
    ……                                //地质采矿通风等专业需求接口
};
```

上面的建模方式可以和集合论中简单体(3DSV)建模相类似。另外可以建立一种复杂体(也可以理解为多个简单体组合,或称复合体),即 3DSVC 或称 3DV,具体见 3.3 小节。

2. 3DSVC 数据结构

```
Class CSimVolCav
{
public:
    WORD           SimVolCavID;        // id of SimVolCav
    int            CTinS[n];           // id of TinS
    int            SurCID[n];          // number of SurCID
    int            UATPID;             // id of UATP
    float          volume              // computer the volume about UATP
    ……                                //地质采矿通风等专业需求接口
};
```

由上述 9 种数据结构可以看出,节点、TIN 边、棱边、弧段、三角形面、3DSC、四边形、UATP 和 3DSVC 体元等 9 种几何元素通过拓扑关系紧密联系在一起。例如在节点数据模型中,记录了与之相关的弧段信息;在 3DSC 中记录了与之相关的内外部节点数据信息等。将 TIN 边、棱边、弧段 3 个结构统一看成线结构;将三角形面、3DSC、四边形三个统一看成面结构;将 UATP 和 3DSVC 两个结构统一看成体结构,这样就得到了点线关系、点面关系、点体关系、线线关系、线面关系、线体关系、面体关系以及体体关系等主要空间拓扑关系。

3.3　集合数据模型运算的关键技术

在进行集合论数据模型具体操作时,集合之间的运算相当多(包括集合间的并集操作 union,差集操作 difference,交集操作 intersection,补集 supply 操作),还包括由此产生出的联合运算(包括集合间的并补 union – supply 操作,差补 difference – supply 操作,以及交补 intersection – supply 操作,等等)。

由前面的定义可知,集合论将地质体空间对象分解为点对象、线对象(还可以理解为 2.5GIS 中的 TIN)、简单面对象、面对象、体对象等。

为了阐述方便,这里作如下定义,对于空间点集定义为 α_1,空间线集定义为 α_2,空间简单面集集定义为 α_3,空间面集定义为 α_4,空间体集定义为 α_5,空间面类总集(也就是说统一 TIN 和有孔面集)定义为 α_{23}。另外定义两个变量 α,β 为集合中的变量(也可以理解为对象),该集合定义为集合论的总称(Set Theory,ST)。

同时将集合进行维数分类:对于点集来说,它是零维的,即没有大小和方向;对于线集来说,它是一维的,即有长短和方向;对于面集来说,它是二维的,有周长、面积等;对于体集来说,它就是三维的,有表面积和体积等。

本书讨论一些有代表性的操作(即集合的并集操作、差集操作还有交集操作三类),有了这些基本的操作,其他操作就是在这些基本操作上进行的一些组合,相应的运算公式也就可以推断出来。

3.3.1　集合的并集操作

显然,当并集操作只对同种类型的对象(集合)进行操作时,即同类型进行并集操作后产生的还是原先的那种类型(这就是集合操作的不变性)。而将两类不同类型的集合对象进行并集操作时,按照一般的规则,产生的新的集合维数都取更高一维的(或是这两个集合中维数较高的那个集合的)。这时主要考虑高维对象的特点和属性,而对低维对象的特点和属性只作为补充,因此对这种不同维数的对象进行并集时,其结果也常常不定。然而如果是相互嵌套操作,那么这种结果对于不同类型的操作就是一定的。例如当一个零维对象点状物和一个一维对象线状物进行并集操作时,就可能出现下面两种情况:①point is on line,②point isn't on line,因此产生的的结果对于①来说其维数不变,还是一维的线对象,这时可以理解为点和线共同组成一个新的一维对象,其空间几何和属性特征还是以线的特点为主;而对于②来说,由于点不在线上,此时将阐述更高维组合体对象:面,这时它的几何和属性特点就主要由线的几何和属性特点决定,然后加上点的几何和属性特点作为补充来最终决定的。

显然对于相同的操作对象可以得到

$$\text{if } \forall \alpha \in \text{ST}, \quad \text{并集}: \alpha \times \alpha \to \alpha$$

用集合公式表示为

$$\text{union}(A, B) = A \bigcup B$$

对于简化面

$$\alpha \times \beta \to \text{面}, \forall \alpha, \beta \in \text{简化面}, \alpha \neq \beta$$

而对于不同的操作维数的对象，可以得到如下总的操作公式：

$$\text{union}: \begin{cases} \alpha_i \times \alpha_j \\ \alpha_j \times \alpha_i \end{cases} \!\!\!\mapsto \alpha_i \ \forall \alpha_i, \alpha_j \in \text{ST}, 1 \leqslant j \leqslant i \leqslant 5$$

用集合公式表示为

$$\text{union}(A, B) = A \mid \text{union}(A, B) = B$$

3.3.2　集合的差集操作

对于差集操作来说，其操作返回的是第一个集合减去第二个集合的差，操作数对象可以是 ST 空间中的任意类型对象本身或是某些对象的集合，其结果类型（维数）一般为第一个集合的类型。但也有例外，就是当对组合的（或者说是联合的）对象进行差集操作时，同时第二个集合的维数高于或等于第一个集合的维数，此时，将会产生新的集合结果。如果第一个集合的维数高于第二个集合的维数，此时其结果保持不变。例如有两个集合 M, N，M 集合是线集合和点集合的组合，N 集合是线集，若作 N 与 M 的差集操作时，其集合可能产生面集合。

所有集合操作后都必须保持为密闭性（见集合的特点所属），否则集合间的操作就可能有不确定性产生。

对于差集，可以得到如下公式：

$$\alpha \times \alpha \to \alpha, \forall \alpha \in \text{ST};$$
$$\text{if } \forall \alpha_i, \alpha_j \in 3D \text{ 差集 } \alpha_i \times \alpha_j \to \alpha_i, 1 \leqslant i, j \leqslant 5, i \neq j$$

用集合公式表示为

$$\text{difference}(A, B) = \overline{A - B}$$

3.3.3　集合的交集操作

对于交集来说，其操作后的维数一般都小于两个操作集合的维数（至多等于其中一个维数较少的那个集合）。例如三维线 3DL 和三维面 3DS（或者三维简单面 3DSS）集合的交集将产生三维点 3DP 或者三维线，也就是说其维数由开始的一维（三维线）和二维（三维面）进行交集操作后变成零维（三维点）或一维（三维线）。对于本身是组合对象（设为集合 WM）的集合来说，它在进行交集操作时，其返回的集合最高维是集合 WM 这个组合对象的最高维。

对于交集，其操作的一般公式

$$\alpha \times \alpha \to \alpha, \forall \alpha \in \text{ST}$$
$$\text{if } \forall \alpha_i, \alpha_j \in 3D \text{ 交集 } \alpha_i \times \alpha_j \to \alpha_i, 1 \leqslant i, j \leqslant 5, i \neq j$$

对于组合集合来说，在进行交集操作时其不确定性较大（可以理解为产生的空间集合维数不好确定），为此这里就空间对象本身进行抽象，下面先看看点和线的情况。

对于交集为点的情况(这里用 p_res 表示),主要有 3 种情况,例如当两个线集进行交集操作时,其交点定为点集(当然其中的元素可能不止一个),其他两种情况具体见下面的 p_res 公式:注意:这里的 A,B 是指不相等集合的。

$$p\_res(A,B) = \begin{cases} (1)\text{if } A,B \in 3DL \\ (2)\text{if } A \in 3DL, B \in \alpha_3,\alpha_4,\alpha_5 \end{cases} \} \{p \in A \cap B \mid p \text{ is both in } A \cap B\} \\ (3)\text{if } A,B \in \alpha_3,\alpha_4,\alpha_5 \{p \in \partial A \cap \partial B \mid p \text{ is both in } \partial A \cap \partial B\} \end{cases}$$

此时定存在一个任意小的正数,满足 $N_\epsilon(p) - \{p\} = \varnothing$。

对于交集为线的情况(这里用 l_res 表示),也有 3 种情况:

$$l\_res(A,B) = \begin{cases} (1)\text{if } A,B \in 3DS,3DSS \cup \{l \subset (\partial A \cap \partial B) \cup (\partial A \cap B^I) \cup \\ \qquad (A^I \cap \partial B) \cup (A^I \cap B^I) \mid l \in 3DL\} \\ (2)\text{if } A \in 3DS,3DSS, B \in 3DV \cup \{l \subset (\partial A \cap \partial B) \cup \\ \qquad (A^I \cap \partial B) \mid l \in 3DL\} \\ (3)\text{if } A,B \in 3DV \cup \{l \subset (\partial A \cap \partial B) \mid l \in 3DL\} \end{cases}$$

得到交集为线集的主要就这三类情况,这里解释一下第一类和第三类情况:即假如有两个集合,对于第一类来说,它们属于面集或简单面集集合,这时第一个集合边界与第二个集合边界的交集、第一个集合边界与第二个集合内部的交集、第一个集合内部与第二个集合边界的交集、第一个集合内部与第二个集合内部的交集这 4 个部分的并集一定属于三维线集;对于第三类来说它们属于三维体集,这时第一个集合的边界与第二个集合的边界的交集的并一定是三维线集(当然可以这里可以是直线或是曲线)。

有了交集点和交集线的表示,下面可以给出集合的主要操作公式:

$$\text{intersection}(A,B) = \begin{cases} (1)\text{if } A \in 3DP, B \in \alpha_2,\alpha_3,\alpha_4,\alpha_5 \quad A \cap B \\ (2)\text{if } A,B \in 3DL \quad A \cap B - p\_res(A,B) \\ (3)\text{if } A \in 3DL, B \in \alpha_3,\alpha_4,\alpha_5 \ A \cap B - p\_res(\partial A,\partial B) \\ (4)\text{if } A \in 3DSS, B \in \alpha_3,\alpha_4,\alpha_5 \text{ or } A \in 3DS, B \in \alpha_4,\alpha_5 \\ \qquad A \cap B - (p\_res(A,B) \cup l\_res(A,B)) \\ (5)\text{if } A,B \in 3DV \quad \overline{(A \cap B)^I} \end{cases}$$

对于公式(1)可以理解为零维点对象与其他维对象进行交集,这时可以直接进行交集操作,其结果就是 A∩B;对于式(5)可以理解为当两个集合都是三维空间体集合在求交集时,需要先求两个集合交集的内部,然后对该内部进行闭集求解,这时求出的结果就是两个体集合交集的结果,其他(2)(3)(4)可以相应这样理解,这里就不再阐述。

最后还需要说明一点,就是集合的映射问题;这里有三种情况需要特别说明:

单射(设 f 为 A 到 B 的映射,满足 A 中不同的元素有不同的像);其数学表达如下:

$\forall x,y \in A$, if $x \neq y$, 则: $f(x) \neq f(y)$;

满射(设 f 为 A 到 B 的映射,满足 B 中每个元素都是 A 元素的像);其数学表达如下:

$\forall y \in B, \exists x \in A$, 使得: $f(x) = y$;

双射(设 f 为 A 到 B 的映射,f 既是单射又是满射,换句话说就是 A 和 B 的元素是一一对应的关系)。

　　满射保证了对于 A 中每个元素都存在 B 中某个元素与之对应,单射保证了 A 中不同的元素对应到不同的元素,因此双射就是 A 的元素和 B 的元素一个一个对应。

　　在进行集合运算时,要充分考虑其映射的关系,如:三维点数据(也就是三维点集合,以下同)和三维线数据或三维面数据进行相交运算时,这时对于三维点来说它的像就是单射,满足单射映射;对于三维线数据和三维面数据或三维体数据进行交运算时就是满射映射;而三维面数据和三维体数据进行运算时就是双射映射;等等。

第4章　二维、三维模型集成及相关问题研究

4.1　二维、三维集成的技术框架的设计

在三维数据模型广泛应用在地质体建模之前,人们对地质体建模大都是基于二维的平剖对应来表示,这种二维模型不能对空间实体内部几何形态进行表达,更不能进行查询和分析,给地质、矿山、石油、城市规划等领域理论研究和实际工作带来诸多不便,造成人力、物力、财力的巨大损失。但是,在目前的生产领域,大多数部门还正在使用二维系统,少数部门虽已经开始使用三维软件系统,但其与已有的二维系统是相对独立的,不能共享数据,究其原因,是模型本身不统一所致。针对上述问题,本集成模型将二维、三维集成在一个系统内,并实现了同一系统内的二维、三维自由转换,这项设计具有很高的实用价值和现实意义。

4.1.1　二维与三维的对应关系

在二维模型中为了表示空间对象的几何特征,一般是通过平面图和相应的剖面图来进行的,也就是说,通过平剖对应来确定空间对象的外部和内部特征,而对于三维模型来说,是通过三维建模要素来进行表示和修改的,它们具体表现现实空间的关系,可以用图 4.1 来表示。

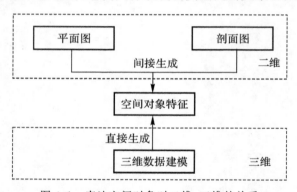

图 4.1　表达空间对象时二维、三维的关系

目前对二维和三维研究还只是分开在进行的,并没有将两者进行真正的集成。而如果只是在平面图上贴一些空间图片,则失去了 3D 的含义。通常对于一些几何形态相对简单的对象,可以用平剖对应来了解实体的空间关系;而对于一些空间关系复杂、形态为非层状矿体空间位置和属性分布不规律等情况,为了满足查询,并使其更加生动,通常是利用三维数据建模技术来提高对难以想象的复杂地质条件的理解和判别。此时如果再结合二维的平剖对应图,就能更好地发现空间实体对象的一些隐蔽的特点,使得对实体的认识更加深刻。

4.1.2　二维、三维集成技术框架

对于二维、三维集成来说,需要充分考虑各自模型的特点,从它们的不同之处入手进行分析,这里考虑了以下几个层面:界面层面、模型和功能层面、对象层面等。

(1)界面:为了可以实现二维、三维集成的技术体系,这里把它们界面统一放到一起考虑,即在二维界面菜单下加一个 BOLL 类型工具菜单的切换键<u>二</u>,用此按键来进行二维和三维之间的切换。当按键没有按下时,这时就是一个二维的系统界面,其菜单的界面都是二维系统下的,当按键按下时,这时菜单界面就变成三维系统下的了。在某种意义上可以说二维是三维在一个面的投影,这个面不一定是(x,y)组成的平面,还可以是(x,z)平面亦或是(y,z)平面等。

(2)模型和功能层面:对于二维系统来说,就是根据具体的坐标生成各类二维的平面图,这时可以在平面系统中对二维图进行必要的分析、管理、查询和数据处理等;而对于三维系统来说就是通过第 3 章所属的模型对地质体进行建模,然后对这个建立好的模型进行基于三维空间的查询和分析以及必要的数据管理。

(3)对象:就对象而言,二维系统主要是指一些点、线、面;而对于三维对象则主要指点、线、面、体,还有一些介于二维和三维中间的对象,如不规则三角网(TIN)、等值线(contours)等这些特有对象。对于这些基本的对象,这里建立一个特有的对象操作库来对它们进行一系列操作。其具体集成框架如图 4.2 所示。

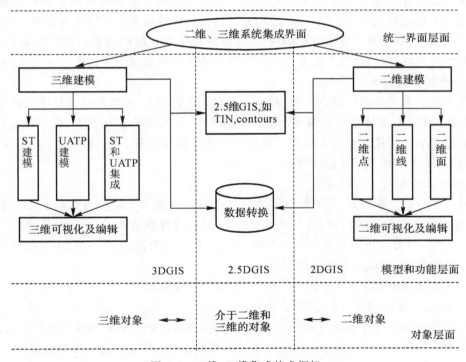

图 4.2　二维、三维集成技术框架

在二维建模(也可以理解为成图)过程中有一些关键的技术问题及算法,主要有以下几个

方面：

1. 空间地质体表面的表示与修改

一般而言，空间地质体的表面都不是完全水平的表面（如果完全为水平表面，则可以用平面图来表示其表面，这样比用三维表示更加清晰，特点更加突出），这时可以把其中的特征点（如钻孔点 P）取出来，然后可以设置一个阈值，对阈值范围内的所有点都进行计算，在计算过程中可以适当调整所设的阈值，使得取出的钻孔点分布更加合理；下面计算这些的边界，连三角网，最后进行曲线的生成并进行光滑处理。

2. 空间地质体边界的光滑处理

这里可以根据所选区域特征点（控制点或钻孔点等），由系统进行边界值内插或是由用户交互指定，然后自动连接边界点，一般采用三次样条曲线绘制。样条曲线有两点优点：首先，插值三次样条曲线通过型值点，能较好地保证界线精度；其次，曲线光滑（curve smoothing），能够反映地质界线的实际情况。但通过具体编程发现，若通过曲面样条插值的话其效果和运算速度都有一定的提高，同时其精度和曲线的光滑程度优于曲线样条差值的计算结果。

3. 平剖对应、局部图形的动态修正

地质剖面图和平面图平剖对应问题，实际上是数据的计算问题。用平面图数据计算在剖面图上的投影位置，用剖面图数据计算在平面图的数据投影位置。图形的局部修改关键技术是建立相邻图形（点、线、面内）的拓扑关系，生成全要素的 TIN 模型。

4. 储量的自动生成技术

以往的储量计算都是在现有的图形上进行的，把煤层的厚度和煤层的面积以及煤层本身的容重这 3 个量通过基本的公式进行计算，通常这样计算的结果都是固定不变的，当煤层本身面积发生变化时，其储量不能跟着动态变化，而这里对闭合区域的边界点进行动态浮点处理，当边界发生变化时（即当面积发生变化时），可以自动生成所对应的面积来。

5. 三点圆或弧的快速自动生成：

首先判断 3 点是否在一条直线上，若 3 点不在一条直线上，通常的技术是连接任意两个点然后求解中垂线 $a1$，在连接另外两个点求其中垂线 $b1$，下来求它们的交点，该点就是要求解 3 点圆的圆心 c，c 点到任意点的长度就是半径。这里不使用这种方法，而是建立一个方程来求解圆心，然后求得半径，最后画出目标圆。

6. 判断点是否在三角形内部

这里有两种方法来判断，第一就是即如果该点与三角形三个顶点的夹角 α，β，γ 之和等于 $360°$，则该点位于三角形的内部；第二就是射线法，通过待判断的点 P 做三角形所在平面内的射线 l，l 若与三角形三边的交点个数为奇数，则该点位于三角形内部；反之，若 l 与三角形三边的交点个数为偶数，则该点不在三角形内部。

三维建模过程中有一些关键的技术问题及算法，主要有以下几个方面：

1. 空间地质体的 3DSV 与 UATP 的剖分

这里剖分时主要考虑其剖分的算法复杂性，对于地质体的 3DSV 剖分则比较灵活，主要根据表现地质体的精确程度来定，若要进行详细的精确剖分，可以将地质体剖分成两个大的体元，即 3DSV 和 3DSVC。

2. UATP 四面体剖分

一般而言，对于地质体似三棱柱剖分已经有了一些剖分方法（如层状三角形剖切法、逐点延伸法等,这里不做阐述),然而剖分完后,为了处理方便,经常需要对 UATP 在进行四面体剖分,这样可以提高对程序实现的速度,并降低算法的难度。

3. 断层的增加与删除

在地质构造中断层是常有的地质构造之一,具体分为正断层和逆断层。在具体处理断层时,主要是考虑包含断层的点的坐标属性,也就是说在建立三角网时,要考虑的约束问题;在处理正逆断层时,需要考虑点的连接问题等,不能出现正逆断层交错相连的现象,在具体处理时,可以按二维平面来考虑(将高层值按照属性信息来处理),在连接时先判断属性信息来判断是否可以连接。

4.2　二维运算中部分关键问题

对于二维运算方面,目前的计算机图形学和模式识别领域已经有了一定的研究。这里就二维运算中的一些算法进行改进并具体地阐述其实现过程。

4.2.1　地质体表面边界的确定

在描述井下地质体(如煤矿床)时,其主要的数据就是来自钻孔数据,图 4.3 所示为某矿部分钻孔数据。

钻孔名	孔口X0	Y0	Z0	孔深
V1	3621511.76	39468740.18	21.99	516.16
V2	3621435.45	39468741.34	22.47	733.84
020	3621585	39468740	22.36	479.34
032	3621652.84	39467531.97	22.21	328.79
033	3620943	39467000	21.3	337.02
031	3621013.98	39467717.88	22.31	340.75
034	3621468.53	39467585.8	21.05	345.75
V西1	3621322.4	39468320.84	23.03	702.5
V西4	3621236.35	39468324.55	22.26	687.26
VII东2	3620980.595	39466988.013	21.886	470.034
VII1	3621285.518	39466753.215	22	220
01101	3621314.49	39465217.96	21.95	622.69
IX3	3621433.488	39466038.896	22	260
IV西6	3621650.89	39469683.53	22.15	662.12
IV西2	3621362.39	39469650.83	22.46	617
IV西4	3621431.49	39469657.78	22.64	690
IV西1	3621501.53	39469665.86	22.36	306.2
IV西3	3621586.79	39469675.18	22.41	707.72
IV西5	3621283.49	39469639.53	22.51	658.81

图 4.3　钻孔信息

在设定了一个阈值后可以将这些点的坐标展绘到二维平面图上,然后就可用 delaunay 方法来建立三角网(简称 D - TIN),理论证明,它所建立的三角网在表面拟合方面表现最为出色,是表面建模的主要手段。

在建立 D - TIN 时,如果能先进行边界的确定(即先确定凸包,凸包是指由平面上的点集所组成的凸多边形,该凸多边形可以将所有点包含在其中),然后再建立 D‑TIN,这样可以大大提高构建 D‑TIN 的速度。本书给出一种新的凸包建立方法,其基本思路如下:

Step(1):首先求出点集最右边的点 $P_右$;

Setp(2):计算向量 $P_右 \rightarrow P_i$,$P_{右i}$;

Step(3):如果全部其他向量在 $P_右$ 的一侧(左侧或是右侧),就将这个点添加到凸包列表数组中;Step(2)和 Step(3)主要用"点积判断"(详见后面伪代码);

Setp(4):最后自动按照数学中极点进行排序,连接即可生成凸包。

其程序实现的伪代码如下:

从数据库或数据文件中读取离散点(钻孔点)数据

将数组读进 lsdArr[i]数组

```
for(int i=0;i<dianshu;i++)
{
    if(lsdArr[i].x > max) //max 为事先定义好的一个无穷小数
    {
        max = lsdArr[i].x;
        maxnd = i;
    }
}
cur = maxnd; //求出这些点最右边的那个点,并记录
lsdArr[maxnd].use = TRUE; //把该点状态标记为凸包的点
tubaolibiaoArr.SetSize(dianshu); //凸包点数组初始化
for(i=0;i<dianshu;i++) //循环求凸包的其他点
{
    if(lsdArr[i].use) //如果该点为凸包的点就继续
        continue;
    else
    {
        DianJiPanDuan(lsdArr[cur],lsdArr[i]); //"点积判断"
        if(Inside(cur,i)) //根据所求"点集判断"来求该点是否是凸包的点
        {
            cur = i;
            tubaodianshu++;
            tubaolibiaoArr[tubaodianshu-1].x = lsdArr[cur].x;
            tubaolibiaoArr[tubaodianshu-1].y = lsdArr[cur].y;
            lsdArr[cur].use = TRUE; //如果是就做标记
            i = -1; //重新判断下一个点
        }
    }
}
```

下面对"点积判断"函数进行说明,对于平面点 $a(x,y)$,$b(x,y)$,做如下定义:

【定义 1】 矢量点积:$a.x * b.x + a.y * b.y$ 称为点 a,b 的矢量点积。为方便陈述,定义

矢量点积

$$\text{double}\quad \text{VectorDot (ZuoBiaoDian a，ZuoBiaoDian b)}$$

【定义 2】　符号函数：如果一个数大于 0，则称该数的符号函数为 1，如果一个数小于 0，则称该数的符号函数为 −1，如果一个数等于 0，则称该数的符号函数为 0。同样为方便陈述，定义符号函数为

$$\text{int}\quad \text{Sgn (double shu)}$$

有了上面的定义，于是可得点积判断函数：

```
double DianJiPanDuan(ZuoBiaoDian shu1，ZuoBiaoDian shu2)    //点积判断函数
{
    if((shu2. x − shu1. x)= =0) //如果在竖直线上
    {
        linshi. x = Sgn (shu2. y − shu1. y);
        linshi. y = 0;
    }
    else if ((shu2. y − shu1. y)= =0)    //如果在水平线上
    {
        linshi. y = Sgn (shu2. x − shu1. x);
        linshi. x = 0;
    }
    else
    {
        double k = 0;     //既不竖直也不水平
        k = (shu2. y − shu1. y) / (shu2. x − shu1. x);
        linshi. x = cos (atan(−1 / k));
        linshi. y = sin (atan(−1 / k));
    }
    d = VectorDot (shu1,linshi);
    return d;
}
```

说明：该函数主要用来判断两点之间的位置关系

有了点积判断函数就可以用 Inside 来判断该点是否为凸包点，Inside 函数定义如下：

```
bool Inside(int dian1，int dian2)
{   int nei,wai;
    nei = 0;
    wai = 0;
    for(int jj=0; jj<dianshu; jj++)
    {
        if (jj!= dian1 && jj!= dian2)
        {
            if(VectorDot (lsdArr[jj],linshi) >= d)
```

```
        nei++;
    else
        wai++;
    }
}
if (nei == 0 || wai == 0)
    return true;
return false;
}
```

说明:通过变量"内"和"外"来最后判断该点是否是凸包点。

笔者做过测试,在相同的计算机硬件条件下做了粗略的统计,当点数在 2000 点以下时,两者的时间基本上相同,但当点数超过 5000 时,采用笔者的方法先求凸包再建立 D - TIN 所用的时间比只用 delaunay 来建立三角网所用的时间要少一半左右。

4.2.2　地质体边界光滑处理

对地质体边界进行光滑处理,可以最大限度地提高地质体的可视化效果,同时能够反映地质界线的实际情况。这里采用曲面样条函数的方法进行光滑处理,在处理过程中主要是从地质体的边界特征点高程来考虑的,一般需要内差必要的点来使其更加光滑,内差点的原理就是曲面样条。

在进行处理时,主要过程如下:

Step(1):从数据库或数据文件中读取所需要的数据(如必要的钻孔数据集 P),同时增加图层来存储这些需要处理的点;

Step(2):计算格网间距,处理重合点;

Step(3):对坐标进行区域,求其范围,并获得等值线数组;

Step(4):构建曲面样条函数参数方程,确定函数的系数,填写矩阵函数,确定曲面曲率经验参数(这里取 0.00001),产生 Z 值矩阵(格网)并计算 Z 值矩阵的最大行列的数,按照曲面样条函数的参数方程计算 ZMATRIX(矩阵);

Step(5):根据格网进行等值线的提取(主要对提取后的等值线进行状态修改,使其不再参与下次提取);

Step(6):为提高计算速度,需设置记录轨迹坐标,并标志扫描索引,然后依次进行扫描,直到完毕为止。

通过以上 6 个主要的步骤来进行,根据以上过程可生成光滑的边界,其部分伪码如下:

1. 增加等值线所需的图层

```
//设置并创建图层
//判断"等值线注记"是否存在
long ei = layers. GetLayerIndexByName("等值线注记");
if(ei == -1)
{
    flayer. SetName("等值线注记");
```

```
    flayer. SetColor(RGB(0，0，0))；
    layers. Add(flayer)；
}
//判断"等值线"是否存在
ei = layers. GetLayerIndexByName("等值线")；
如果 ei 等于－1 的话,就认为以前没有等值线
{
    flayer. SetName("等值线")；
    flayer. SetColor(RGB(200，20，0))；
    flayer. SetLineWidth(0. 00015 / map－>GetMapScale())；
    把图层添加到层列表
}
```

2. 具体产生并光滑

```
for(int di = 0；di < dotArr. GetSize()；di++)
{
    for(int pi = di + 1；pi < dotArr. GetSize()；pi++)
    {
        判断两点是否重合,如果重合
            break；
    }
    if(pi < dotArr. GetSize())
    {//重合
        dotArr. RemoveAt(di)；
        di－－；
......
```

将所有的坐标点数据偏移

```
double startValue，endValue；  //获得等值线范围
for(di = 0；di < dotArr. GetSize()；di++)
{
    COORDINATE co = dotArr. GetAt(di)；
    if(di == 0)
        endValue = startValue = co. z；
    else
    {
        if(startValue > co. z) startValue = co. z；
        if(endValue < co. z) endValue = co. z；
......
```

获得等值线值数组

```
double e = 0. 00001；//曲面曲率控制经验参数
构建曲面样条函数参数方程:
for(int line = 0；line < coefficientCount；line++)
```

```
{
    for(int column = 0; column < coefficientCount; column++)
    {…
…
}//填写矩阵
for(int i = 0; i < coefficientCount; i++)
{
    vector[i] = 0.0;
    if(i < coefficientCount - 3) vector[i] = dotArr[i].z;
}//计算 Z 的系数
for(int li = 0; li < lines; li++)
    {
        for(int ci = 0; ci < cols; ci++)
        {
            double x = rect.left + gridSpace * ci;
            double y = rect.top - gridSpace * li;
…}//按照曲面样条函数的参数方程计算 ZMATRIX
//记录轨迹坐标;
//设置已经扫描的标志;
//提取并生成。
```

对于处理的结果如图 4.4(a)(b)所示。

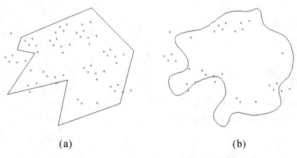

(a)   (b)

图 4.4　边界光滑处理示意图

(a)处理前的边界图;　(b)处理后的边界图

4.2.3　平剖对应、局部图形的动态修正

在没有三维模型之前,观察空间地质体都是用平剖对应的方法来实现的,要实现平剖对应的动态修正,实际上是数据的计算问题,即用平面图数据计算在剖面图上的投影位置,用剖面图数据计算在平面图的数据投影位置。图形的局部修改关键技术是在建立相邻图形(点、线、面内)的拓扑关系,也就是说,当平面图上剖面线发生变化时,对应的剖面图也相应地发生变化,从而实现动态的更新。

这里主要考虑平面图图形对象的拓扑关系:点点关系($p-p$),点线关系($p-l$),点面关系

$(p-s)$，线线关系$(l-l)$以及线面关系$(l-s)$等。平剖对应可以简单地分为以下两种模式：

（1）平面图已经确定，只是改变剖面线的位置；

（2）剖面线的位置不变，而平面图本身发生变化。

当然还有一种情况就是两种都发生变化，在这种情况下可以将这两种处理方法进行必要的集成，仍然可以得到相应的平剖对应图。

下面就模式（1）来具体说明实现思路：①这里运用数据库技术，将平面图中的各个图形元件参数统一存到数据库中（这里的数据库可以是关系数据库或是空间数据库等。数据库中存放着与这张图所有物体相关的坐标信息，平面图本身在生成时，完全可以由数据库中存放的数据进行自动生成）；②数据库中各个坐标与这个图形都密切相关，这时可以任意做一条剖面线，此时系统会立即求解出该剖面线与平面图上的每一个图形元件的关系（即拓扑），这里只关心相交和相邻（或称相切）的两种拓扑关系，把相应的交点坐标存到一个数据链表中；③然后以剖面线与平面图边框的某一点开始定为 x 轴（或 y 轴），以过该点的垂线为 y 轴（或 x 轴）建立临时局部坐标系；④计算过剖面线的铅垂面与该平面所交实体的交点坐标，把这些点坐标存到另外一个数据链表中；根据交点坐标的空间关系画出剖面图。此时若剖面线的位置发生变化，则只需重新进行②～③～④即可。若需要存在该图，可以将交点的数据链表写进数据库中，同时生产矢量图。

其主过程的伪代码如下：

打开数据文件（库）或矢量图

```
Int numtuyuan＝tu1.getnumber;
for(i=0; i<numtuyuan; i++)
{
    求交点并存入链表
}
Int maxX,minX,MaxY,MinY;
for(i=0; i<numtuyuanl i++)
{
    for (j=0; j<i; j++)
……//求坐标范围
}
If(sec(p,q))//sec()为求交函数
则把交点存到链表中
else continue;
绘出剖面图
if(绘出的图满意) 存储
else
{
    重新作剖面线;
}
```

如图 4.5 所示,是一个平面图形剖面的简单例子,图 4.5(a)是等值线平面图。其中有两条加粗的黑线那是任意做的剖面线 1 和剖面线 2,图 4.5(b)是剖面线 1 所画出的剖面,图 4.5(c)是剖面线 2 所画出的剖面。当剖面线由 1 变为 2 时,其对应的剖面也自动由图 4.5(b)变化成图 4.5(c)。

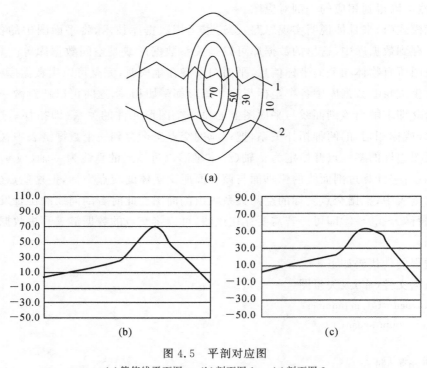

图 4.5　平剖对应图
(a)等值线平面图；　(b)剖面图 1；　(c)剖面图 2

对于煤矿来说,平剖对应主要应用于研究煤层的具体空间几何形态,统计储量的变化和分布等。图 4.6 所示为某煤矿剖面图变化的对比图。

4.2.4　储量的自动生成技术

矿山计算储量基本上分为两大类。一类是传统的以简单的几何计算为基础的常用方法；一类是以统计学为基础的数学地质方法。常用方法多数是通过体积与容重之积这一基本公式最终获得储量数值的。不同条件下的具体计算方法有断面法、算术平均法、地质块段法、开采块段法、多角形法、三角形法、等值线法、等高线法等。数学地质方法主要有距离 K 方反比法、样板统计法、克里格法、杨赤中滤波法以及地质统计学方法等。

以往的储量计算结果都是固定不变的,当煤层本身面积或体积发生变化时,其储量不能跟着动态变化。对于容重变化不是很大的情况下,这里给出一种动态计算储量的方法:即对闭合区域的边界点进行动态浮点处理,当边界发生变化时(即当面积发生变化时),可以自动生成出对应的面积来。

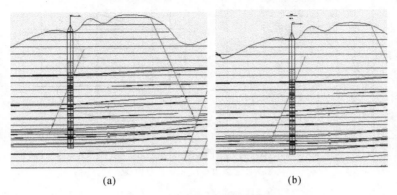

(a)　　　　　　　　　　　　　　(b)

图 4.6　剖面图变化示意图

(a)任意剖面线的剖面图；　(b)剖面线变化后的剖面图

　　储量计算的难点在于矿体体积的计算,而对于近似层状的煤矿床来说主要是通过面积与相应煤层厚度的乘积来获取。而煤层厚度(m,这里,煤厚具有方向差异性,计算时应进行方向改正)又主要是由矿区有限的钻孔数据内插求得的,也即煤层厚度只能是一个近似值。因此,提高储量计算精度的关键是,矿体体积计算的精度,而其根源在于矿体表面积的求解方法和精度。

　　第 3 章已经分析了建立矿体三维模型中面模型的具体类型,包括 3DS,3DSV 和 TIN,通常情况下确定矿体表明可以用这三种模型分别建立,也可以进行集成建立,目的是提高求解效率,把表面积定义到平面上,用断面法和算术平均法混合法来求解体积。

　　下面给出求解储量的基本思路:

　　Step(1):选定一个包含矿体全部或部分的区域(这里要求该区域必须封闭,对于不封闭区域,没有表面积,因此计算表面积毫无疑义);

　　Step(2):作等间距剖面线,分块求解矿体的厚度(对于等间距的间距值,这里可以根据矿体本身的变化情况而定,这里确定的主要依据是钻孔(P 集)所得到的煤厚值,根据这些煤厚值,设置一个阈值,通过该阈值来决定间距,一般而言,该阈值设置为 0.15);

　　Step(3):采用断面法和算术平均法混合法来求解体积;

　　Setp(4):用储量基本计算公式,计算储量,并进行动态显示。

　　这里就 Step(1)的关键问题进行阐述,分为两种主要情况:①边界为任意多边形;②边界为曲线。(当然也可以是①②的组合,所用方法也就是两者的集成)。

　　对于图 4.7(a),要求解 $ABCD$ 的面积,各点按顺时针编为 1,2,3,4。这里可以做 $A(x_1, y_1),B(x_2,y_2),C(x_3,y_3),D(x_4,y_4)$ 四点的投影,其投影坐标轴为测量坐标轴,得到相应的投影点 A',B',C',D',于是 $ABCD$ 的面积(P) 等于 $C'CDD'$ 的面积(P_1) 加上 $D'DAA'$ 的面积(P_2) 减去 $C'CBB'$ 的面积 P_3 和 $B'BAA'$ 的面积(P_4),即

$$P = P_1 + P_2 - P_3 - P_4 \qquad (4.1)$$

于是

$$\begin{aligned}
2P &= (y_3 + y_4)(x_3 - x_4) + (y_4 + y_1)(x_4 - x_1) - (y_3 + y_2)(x_3 - x_2) - (y_2 + y_1)(x_2 - x_1) = \\
&\quad - y_3 x_4 + y_4 x_3 - y_4 x_1 + y_1 x_4 + y_3 x_2 - y_2 x_3 + y_2 x_1 - y_1 x_2 = \\
&\quad x_1(y_2 - y_4) + x_2(y_3 - y_1) + x_3(y_4 - y_2) + x_4(y_1 - y_3)
\end{aligned}$$

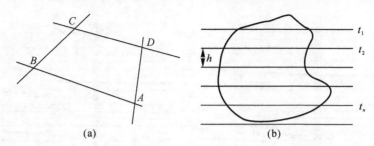

图 4.7　面积类型示意图

(a) 任意多边形；　(b) 任意曲线

若图形有 n 个定点，则上式可扩展为

$$2P = x_1(y_2 - y_n) + x_2(y_3 - y_1) + \cdots\cdots + x_n(y_1 - y_{n-1})$$

于是

$$P = \frac{1}{2}\sum_{i=1}^{n} x_i(y_{i+1} - y_{i-1}) \tag{4.2}$$

对于图 4.7(b)，可以进行分块求解，例如第一块的面积为 $S_1 = \frac{1}{2}h(0 + l_1)$，第 n 块的面积为 $S_n = \frac{1}{2}h(l_{n-1} + l_n)$，于是总面积为

$$A = S_1 + S_2 + \cdots\cdots + S_n = h\sum_{i=1}^{n} l_i \tag{4.3}$$

然后把图 4.7(a)(b)这样的图形面积进行组合就可以求出总面积，进而进行体积的求解，最后进行储量的求解。图 4.8(a)所示为张村 1 号矿某一地段煤层储量计算图，当拖动边界的交点进行移动时，这时交点的坐标就实时变化，因而也就跟着发生变化，其储量块的计算结果也就发生相应的变化，变化后的图如图 4.8(b)所示。

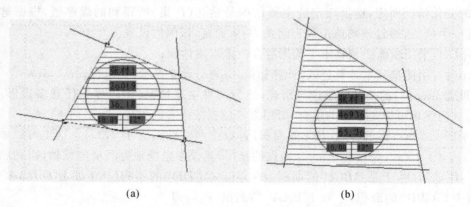

图 4.8　储量随面积变化示意图

(a)面积变化前；　(b)面积变化后

这里注意一点，在储量块计算公式中，各点的坐标读取有两种状态：一是坐标已经给出且为定值，此时可以直接读图上的坐标信息并画出储量图；二是当坐标点位置发生变化时(也就是计算机图形学中的橡皮条技术)，其坐标是实时从指针位置动态数组中读取，然后进行计

算的。

4.2.5　三点圆或弧的快速自动生成

传统画圆方法:有两点圆、圆心半径,以及三点圆,而传统三点圆画法,首先判断三点是否在一条直线上,若三点不在一条直线上,通常的技术是连接任意两个点,然后求解中垂线 $a1$,再连接另外两个点求其中垂线 $b1$,最后求它们的交点,该点就是要求解三点圆的圆心 c,c 点到任意点的长度就是半径。

这里笔者提出一种新的生成方法,该方法比传统方法要容易实现且速度较快。就是建立一个方程来求解圆心,然后求得半径,最后画出目标圆(如果方程无解就不能画圆,也就是说三点在一条直线上等特殊情况)。

其思路如下:

Step(1):记录鼠标第一次、第二次、第三次点击处的坐标,并分别存进数组;

Step(2):判断是否在一条直线上,若在就停止,若不在继续;

Step(3):将坐标值带进公式求解,获得圆心和半径的值;

Step(4):画出三点圆。

伪代码如下:

记录三点坐标值:(x1,y1),(x2,y2),(x3,y3);

if(平行) return 0 //用 delta 方法即可;

double x0 = ((x1x1−x2x2 + y1y1−y2y2) * y32 − (x2x2−x3x3 + y2y2−y3y3) * y21) / (2.0 * delta);

double y0 = ((x2x2−x3x3 + y2y2−y3y3) * x21 − (x1x1−x2x2 + y1y1−y2y2) * x32) / (2.0 * delta);

//以上两行方程变量;

vFAng = atan2(y1−y0, x1−x0);if (vFAng<0) vFAng += TIMESPI;

vEAng = atan2(y2−y0, x2−x0);if (vEAng<0) vEAng += TIMESPI;//定义角度变量

double vMAng = atan2(y3−y0, x3−x0);if (vMAng<0) vMAng += TIMESPI;

if (vFAng > vEAng) { double tmp =vFAng; vFAng =vEAng; vEAng =tmp; }//判断角度

double fa =vFAng, ea =vEAng;

AdjustAngle(fa, ea, vMAng);

vFAng =fa;vEAng =ea;

mOrg. Init(x0, y0);//调整角度变量,并确定圆心

sqrt((x1−x0) * (x1−x0) + (y1−y0) * (y1−y0))//求解半径

画出三点圆//根据圆心和半径画出三点圆。

说明:vFAng ,vEAng 分别为起终点角度(主要是用来画圆弧用的)

式中角度调整代码如下:

double AdjustAngle(double ang) // by degree

{

　int iang =(int)(ang * 10.0);

　iang %=1800;

　if(iang<−900) iang +=1800;

　if(iang>+900) iang −=1800;

```
    return iang/10.0;
}
```

另外判断三角形是否在三角形内部常用射线法,其基本简单思路(见图 4.9):通过待判断点 P 做三角形所在平面内的射线 l,l 若与三角形三边的交点个数为奇数,则该点位于三角形内部(见图 4.9(a));反之,若 l 与三角形三边的交点个数为偶数,则该点不在三角形内部(见图 4.9(b))。

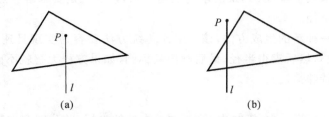

(a)   (b)

图 4.9　射线法判断点是否在三角形内示意图

这里可以通过矢量来判断,其思路如下:

Step(1):读三角形的一个定点,计算它和判断点的矢量;

Step(2):读下一个定点,计算它和判断点的矢量;

Step(3):计算这两个矢量间的夹角;

Step(4):循环 Step(1)~Step(3):计算其他两个夹角;并求总和(S);

Step(5):若 $S \geqslant 2\pi$,则在内部,反之,不在内部。

4.3　三维运算中部分关键问题

在进行地质体空间描述过程中,空间地质体剖分是关键和重要的一步,怎么样进行地质体的剖分是建立空间模型的关键,下面就空间地质体剖分时几个主要的问题进行较为详尽的阐述。

4.3.1　空间地质体的 3DSV 与 UATP 的剖分

对于集成的模型来说,如何剖分空间地质体是很关键的一步,这里可以对空间地质体进行分类:即层状为主的地质体和非层状为主体的地质体;按照地质体构造的复杂程度又可以分为连续地质体和有孔地质体(也可以理解为有断层等地质构造的地质体);等等。下面分别进行介绍。

1.连续无孔地质体

这种情况可以用 UATP 模型中的 TIN 面对地质体表面进行剖分,而对地质体内部进行 UATP 剖分。

对地质体表面进行 TIN 分割,目前有三种常用的方法:三角网生长法、逐点插入法、分割-归并算法,本书用生长法建立,其算法的基本思路如下:

Step(1):任取点集中一点作为起点,然后在点集中搜索与该点最近的点并作为起始边。

Step(2):依据 Delaunay 三角网的判别法在点集中搜索与初始边组成三角形的第三点,形成初始三角形,并将三角形的两条新边作为拓展边。

Step(3)：重复以上两步，直至覆盖处理完全部数据。

而 Delaunay 判别法则是目前公认的效率最高三角网法则（即满足最小角最大化原则，也就是说，在连接成的三角形中要使最小角尽可能大），这样才能使生成的三角网尽可能是等边三角形（或等角三角形），避免出现狭长的三角形，以影响生成地质体表面的精度和可视化效果。

问题的关键是进行必要的地质体的 UATP 剖分，对地质体的剖分在 3.1.2 节中介绍了基本过程，下面进行具体阐述。

空间地质体的控制点一般是一些钻孔点，通过分布在不同层面上的钻孔点来控制整个地质体（在开采前主要就是这样来判断的，随着开采的进行，还可以结合巷道的数据，来对已经建立的地质体模型进行修改），在具体剖分时，是将地质体剖分成一些相互连接但又不相交的 UATP 体元，通过 UATP 体元来进行控制。由于钻孔（特别是深钻）经常是倾斜的，也就是说在建立体元模型时，并不能保证三棱柱体元的侧边是相互平行，如图 4.10 所示。

图 4.10 所示为某一地质体，分为三个层面，最上面的为上层面（Up Surface，US），中间的为中层面（Middle Surface，MS），最下面的为下层面（Down Surface，DS）。在该矿体的上层面，有两个钻孔点（A～F），由这 6 个钻孔点和地质体边界（1～10）来确定它的上表面形态。显然由于钻孔倾斜（即 AA' 不一定平行于 $6BB'$ 或 CC'，BB' 也不一定平行于 CC'），此外由于倾斜，线段 $BB'B''$ 可能本身就不在一条直线上，而是由两部分 BB' 和 $B'B''$ 组成。

在 ATP 模型建立时，是通过在 US 的 $\triangle ABC$ 作 MS 或 DS 的投影，从而生成 ATP 体元，然而由于钻孔倾斜（大多数都是这样），在 MS 或 DS 中并没有与之对应的三角形，从而不能形成统一的 UATP 模型，因此在形成 UATP 时，需要从不同的层面入手进行统一考虑和分析，这样才能建立真正的自动 UATP。

这里就用到了集合论的数据操作概念中的并集操作，其自动建立模型过程如下：

首先，对矿体中的所有点求并集（即 union）操作，这些数据点是从文件或数据库中读取的（即 $\sum (P_i, P_{i+1})$，其中 i 从 1 到 n，n 为集合中点的总数）。当然在求解过程中，这些点可能是由预先定义不同的层面中读取的，具体层面的定义，可以根据具体情况设置一个阈值，超过此值的为不同层面，在这个值范围内的就是同一层。

其次，先生成总的 TIN，然后根据不同层面进行不同层面 TIN 的生成，这里注意边界点的处理（边界点的处理可以参阅 ATP 模型中的两种退化模型：侧边退化或 TIN 面退化，可以分别转换为金字塔模型和三棱锥模型）。

最后，将不同层面的 TIN 根据相关点进行连接，在连接过程中，可以根据精度要求进行高程值内插，求解出中间高程值，再生成相应的 TIN 面，最后将这些层面的 TIN 进行对应点相连就组成由 UATP 体元剖分的地质体。

对照图 4.10 来说，对于 US 来说可以看做是由边界点（编号顺序相连，1，2，…，12），和钻孔点（编号为 $A,B,…,F$）组成的一个空间曲面（3DSS 或 3DS），当然这里边界点也可以理解为钻孔点（为了突出说明问题故将其分开）；对于 MS 来说则相应的边界编号为（$1',2',…,12'$），钻孔点（编号为 $A',B',…,F'$）；对于 DS 来说则相应的边界编号为（$1'',2'',…,12''$），钻孔点（编号为 $A'',B'',…,F''$）。同时可以认为 US，MS，DS 在边界点和钻孔之间又包含两个地层（地层 1：123…89101'2'3'…8'9'10'；地层 2：1'2'3'…8'9'10' 1''2''3''…8''9''10''）。图上阴影 $ABFA'B'F'$ $A''B''F''$ 为一个 UATP 体元模型，按照 US 总的总点数来划分，可以把如图 4.10 所示的地质体分成 20 个 UATP 体元(从 US 的 12A 开始的 $12A1'2'A'1''2''A''$ 体元,顺着边界方向顺时针到 $A23A'2'3'A''2''3''$,$A3BA'3'B'A''3''B''$,……)。可以看出该地质体由这 20 个 UATP 体元经过 union 后组成,其模型间的拓扑关系就一目了然了。

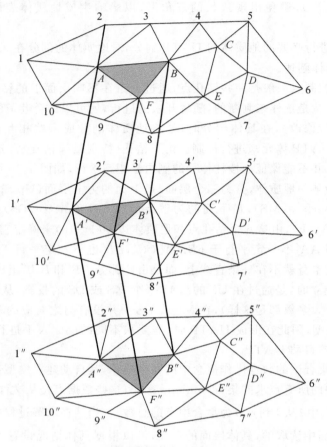

图 4.10　无孔地质体剖切 UATP 示意图

对于 US 来说,当钻孔($A,B,…,F$)和边界点($1,2,…,12$)都确定时,其表面 TIN 也就可以按照 Delaunay 法则来生成,在具体生成时,对 MS,DS 也都分别生成 TIN,此时 UATP 中的两个 TIN 边就已经确定下来,这时可以按照预先规定的方向对 TIN 进行扩展,使得向下扩得的新的点与原 TIN 点组成唯一的 UATP 边,这样就能保证边 UATP 的唯一性。假设顶面三角形△ABF 是按照 Delaunay 法则建立起来的,设置其为 US 属性(即设置为 UATP 的上三角形 TIN);然后判断三点的层属性编号,按编号进行扩展,这里分两种情况:①A,B,F 三点同时向下扩展,②A 点向下扩展,B,F 点不动(或 A 点不动,BF 向下扩展),这里向下扩展时可以定义编号小的扩展,也可以定义编号大的扩展;根据对应关系,建立新的三角形和侧面四边形的棱边,并建立初步 UATP,将原先的三角形△ABF 中已经扩展的点标记为已经扩展,将新生成的三角形定义为 US,并向下扩展。当为①这种情况时,表明 A,B,F 三点都已经扩展,当为②这种情况时,表明 B,F 还没有扩展,此时需要对 B,F 进行扩展;按照 Delaunay 法则建立 TIN 和新 UATP 模型;将所有点进行扩展,直到所有点都标识为扩展为止。这里从最上层的

△ABF 开始进行体元的编号,可以对 UATP 体元 $ABFA'B'F'$ 编成 1 号,以 AB 边开始按顺时针方向进行编号,因此在具体编号时可以将体元 $A3BA'3'B'$ 变成 2 号,将 $BEFB'E'F'$ 编成 3 号……,最后对所有体元进行这样的编号。

这种临近体元编号的方法对模型进行修改时特别有用,当有点插入(或者删除)时,首先判断点在哪个三角形内(可以用本节介绍的两种方法中的任何一种。吴立新教授也得出一种判断方法(简称面积法),其法则如下:①点到三角形的距离为 0;②新点和三角形的 3 个顶点组成的 3 个小三角形面积的和等于原来大的三角形面积)。判断出来以后,将其直接插入,然后再具体重新应用 Delaunay 在局部建立新的 TIN,再从该点所在的层向下扩展建立新的 UATP,并对其重新进行必要的编号。

2. 有孔地质体

当地质体本身有孔时,可以将其按两个部分处理,即无孔的部分和有孔的部分,这里可以将孔理解为断层、大的褶皱或其他大的不连续的地质构造。如图 4.11 所示为一个包含对象(这里对这些现象统称为对象)。

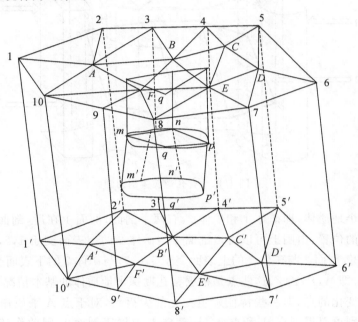

图 4.11　有孔地质体剖切示意图

如图 4.11 所示为一个有孔的地质体,在没有勘探到有孔之前,其主要形态的表示还是:边界为 123……10,钻孔为 AB……F。后打新钻发现其内部还有一个孔,孔的边界为 $mnpqm'n'$ $p'q'$,其边界为弧段所连,现在为表示该复杂地质体,需要将孔的上表面进行投影,将其投影到图 4.11 所示的上表面(US,即边界为,123…10 的面),得到其投影点为 m'',n'',p'',q'',此时需要重新建立模型,对于孔的外部,可以用 UATP 进行建立:如可以建立体元 $12A1'2'A'$,$1A101'$ $A'10'$,…,$56D5'6'D'$,$D67D'6'7'$,孔在 US 投影所形成平面为 $m''n''p''q''$,这时在孔的周围可以认为是新加入了 4 个离散点,这时首先需要对它们进行判断,看其分别属于哪个三角形,然后对局部 US 重新进行 Delaunay 法则 TIN 剖分,重新生成局部 UATP 体元并进行编号,在孔的下层($m'n'p'q'$)同样做其相对于下表面边界($1'2'3'…10'$)、钻孔($A'B'…F'$)的投影(为了使图简洁,这里没有画出,然后按上面的方法也重新生成 UATP 并编号)。

对于孔来说,可以这样表示,把孔的内部考虑成真空,其表面可以用集合论的曲线模型来表示,为使曲线更加光滑,可以进行一些必要插值处理,把得到的点求并集得到曲线然后做 $\sum l_i (1 \leqslant i \leqslant n)$ 来求得曲线集,在表示过程中还可以进一步将上层($mnpq$)分解成 4 条明显的特征弧段,然后用弧段数据进行表示。在进行二维、三维变换时,可以将上层面上看作是一个表面连续的 3DSS(简单面),用 3DSS 模型理论对其进行表达。最后将两种表达模式进行 union 操作,以便得到完整的地质体表达。

当然在建立地质体模型时,为了更好地了解其内部几何形状,也可以做剖面来进一步进行了解,也就是说,过去经常是通过平剖对应来了解矿体的内部信息的,如图 4.12 所示为一个含有孔的矿体剖面图。

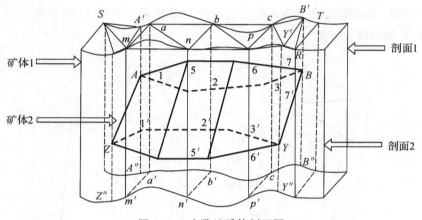

图 4.12　有孔地质体剖面图

该图含有两个地质体,即矿体 1 和矿体 2,有两个剖面,剖面 1 在后,剖面 2 在前。图中大虚线表示的钻孔的位置,由图上可以看出剖面 1 与矿体 2 的上表面交于 1,2,3,与矿体 2 的下表面交与 $1',2',3'$,剖面 2 与矿体 2 的上表面交于 5,6,7,与矿体 2 的下表面交于 $5',6',7'$。这里有 4 个特殊点,即 A,B,Y,Z,这些点是根据钻孔勘探出地质体的基本情况后,通过统计内插出矿体 2 将产生变化的点,即一些特征发生变化的尖灭点,对于点 A 来说作其在剖面 1 上的上、下面投影,分别可以得到点 A' 和点 A'',同理点 B 也属于剖面 1,因此作其在剖面 1 上的上下面投影,分别可以得到点 B' 和点 B'';对于尖灭点 Y 和 Z 来说,可以清楚地看出其属于剖面 2,于是分别作其在剖面 2 上的上、下面投影,对于点 Y 来说分别可以得到点 Y' 和点 Y'',对于点 Z 来说,分别可以得到点 Y' 和点 Y''。在剖面 1 和剖面 2 中对所得到的投影点和实际钻孔点进行 Delaunay 三角化处理,可以得到三角形 10 个($\triangle Smz'$,$\triangle SA'm$,$\triangle A'am$,$\triangle anm$,$\triangle abn$,$\triangle bpn$,$\triangle cY'p$,$\triangle cB'Y'$,$\triangle B'RY'$,$B'TR$,其中 S,T 为剖面 1 上的两条剖面线,R 为剖面 2 上的一条剖面线),于是可以得到相应的非平行似三棱柱体元(由于图形上线条过于多,所以没有画出相应的体元)。

4.3.2　UATP 四面体剖分

将地质体进行过 ST 和 UATP 剖切后,要更加准确地表示地质体模型,就需要对其进行进一步的剖切,而剖面图是了解地质体几何形态的重要方法和手段之一。对于单纯 ST 模型来说,其模型已经分解表达成了 3DSS 或 3DS,而对于体,则已经表达成了 3DSV 或 3DV,在对这复杂模型些进行分解剖切时,其所得到的图形可以由差集化(difference)或交集化处理(intersection)处理后的几何模型来表示,因此说模型的结果是公式化的相对确定的结果(对于差集化和交集化处理可以参见本书第 3.3 节)

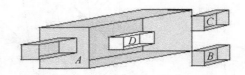

图 4.13　ST 事例 1

如图 4.13 所示,它是由三个部分组成(A,B,C),而 D 是 A 的一部分,也就是说 A 是包含 D 的一个 3DSVC,而 B,C 都是 3DSV 或理解为 3DV,对于体 B,C 来说,可以表示如下:

$$B = \left\{ 长方体 \mid \sum B_i, 1 \leqslant i \leqslant 8 \right\}$$

$$C = \left\{ 长方体 \mid \sum C_i, 1 \leqslant i \leqslant 8 \right\}$$

显然对于 B 来说,其有 8 个节点来控制,显然是有界的,并且是闭合的,符合 3DSV 或 3DV 的定义(见第 3 章公式(3.12)和(3.13)),同理对于体 C,也符合同样的定义,它们不同之处是组成体的节点不同,坐标不同(节点坐标是事先存放在数据库或数据文件中的已知值)。对于 A 来说,其表达式由两个部分组成:

$$A = \begin{cases} 复杂体 \mid V_w, V_n, 且分别属于 3DSV, \sum V_{外i}, 1 \leqslant i \leqslant 24, \\ \sum V_{内i}, 1 \leqslant i \leqslant 8, \qquad 同时 V_w \bigcap V_n \in 3DP 或 3DL \end{cases}$$

其中,V_w, V_n 分别表示 A 体(包括左边凸出的部分)和 D 体(即中间空白的部分),显然这个 3DSVC 是由两个部分组成的,且是相互连接的,同时它是 A 体内部和 D 体外部的交(intersection),其结果属于 3DP,3DL,也就是说,它符合 3DSVC 模型公式(3.14),同样它们是由点和(或)线(包括曲线或弧段)组成的(节点坐标或线存放在数据库或数据文件中的已知值)。于是整个地质体由以上三个部分并(union)组成。

当有一个面片(3DSF)如图 4.14 所示(即 123…3344),对照面片定义,显然其复合(节点坐标同样存在数据库或数据文件中)。于是通过两个地质体模型的交操作(intersection),就可以得出交集后的地质剖面图(这里剖面的位置主要由面片来决定,而面片的具体值是由面片中节点的坐标值来确定的)。

图 4.15 是其中的一种情况示意图,为提高立体感,将原来没有面片的厚度进行夸大,其中 aaa,bbb,ccc 分别为过特征点(或是钻孔点)的剖面线(其与阴影体的交点没有画出)。

而对于 UATP 来说,对其的剖切就显得尤为重要,这里对一些内部均匀的体如断层用线筐模型进行建模(下一节具体阐述)。对于三棱柱的剖切问题,已经有了一定的研究成果,例如吴立新教授、齐安文教授的 12 种典型剖切方式,如图 4.16 所示。当然,实际的剖切方式远不止这些,就理论上来说,由于其有 6 个独立不相关点,6 条三角形边,3 条棱边,3 个侧面,两个三角面,因此剖切方式应该有($6+6\times2+3\times2+3\times4+2\times3$)×3=126 种。就剖切的结果来看，单纯对点的 6 种剖切、对线（不管是三角形边还是棱边）9 种剖切都相对容易些，关键是对点、线的混合剖切，则更为复杂一些。

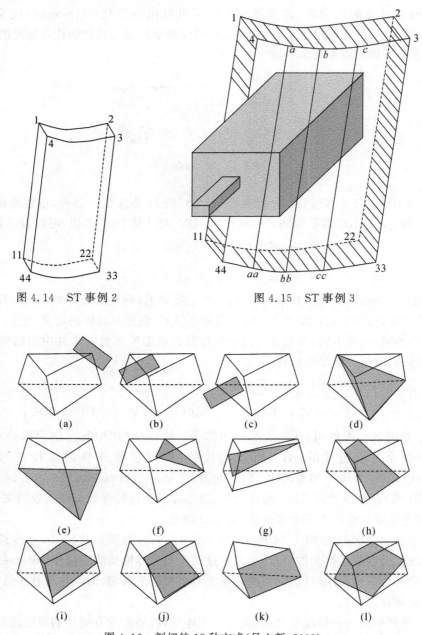

图 4.14　ST 事例 2　　　　　　　　　　图 4.15　ST 事例 3

图 4.16　剖切的 12 种方式（吴立新，2003）

　　由于剖切种类很多，这里只讨论具有代表性的四面体剖切。众所周知，四面体是一个真正的凸体（即沿任何一个面作切面，体的其余部分都在这个切面的一侧），相对凸体的计算相对容易，而对于非凸体需要考虑边界效应问题以及零解问题（算法相对来说要复杂得多）。这里以一种典型剖解为例来说其剖切过程。

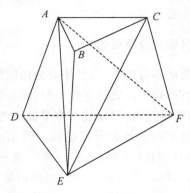

图 4.17 UATP 剖分

如图 4.17 所示, UATP 体元 $ABCDEF$, 连接 AE, AF, CE, 于是得到 3 个三棱锥($DAEF$, $BACE, FBCE$), 对单一体元进行剖分时(此时不用考虑其与其他体元的关系), 可以剖分成如图 4.17 所示的这种形式。但对多体元进行剖分时, 就必须考试其连接体元的剖分方式, 然后根据连接体元的剖分方式来判断、处理当前体元的连接方式(即考虑是 AE 相连还是 BD 相连的问题), 其剖分思路如下:

Step(1): 首先从 UATP 体元中按规则任意选择一个体元;

Step(2): 然后按照图 4.17 所示的方式进行剖分, 记录下当前的剖分方式, 并对当前的体元作已剖分标记;

Step(3): 按照体元编号选择一个相连体元, 然后读取上一个相邻体元的剖分方式代码, 进而选择当前体元剖分方式, 对其进行剖分处理, 然后同样记录下当前剖分方式, 并对当前的体元作已剖分标记;

Step(4): 再次取出一个体元进行剖分, 直到所有体元的标记均为"已剖分"为止。

不论是 ST 还是 UATP, 在进行剖面处理时都需要对进行一些判断, 例如:①判断面是否在球体内或立方体或某个地质体内部, ②两点是否在面的同侧等。下面就以上两种情况做一个简要阐述。

(1)判断面和体(这里指简单连续体 3DSV, 以球体为例)相对关系, 若面中任意一个点都在体外的话, 则该面必在体外, 若都在体内, 这该面在体内部, 否则与体相交, 其判断标准还是距离问题。这里以平面为例进行说明, 其判断过程(思路)下:

Step(1): 首先获得平面的表达式方程($ax+by+cz+d$);

Step(2): 获得面的特征点(主要是一些边界点)的坐标, 并分别计算其到原点的距离; 把距离最小(设为 P)的记录下来;

Step(3): 计算球体到面的距离, 注意该距离要加上 P;

Step(4): 如果 Step(3)距离小于球体半径则在球体内部……

(2)判断两点是否在面的同侧, 可以根据几何叉积来判断(该方法比较简洁, 且容易实现), 假设有两点 $M(x_1, y_1, z_1), N(x_2, y_2, z_2)$, 构建设平面方程 $S=Ax+By+Cz+D$(其中 A, B, C, D 不能为零, 但可以相等), 将 M, N 带入平面方程 S, 得到 S_1, S_2, 则可以进行如下判断:

当 $S_1 \times S_2 > 0$ 时, 说明 MN 在平面的异侧;

当 $S_1 \times S_2 < 0$ 时, 说明 MN 在平面的同侧;

当 $S_1 \times S_2 = 0$ 时,说明点 M 或者 N 在平面上。

4.3.3 约束三角网的构建(指包含断层的)

在地质构造中断层是常有的地质构造之一,具体分为正断层和逆断层。在建立模型时,特别是在建立三角网时,要考虑约束问题;在处理逆断层时,需要考虑点的连接问题等,不能出现正逆断层交错相连的现象,在具体处理时,可以按二维平面来考虑(将高层值按照属性信息来处理),在连接时先判断属性信息来判断是否可以连接。图 4.18(a)所示为带有边界(这里的边界也是通过钻孔点来确定的)和钻孔(见煤点)的一张二维平面图(这里画出部分截图),图 4.18(b)所示为在这些基础上的无约束三角形网;图 4.18(c)是加入了断层,图 4.18(d)是带有约束的三级网。

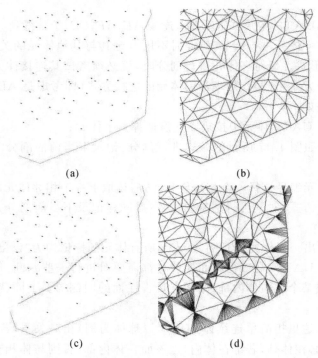

(a)   (b)

(c)   (d)

图 4.18 约束和无约束三角网
(a)钻孔和边界; (b)无约束 TIN; (c)含断层; (d)约束 TIN

这里主要是对点的变化进行重新计算的过程,目前在已有三角网网中插入点的算法主要有三类:逐点插入法、分割合并法以及三角形生长法。在判断点所在的三角形可以用上节的射线法、矢量法,这两种方法在判断时都有着不错的效率,还可以用面积法。在判断出点(假设为 p 点)所在的三角形(假设为△ABC)后,然后通过 p 点将△ABC 进行分割,此时 p 点可以和 A,B,C 三点将△ABC 分割成三个新的三角形△ABP,△PBC,△APC(见图 4.19(a)),这时判断这三个三角形是否符合 Delaunay 法则,如果符合就结束,如果不符合,就和其他点构建新的三角形,然后再判断是否符合 Delaunay 法则,就这样一直判断,直到所有点都符合为止(见图 4.19(b))。

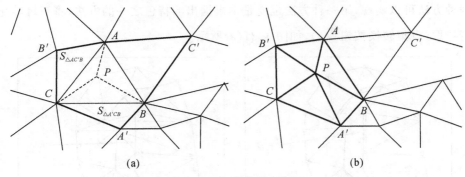

图 4.19　插点改进示意图
(a)点插入前；　(b)点插入后

这里笔者对这种方法进行了一定的改进,具体步骤如下:定义△ABC 的边 AB 所对应的外连接点为 C′、边 BC 所对应的外连接点为 A′、边外 AC 说对应的连接点为 B′,若 p 点构建的三角形不符合 Delaunay 法则,此时根据 TIN 面的数据结构中的 TinSArea 来求解△ABC 三边与对应外点所形成的三角形的面积,即求解 $S_{\triangle AC'B}$,$S_{\triangle BA'C}$,$S_{\triangle ACB'}$,对面积进行排序,取面积较小的两个,如图取 $S_{\triangle BA'C}$,$S_{\triangle ACB'}$(见图 4.19(b)黑体部分 $ABA'CB'$),对这个局部区域进行 Delaunay 法则分割,生成 TIN,笔者做过统计,对于新插入点来说,按照上面较小面积法进行局部分割所得到 TIN 基本都符合 Delaunay(当外界三角形的面积相差较大时该方法所分割的 TIN 都是符合要求的,如果通过该方法分割的三角形不符合要求的话,再进行全三角分割,这样可以大大提高分割的速度。如果只是在周围随意挑选一些点进行分割,则相对分割所用时间复杂度相对较长)。

在处理三角网时,主要是考虑一些复杂情况(主要指断层)下的三角网生成。断层也称地层,是指在连续地质构造中突然有一些与其他地质构造不同的地质体矿体分布,断层分为两种:正断层和逆断层。对于正断层来说,由于地质体高程趋势是基本不变的,因此连接三角网时,可以根据相应的钻孔点和断层边界点的属性信息进行判断来进一步决定其连接方式,而对于逆断层来说较为复杂,如图 4.20 所示,当上盘的高程低于下盘的高程时,也就是说图 4.20 所示为一个逆断),图 4.20(a)为正确的连接,4.20(b)为错误的连接。

对于含有逆断层等的约束 TIN 来说,其处理思路如下:

Step(1):从边界点开始先建立第一个三角形,然后按照生长法向外扩展搜索下一个点。

Step(2):判断搜索到当前点的属性(即判断其是否是断层的特征点,即下盘点还是上盘点),若不是则按照 Delaunay 法则构建 TIN。

Step(3):若是,判断前两个点是否含有断层特征点,若没有则按照 Delaunay 法则 TIN;若前两个点都是断层点,则不连接 TIN;若前两个点有一个是断层特征点,则看其与当前点的关系,即判断这两个点是否都是上盘或是下盘,要都是同类型,则构建 TIN,否则继续搜索下一个点。

动态点的增加和删除操作已经有学者进行了一定的研究,包括陈述彭、史文中、吴立新、Zlatanova、Devillers、Heller M. 等,主要包括在插入点时对约束线进行操作,删除点时所用的消元法等。

此外,对于三维模型操作来说,还有一些问题也很重要,例如如何选择三维空间中的实体,这里有两种方法可以实现,第一种方法也就是本书提出的特色之一的方法,将三维转化为二维然后进行选取(点集转换按钮),如图 4.21(a)所示。

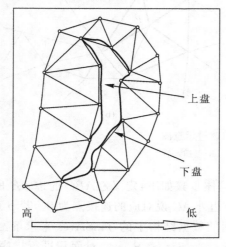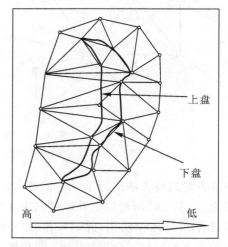

图 4.20 逆断层约束下三角网剖分
(a)正确的连接; (b)错误的连接

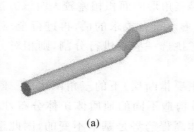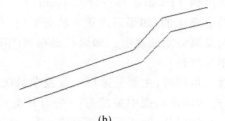

(a)   (b)

图 4.21 二维、三维巷道示意图
(a)三维巷道示意图; (b)巷道平面示意图

当在三维中不好选中时,可以将图变换成二维状态进行选取,如图 4.21(b)所示,然后再进行选取。

另一种方法是运用 openGL 选择机制,自动得出窗口指定区域内绘制的是哪些对象。通常 openGL 会首先在帧缓存中绘制场景,然后重新绘制这个场景,发布绘制图元命令时,将名称装到堆栈上,当命令返回时,就可以知道是选择了什么图元。在具体操作时主要执行以下命令:glSelectBuffer()(记录数组)、glRenderMode()(选择模式)、glInitName()(初始化名字堆栈)、glPushName()(将名字压入堆栈)、glPushMatrix()(保存变换状态)、glPopMatrix()(恢复变换状态),其主要伪代码如下:

```
…………
定义缓冲区
;glRenderMode(GL_SELECT);              //进入选择模式
glInitNames();
glPushName(0);                         //初始化名字栈并将其压入堆栈
```

设置投影矩阵；

gluPickMatrix((GLdouble)point. x,(GLdouble(viewport[3]—point. y),3. 0,3. 0,viewport);

gluPerspective(60. 0f,viewport[3]/viewport[2], m_fNearPlane, m_fFarPlane);

设置视图矩阵；

Transform()；　　　　　　　　　　//几何变换

DrawScene(GL_RENDER)；　　　　　//以绘制模式绘制场景

hits ＝ glRenderMode(GL_RENDER)；　//命中处理函数:返回对象名称

ProcessHits(hits，selectBuf)；　　　//命中处理函数:返回对象名称

…………

第5章 模型试验与验证

5.1 系统的基本功能设计

该模拟系统是在现代可视化的开发环境下进行开发的,选用 Visual C♯ 为系统的主要开发语言,数据库采用 accsee 编程工具进行编程(数据通过 ADO 进行连接),结合 OpenGL 三维图形开发标准工具进行联合开发。OpenGL 是近几年发展起来的一个性能卓越的三维图形开发标准,它是在 SGI 等多家世界著名的计算机公司的倡导下,以 SGI 的 GL 三维图形库为基础制定的一个通用、共享的开放式三维图形标准。OpenGL 具有卓越的处理三维图形的能力,为实现逼真的三维绘制效果、建立交互的三维场景提供了良好的条件。此外 OpenGL 还具有以下主要特点:建模、变换、颜色模式设置、光照和材质设置、纹理映射、位图显示和图像增强、双缓存动画等,其建立图形的基本过程如图 5.1 所示。

建模 → 设置视点 → 计算光照 → 光栅化 → 屏幕

图 5.1 OpenGL 基本图形操作示意图

该模拟系统主要包括以下几个主要的功能模块:数据处理(包括矢量数据和栅格数据处理等)、平面图系统(包括二维图形的基本操作)、三维实体建模(通过集成模型的方法对空间实体进行建模)、三维可视化(实体的二维与三维显示、变换、不同角度观察等)、三维查询和分析(基本的空间实体查询和分析),以及空间基本操作(主要指对不同实体操作,包括作剖面图等),下面就其中的几个主要的功能模块进行阐述。模拟系统基本功能示意图如图 5.2 所示。

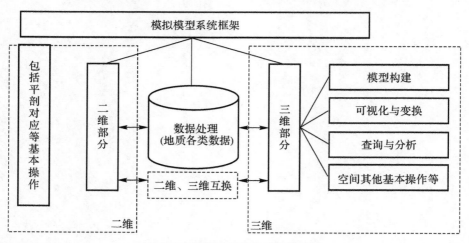

图 5.2 模拟系统基本功能示意图

5.2 数据管理操作

数据库系统采用 access 进行开发,通过 ADO 数据访问接口与程序进行对接,access 数据库是目前流行的中小型数据库管理软件,其对数据的管理已经完全符合中等矿区的要求(对于特大型矿区,也就是说,当数据库的数据量大于两万条时,可采用商用大型数据库如 SQL sever,Oracle,Sybase,informax 等,这些数据库软件有诸如触发器、存储过程等工具可以提高数据的访问速度,更方便地管理数据)。

在进行地质体建模过程中,所使用最主要的数据就是钻孔数据,这也是地质数据库中的主要数据,笔者根据具体钻孔数据,将其分成三类:包括钻孔(地层)、钻孔(参数)、钻孔煤化。地质数据库系统如图 5.3 所示。

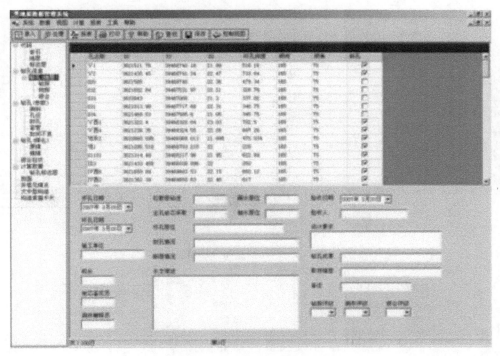

图 5.3　地质数据库系统

钻孔(地层)是钻孔基础资料,具体包括钻孔资料的分层信息和钻孔测井资料;钻孔(参数)包括测斜信息、孔径信息、封孔信息以及套管信息等;钻孔(煤化)主要包括原煤信息、精煤信息等。此外数据库中还记录了岩石、地层、标志层的代码信息和一些剖面的位置信息和大中型构造信息等,图 5.4 所示为岩石代码和地层代码表。

在地质体建模过程中,所有模型归根到底都是由一个个节点来表示的,这里主要是指钻孔数据,图 5.5 所示是部分钻孔信息和分层信息。其中左边是钻孔的信息,右边为某一钻孔的分层信息,右下角为当前分层岩性描述。

图 5.6 所示是在钻孔基本信息和钻孔倾斜信息的基础上计算出来的钻孔标志层信息。

岩石代码	岩石名称	优先级	岩石描述
k0ht	黄铁矿		
k0jy	钾盐层		
k0lt	菱铁矿		
k0lu	铝土矿		
k0mx	芒硝层		
k0my	镁盐层		
k0ps	硼砂层		
k0sg	石膏		
k0ss	燧石层		
k0sy	石油层		
k0yy	岩盐		
1000	巨砾岩		

地层代码	地层名称	备注
=F00	假整合	
=N00	不整合	
=T00	整合	
C00	石炭系	
C20	石炭系中统	
C26	本溪组	
C30	石炭系上统	
C3t	太原组	
E00	下第三系	
G00	寒武系	
N00	上第三系	
000	奥陶系	

图 5.4　岩石代码和地层代码表

钻孔名	孔口X0	Y0	Z0	孔深
V1	3621511.76	39468740.18	21.99	516.16
V2	3621435.45	39468741.34	22.47	733.84
020	3621585	39468740	22.36	479.34
032	3621652.84	39467531.97	22.21	328.79
033	3620943	39467000	21.3	337.02
031	3621013.98	39467717.88	22.31	340.75
034	3621468.53	39467585.8	21.05	345.75
V西1	3621322.4	39468320.84	23.03	702.5
V西4	3621236.35	39468324.55	22.26	687.26
Ⅶ东2	3620980.595	39466988.013	21.886	470.034
Ⅶ1	3621285.518	39466753.215	22	220
01101	3621314.49	39465217.96	21.95	622.69
IX3	3621433.488	39466038.896	22	260
IV西6	3621650.89	39469683.53	22.15	662.12
IV西2	3621362.39	39469650.83	22.46	617
IV西4	3621431.49	39469657.78	22.64	690
IV西1	3621501.53	39469665.86	22.36	306.2
IV西3	3621586.79	39469675.18	22.41	707.72
IV西5	3621283.49	39469639.53	22.51	658.81
014	3621544	39470635	22.19	319.1
023	3621344.93	39470240.36	22.22	371.46
024	3621594.52	39470241.99	21.62	326.44
06	3621348.04	39467623.06	22.15	399.39

顶面深度	底面深度	地层时代	岩性	标志层	结构	倾角
674.6	682.39	P21	n0sz			20
682.39	683.23	P21	m000			20
683.23	688	P21	n0sz			20
688	688.22	P21	m000			20
688.22	690.6	P21	n0sz			20
690.6	691.6	P21	s300			20
691.6	699.8	P21	s400			20
699.8	707.72	P21	s300			20
0	10.03	Q00	xtfg			0
10.03	19	Q00	xs04			0
19	30.55	Q00	xs04			0
30.55	32.57	Q00	xs03			0
32.57	35.5	Q00	xsnt			0
35.5	40.7	Q00	xs01			0
40.7	41.58	Q00	xsnt			0
41.58	52.42	Q00	xs01			0
52.42	53.43	Q00	xtsz			0

煤层结构

厚度	岩性

当前分层岩性描述

砂质泥岩：灰色，砂泥质结构为主，局部为泥质结构，岩石大多破碎，挤压揉皱，断口参差状，含有菱铁鲕粒。

图 5.5　钻孔信息和分层信息

标志层	底板X	Y	Z	厚度	顶板深度	底板深度
NQ00	3621323.6546	39468320.84	-58.7359	0	0	81.78
FN00	3621325.6324	39468320.84	-115.371	0	0	138.45
TP21	3621330.1261	39468320.84	-238.481	0	75	261.65
MJ	3621330.2774	39468320.84	-245.910	0.471	75	269.08
ML	3621332.2804	39468320.84	-304.575	2.04	75	327.78
MN	3621334.9235	39468319.992	-368.954	0.906	50	392.24
MN	3621335.8199	39468318.380	-407.931	0.251	50	431.27
ML	3621337.8099	39468318.380	-448.132	2.173	50	471.52
MK	3621337.9498	39468318.380	-450.958	0.662	50	474.35
TP12	3621338.3257	39468317.890	-463.042	0	50	486.45
MG	3621340.5316	39468315.357	-526.281	0.199	50	549.78
MF	3621344.5814	39468312.112	-618.522	1.601	40	642.17
ME	3621345.9650	39468311.313	-641.366	0.254	25	665.07

图 5.6　钻孔标志层信息

图 5.7 所示为部分剖面信息，这些信息记录了一些典型的剖面，包括剖面名称、起点和终点，以及该剖面中所包含的钻孔信息等。图 5.8 记录了一些钻孔倾斜信息等。以上这些信息

都是对地质体进行描述时所必需的基础数据,在使用时做一些必要的转换。

剖面名	起点X	起点Y	终点X	终点Y	剖面中钻孔
I	3620400	39473	362250	394732	B22
II	0	1069.	0	671.36	*013, 016, *015
III	0	1000	0	411	*9801, 010, 56-04, *018
III西	3620758	39471	362226	394710	9802
IV	3620553	39470	362214	394701	022, 023, B26, IV1, IV2, 024
IV西	3619900	39469	362200	394696	IV西5, IV西2, IV西4, IV西1, IV西3, IV西6
V	3620400	39468	362200	394686	026, 025, V4, 027, V3, V5, V2, V1, 020
V东	3620400	39469	362200	394690	V东4, V东5, V东7, V东8, V东2, V东1,
V西	3620400	39468	362200	394682	V西4, V西1, V西3, V西6, V西2, V西5
VI	3620250	39467	362200	394675	水14, 031, B29, 011, VI3, VI2, 06, VI1
VII	3620400	39468	362200	394666	VII1
VIII	3620040	39466	362194	394662	VIII3, VIII1, VIII2
IX	3620320	39466	362200	394659	水11, B9, 水7, B8, IX3
X	3620475	39465	362222	394655	水13, X1, X2,
XI	3620240	39465	362200	394651	01101, XII2
走向1	3621920	39471	362189	394745	010, *016, B22
XII	3620300	39464	362205	394647	XII1, XII2

测点深度	天顶角	方位角
0	0	0
50	0.5	0
100	0.5	0
150	1	0
200	1.5	0
250	2	0
300	3	170
350	3.5	180
400	3	180
450	3.5	170
500	4.5	180
514	4.5	180
516.16	4.5	180

图 5.7　剖面信息　　　　　　　　　　　　　　图 5.8　钻孔倾斜信息

由于钻孔经常并不是一条铅垂线,因此需要运用测量学中的倾斜改正对数据进行改正,具体参见《测斜原理》教材。通过这些相关处理后,就可以将这些数据重新进行入库(见图 5.9),供以后使用。图 5.9 所示为笔者所在项目组所整理后的某煤矿数据,共有 106 张表、15 个查询和 19 张报表等。

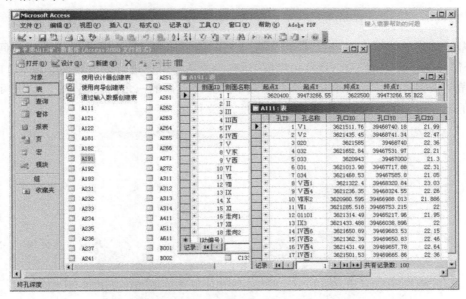

图 5.9　处理后的数据

5.3　实体的建模及其可视化

通过本书集成模型进行模型地质体建模,可以分成两个部分,一个是基于集合论本身的建模,另一个是基于集成的数据模型。图 5.10 所示是一个基于集合论的煤矿床地质体,其组成包括三维面片(3DSF)、三维有孔面(3DSC)、三维简单面(3DSS)、三维曲线(3DL)等,该地质体包含 7 个断层、5 个正断层和 2 个逆断层。

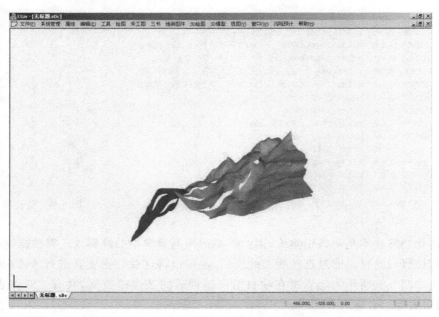

图 5.10　基于集合论的煤矿床断层

而基于集成的数据模型可以用 TIN 进行表面的基本模型,然后进行三维的空间三维变换,对于简单的体可以用 UATP 直接建模,而对于复杂体可以进行集成建模。图 5.11 所示为一个三角网模型,图 5.12 所示是添加并删除了部分节点后的三角网模型,图 5.13 所示是在三维状态下删除模型的情况,是图 5.12 对应的三维立体图。

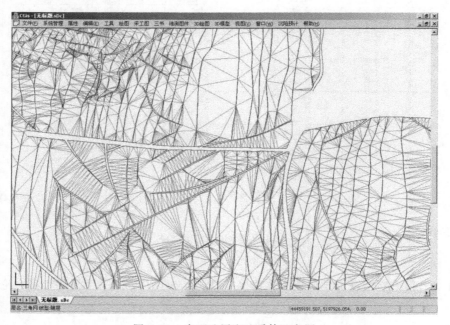

图 5.11　表面地层和地质体三角网

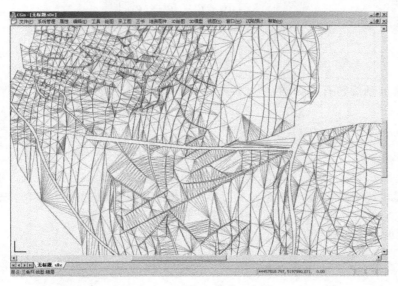

图 5.12　动态变化的三角网

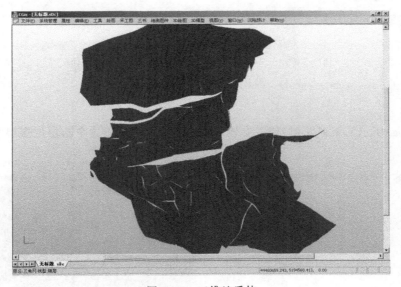

图 5.13　三维地质体

对于矿区开采过程中,由于矿体被开采后地表的下沉来说(即地表沉陷),也可以用该集成模型进行表示。图 5.14(a)所示就是一个下沉的例子,5.14(b)所示是这个例子在进行了三维变换后的图像(这里进行的选择操作)。

对于三维图形(图像)几何变换可以用如下变换矩阵来实现(见孙家广《计算机图形学》),设三维图形(图像)在变换前矩阵表示为 $[x \quad y \quad z \quad 1]$,变换后为 $[x' \quad y' \quad z' \quad 1]$,于是可以表示为公式(5.1)。

$$\boldsymbol{T}_{3D} = \begin{bmatrix} a_{11} & a_{12} & a_{13} & a_{14} \\ a_{21} & a_{22} & a_{23} & a_{24} \\ a_{31} & a_{32} & a_{33} & a_{34} \\ a_{41} & a_{42} & a_{43} & a_{44} \end{bmatrix} \tag{5.1}$$

例如按照 x 轴旋转有(其他操作可参见孙家广《计算机图形学》)：

$$\begin{bmatrix} x' & y' & z' & 1 \end{bmatrix} = \begin{bmatrix} x & y & z & 1 \end{bmatrix} \begin{bmatrix} 1 & 0 & 0 & 0 \\ 1 & \cos\theta & \sin\theta & 0 & 0 \\ 1 - \sin\theta & \cos\theta & 0 & 0 \\ 0 & 0 & 0 & 1 \end{bmatrix} \tag{5.2}$$

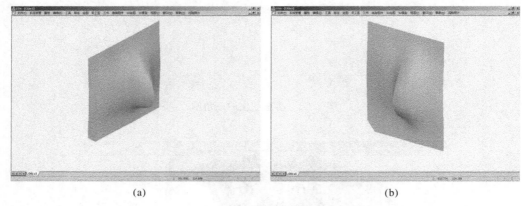

图 5.14　地表沉陷示意图

(a)几何变换前；　(b)几何变换后

图 5.15(a)所示为某矿断层示意图,图 5.15(b)所示为基于这个断层的煤层和巷道的三维可视化图。

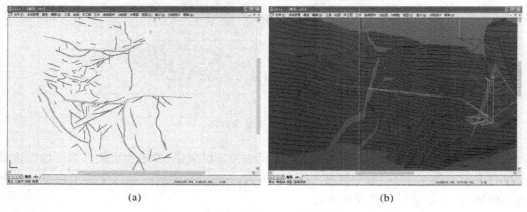

图 5.15　基于断层的煤矿床三维可视化图

(a)断层示意图；　(b)煤矿床三维图

如图 5.16 所示是集成了地面上的工业广场、巷道、地下矿体的三维图,也就是说可以将地上、地下的放到一起观察并分析。

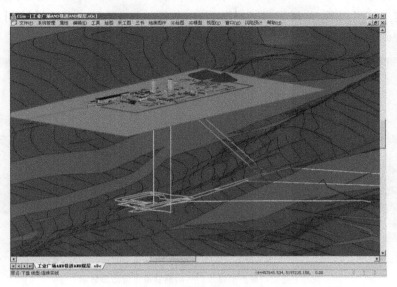

图 5.16　集成地上、地下

　　清水营矿井下煤层及钻孔二维平面图如图 5.17 所示。清水营矿井下煤层及钻孔三维立体图如图 5.18 所示。

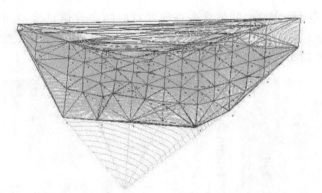

图 5.17　清水营矿井下煤层及钻孔二维平面图

图 5.18　清水营矿井下煤层及钻孔三维立体图

当模型建立好了以后，就可以进行漫游观察，如图 5.19 所示，(a)是漫游到主巷道时的效果，(b)是漫游到副巷道时的三维图。

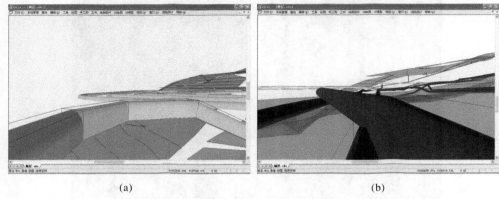

(a)   (b)

图 5.19 巷道三维漫游示意图

(a)主巷道漫游图形显示； (b)副巷道漫游图形显示

5.4 空间查询和分析

空间查询指根据图形(图像)的信息来查询其对应的属性信息或空间信息，这里笔者做了一个钻孔查询的例子(见图 5.20(a)(b))，图 5.20(a)所示为某矿钻孔三维图，可以根据钻孔图查询到这些钻孔的几何坐标数据(见图 5.20(b))。

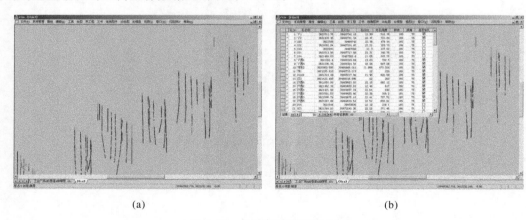

(a)   (b)

图 5.20 钻孔信息查询示意图

(a)钻孔三维图形显示； (b)查询到的坐标等信息

这里还以某矿工业广场为例进行说明，图 5.21(a)所示为工业广场的三维图，图(b)所示为图上箭头所指物的信息查询，为方便说明，将其信息的 4 个属性页显示在一个菜单中。可以看图 5.21(b)的左上角对话框是一些作图的基本信息，如线型、颜色等，右上角对话框是该实体的节点的坐标信息、实体名称、建成时间等；左下脚对话框是实体的一些基本属性信息(对于这个例子就是一些如层高、层数等新型)；右下脚对话框是纹理信息。

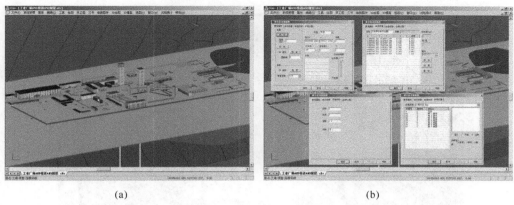

(a)　　　　　　　　　　　　　　　(b)

图 5.21　空间查询示意图

(a)某矿工业广场；　(b)查询到的一些空间相关信息

　　对三维实体进行剖切后如图 5.22 所示,还可以根据属性信息在图上进行定位查找。如图 5.23 所示为集成地上、地下。

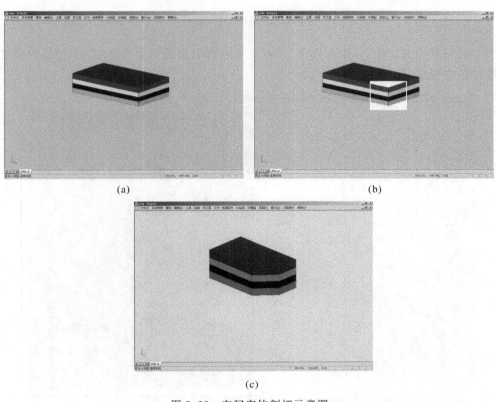

(a)　　　　　　　　　　　　　　　(b)

(c)

图 5.22　空间实体剖切示意图

(a)三维实体模拟图；　(b)剖切面；　(c)剖切后

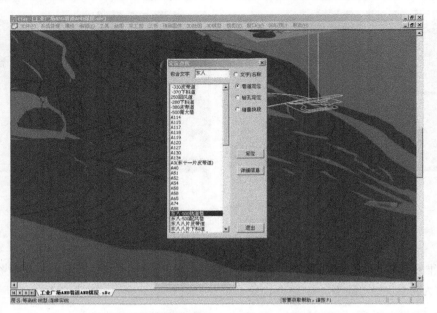

图 5.23　集成地上、地下

　　为了进行更好的二维、三维查询和分析，还可以将视图进行必要的变换，使得可以在一张图中进行集中观察，如图 5.24 所示。

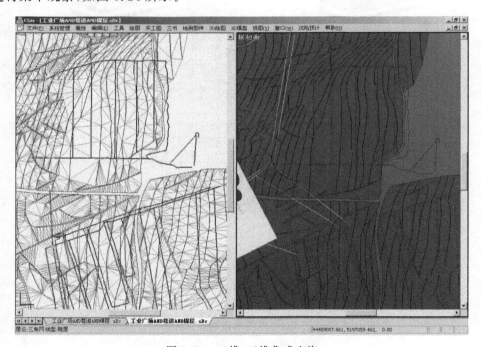

图 5.24　二维、三维集成查询

井上下联系图集合查询如图 5.25 所示。

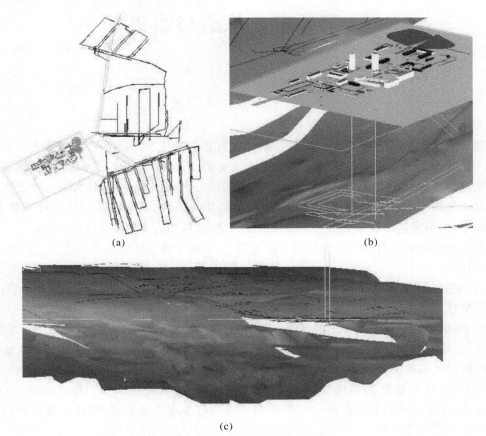

(a)

(b)

(c)

图 5.25　井上下联系图集合查询

(a)井上工业广场；　(b)井上下对照；　(c)井下煤层走势和几何形状

第6章　总结与展望

6.1　总　　结

随着空间信息科学的发展,在"数字地球"大背景的衬托下,"数字矿山"也在如火如荼地进行着。数字矿山中最根本的问题是解决地质体的建模、计算和可视化问题,为此必须要有好的数据模型来支持。由于目前已经开发出来的商用三维GIS软件中,还没有一个真正能够达到满足的三维GIS的数据模型,究其原因,对于地质体来说,其空间几何形态过于复杂,且在建立模型时,很多基础数据是不可知的或很不完全,这就加大了模型建立的难度。

本书在充分研究目前三维建模方法的基础上,对地质体空间数据模型进行了研究,主要成果总结如下:

(1)把空间数据模型分成矢量和栅格两个大类,从数据模型构成的基础元素入手,得出了目前模型建立的6个大的类型,该分类对设计空间数据模型具有良好的参考意义。

(2)提出了一种基于集合论的空间数据模型,该模型将三维空间分成三维点、三维线、三维简单面、三维复合面以及三维体等,设计出了每一种模型的具体组成、模型的公式化表达以及模型间拓扑关系的基本表达,还给出了集合论模型在进行对象处理时的一些关键操作。

(3)在已有三棱柱的基础上,提出了一种非平行似三棱柱模型(Unparallel Analogical Triangular Prism,UATP)的表达方法,给出了模型的基本构成要素,阐述了通过修改模型进行地质体表达的优缺点。

(4)提出了基于集合论和非平行似三棱柱集成的地质体空间数据模型,给出了两种模型集成关系图,以最大限度地发挥各自模型的优点,论述了模型集成中的一些具体操作。

(5)研究了从平面二维到空间三维的相互转换问题,就平面二维状态下如何快速寻找边界,如何对已描述的地质体进行快速、准确的光滑处理,平剖对应的动态修改技术,以及储量的自动生成技术等做了系统的研究;在三维空间给出了具体地质体的3DSV,UATP剖分和UATP的四面体剖分,以及约束三角形构建的主要思路等。

(6)此外,建立了一个基于集合论和非平行似三棱柱集成试验系统,实现了一些空间地质体建模,该系统具有三维可视化表达、空间分析和查询,以及一些基本三维操作等功能,通过矿山实际数据试例,验证了本书提出的集成模型的可行性和科学性。

6.2　本书主要创新点

笔者在对目前三维GIS空间数据模型三维建模方法研究的基础上,针对地质体三维空间数据模型的研究现状和各自的特点进行了总结、对比、分析,本书的主要贡献与创新之处有以下几点:

(1)传统的三维GIS数据模型从存储格式上分为矢量和栅格两大类,该分类模型在表现数据间相互关系时不够细致。本书结合基于构成要素的数据模型分类方法,把目前空间数据模型分成了六个大类,从而可以更加清晰地分辨出各类模型的特点,为设计空间数据模型打下了坚实的基础。

(2)提出了基于集合论和非平行似三棱柱集成的地质体空间数据模型,并给出了集成模式及核心算法。首先,结合素朴集合论的知识,提出了集合论空间数据模型,该模型将空间分成三维点、三维线、三维简单面、三维面、三维体等五个大的模型;其次,提出了非平行似三棱柱的概念,并对该模型的扩展拓扑关系进行表达。在集成模型实现过程中,就地质体的集成剖分、四面体剖分给出了思路和部分伪代码,同时就集成模型的相关操作给出了核心算法。

(3)在具体算法方面:给出了求平面凸包的优化算法、逼真的可视化图像处理方法,平剖动态对应的处理算法、光照改进的方法,并给出了以上各算法相应处理的伪代码。通过以上算法,提高了模型构建速度,三维地质体的显示更加逼真。

6.3　后续进一步研究方向

通过大量系统的研究工作,笔者取得了一些有意义的认识。建立三维空间数据模型是3DGIS中要研究的一个核心问题。本书在对国内外专家、学者研究的基础上,提出了一种基于集合论和非平行似三棱柱集成的模型三维地质体空间数据模型,也仅仅是一个开始和探索,今后的进一步研究方向为:

(1)基于集合论和非平行似三棱柱集成的空间数据建模方法的研究才刚刚开始,特别是在三维交互建立复杂空集对象时,需要进一步研究。

(2)在进行可视化时,对表面复杂的对象在贴不同纹理时,或是构建不同复杂纹理以区别地物时,还有一定困难。

(3)对一些复杂的地质建模考虑还不够,不能进行很好的表达,因此对于复杂地理空间对象还需要进一步研究。

(4)网上发布,充分考虑到三维可视化中特有的图形、图像数据量大,更新快,交互频繁等特征,在实现方式、采用技术、数据传输方面都有先进、高效的要求。因此,如何具体运用现有的计算机技术来生成 WebGIS 控件,使得该模型的可视化可以在没有应用该三维可视化软件的基础上进行相应简单的浏览功能。

(5)本书只是对模型进行了试验研究,并没有实现真正的应用系统及产品,今后还应该多向这方面努力。

三维地学模拟理论、方法、技术和软件尚不十分成热,地质软件还不能依少数几个控制点建立一个复杂表面,或依地质规律建立表面模型。地学工作者的任务是在分析、比较国内外地学三维数据模型特点的基础上,结合中国地质构造实际情况,研究适合中国地球科学应用领域中三维地学数据模型的基本框架,构造三维数据结构。利用面向对象技术、地理信息系统技术、可视化技术、虚拟现实技术等的最新成果,开发具有鲜明特色的面向地球科学应用的三维地学可视化软件产品,解决地质一维、三维空间数据输入、处理、管理、分析和显示问题,实现三维地质体逼真表达、动态显示、仿真模拟,解决地学多维、动态、多源、交互、多时相、多精度、多目标等问题,为地学数据探索、地质信息查询和地学多维图解技术的实现提供可能。笔者愿意继续以上研究工作,希望最终能得到一个圆满的结论。

附录　系统总体框架部分概略算法及地表沉陷部分代码

```
//……省略 35 行头文件或引用定义……//
//……沉陷预计文件部分代码……//
//……未经笔者允许禁止从事商业经营……//
void CCount::FormMPntXiaC(UP2dARRAY& mpnt)
{
    for(int x=-150; x<=150; x+=10)
    {
        double y = -WSink(x);
        mpnt.Add( UPnt2D(x,y) );
    }
}


void CCount::FormMPntQingX(UP2dARRAY& mpnt)
{
    for(int x=-150; x<=150; x+=10)
    {
        double y = IDecline(x);
        mpnt.Add(UPnt2D(x,y));
    }
}


void CCount::FormMPntQuL(UP2dARRAY& mpnt)
{
    for(int x=-150; x<=150; x+=10)
    {
        double y = KCurve(x);
        mpnt.Add(UPnt2D(x,y));
    }
}


void CCount::FormMPntShuiPYD(UP2dARRAY& mpnt)
{
    for(int x=-150; x<=150; x+=10)
    {
        double y = UMove(x);
        mpnt.Add(UPnt2D(x,y));
    }
}


void CCount::FormMPntShuiPBX(UP2dARRAY& mpnt)
{
    for(int x=-150; x<=150; x+=10)
```

```
    {
        double y = UChange(x);
        mpnt. Add(UPnt2D(x,y));
    }
}

double CCount::Radius(double h,double tanB)
{
    return h/tanB;
}

double CCount::Wmax(double m,double q,double a)
{
    return m * q * cos(a * TOPI);
}

double CCount::WSink(double x)
{
    double rtPI = sqrt(PI);
    double a3 = ( rtPI/Radius(m_h, m_tanB) ) * fabs(x);
    double sum =0;
    for(double i=0; i<a3; i+=0.00001)
    {
        sum += exp(-1 * i * i) * 0.00001;
    }
    double max=Wmax(m_m, m_q, m_a);
    return max/2 + max * sum * Sign(x)/rtPI;
}

double CCount::IDecline(double x)
{
    double max=Wmax(m_m, m_q, m_a);
    double radius=Radius(m_h, m_tanB);
    return (max/radius * exp(-1 * PI * x * x/(radius * radius)));
}

double CCount::KCurve(double x)
{
    double max=Wmax(m_m, m_q, m_a);
    double radius=Radius(m_h, m_tanB);
    return -2 * PI * max * x * exp(-1 * PI * x * x/radius/radius)/radius/radius/radius;
}

double CCount::UMove(double x)
{
    double max=Wmax(m_m, m_q, m_a);
    double radius=Radius(m_h, m_tanB);
    return m_b * max * exp(-1 * PI * x * x/radius/radius);
}
```

```
double CCount::UChange(double x)
{
    double max=Wmax(m_m, m_q, m_a);
    double radius=Radius(m_h, m_tanB);
    return -2 * PI * m_b * max * x * exp(-1 * PI * x * x/radius/radius)/radius/radius;
}


double CCount::W0max(double m,double q,double a)
{
    return m * q * cos(a * PI/180);
}


double CCount::I0max(double h,double tanB,double m,double q,double a)
{
    double w0max,r;
    r=h/tanB;
    w0max=W0max(m,q,a);
    return w0max/r;
}


double CCount::K0max(double h,double tanB,double m,double q,double a)
{
    double w0max,r;
    r=h/tanB;
    w0max=W0max(m,q,a);
    return 1.52 * w0max/(r * r);
}


double CCount::U0max(double h,double tanB,double m,double q,double a,double b)
{
    double w0max;
    w0max=W0max(m,q,a);
    return b * w0max;
}


double CCount::E0max(double h,double tanB,double m,double q,double a,double b)
{
    double w0max,r;
    r=h/tanB;
    w0max=W0max(m,q,a);
    return 1.52 * b * w0max/r;
}


// DlgCaidtj.cpp :实现文件
//

#include "stdafx.h"
#include "DlgCaidtj.h"

// CDlgCaidtj 对话框
```

```
// by zqw 20061111

IMPLEMENT_DYNAMIC(CDlgCaidtj, CPropertyPage)
CDlgCaidtj::CDlgCaidtj(): CPropertyPage(CDlgCaidtj::IDD)
{
    m_dXiacxs = 0.8;
    m_dShuipydxs = 0.3;
    m_dMeicqj = 10;
    m_dMeichd = 4;
    m_dYidpdbc = 1000;
    m_dZuidxcj = 60;
    m_strName = "由最大下沉值开始的单向的数据,数据间用空格隔开";
    m_fXiacxs = 0;
    m_fShuipydxs = 0;
    m_fMeicqj = 0;
    m_fXiascfcdj = 0;
    m_fShangscfcdj = 0;
    m_fZouxcfcdj = 0;
    m_fZuidxcj = 0;
    m_fMeichd = 0;
    m_fCaikqqxc = 0;
    m_fCaikqzxc = 0;
    m_fPingjkcsd = 0;
    m_fYidpdbc = 0;
    nCaidzt = 0;
    nQxlx = 0;
    m_strZx = "";
    m_strQx = "";
}


CDlgCaidtj::~CDlgCaidtj()
{

}


void CDlgCaidtj::DoDataExchange(CDataExchange * pDX)
{

    CPropertyPage::DoDataExchange(pDX);
    DDX_Control(pDX, IDC_COMBO_ZHUANGT, m_ccaidzt);
    DDX_Control(pDX, IDC_COMBO_LEIX, m_cQuxlx);
    DDX_Text(pDX, IDC_EDIT_READ, m_strName);
    DDX_Text(pDX, IDC_EDIT_XIACXS, m_dXiacxs);
    DDX_Text(pDX, IDC_EDIT_SHUIPYDXS, m_dShuipydxs);
    DDX_Text(pDX, IDC_EDIT_MEICQJ, m_dMeicqj);
    DDX_Text(pDX, IDC_EDIT_MEICHD, m_dMeichd);
    DDX_Text(pDX, IDC_EDIT_YIDPDBC, m_dYidpdbc);
    DDX_Text(pDX, IDC_EDIT_F_XIACHXS, m_fXiacxs);
    DDX_Text(pDX, IDC_EDIT_F_SHUIPYDXS, m_fShuipydxs);
    DDX_Text(pDX, IDC_EDIT_F_QINGJIAO, m_fMeicqj);
    DDX_Text(pDX, IDC_EDIT_F_XIASCFCDJ, m_fXiascfcdj);
    DDX_Text(pDX, IDC_EDIT_F_SHANGSCFCDJ, m_fShangscfcdj);
```

```
        DDX_Text(pDX, IDC_EDIT_F_ZOUXCFCDJ, m_fZouxcfcdj);
        DDX_Text(pDX, IDC_EDIT_F_ZUIDXCJ, m_fZuidxcj);
        DDX_Text(pDX, IDC_EDIT_F_MEIHOU, m_fMeichd);
        DDX_Text(pDX, IDC_EDIT_F_CAIKQQXC, m_fCaikqqxc);
        DDX_Text(pDX, IDC_EDIT_F_CAIKQZXC, m_fCaikqzxc);
        DDX_Text(pDX, IDC_EDIT_F_PINJKCSD, m_fPingjkcsd);
        DDX_Text(pDX, IDC_EDIT_F_YIDPDBC, m_fYidpdbc);
        DDX_Text(pDX, IDC_EDIT_ZUIDXCJ, m_dZuidxcj);
        DDX_Text(pDX, IDC_EDIT_ZOUX, m_strZx);
        DDX_Text(pDX, IDC_EDIT_QINGX, m_strQx);
    }


BEGIN_MESSAGE_MAP(CDlgCaidtj, CPropertyPage)
    ON_CBN_SELCHANGE(IDC_COMBO_ZHUANGT, OnCbnSelchangeComboZhuangt)
    ON_BN_CLICKED(IDC_BTN_READ, OnBnClickedBtnRead)
    ON_WM_CTLCOLOR()
    ON_BN_CLICKED(IDC_BTN_ZOUX, OnBnClickedBtnZoux)
    ON_BN_CLICKED(IDC_BTN_QINGX, OnBnClickedBtnQingx)
    ON_CBN_SELCHANGE(IDC_COMBO_LEIX, OnCbnSelchangeComboLeix)
END_MESSAGE_MAP()


// CDlgChengFen 消息处理程序

void CDlgCaidtj::cf_enable()
{
    GetDlgItem(IDC_EDIT_XIACXS)->EnableWindow();
    GetDlgItem(IDC_EDIT_MEICHD)->EnableWindow();
    GetDlgItem(IDC_EDIT_MEICQJ)->EnableWindow();
    GetDlgItem(IDC_EDIT_SHUIPYDXS)->EnableWindow();
    GetDlgItem(IDC_EDIT_YIDPDBC)->EnableWindow();
    GetDlgItem(IDC_EDIT_ZUIDXCJ)->EnableWindow();
}

void CDlgCaidtj::cf_disbale()
{
    GetDlgItem(IDC_EDIT_XIACXS)->EnableWindow(FALSE);
    GetDlgItem(IDC_EDIT_MEICHD)->EnableWindow(FALSE);
    GetDlgItem(IDC_EDIT_MEICQJ)->EnableWindow(FALSE);
    GetDlgItem(IDC_EDIT_SHUIPYDXS)->EnableWindow(FALSE);
    GetDlgItem(IDC_EDIT_YIDPDBC)->EnableWindow(FALSE);
    GetDlgItem(IDC_EDIT_ZUIDXCJ)->EnableWindow(FALSE);
}

void CDlgCaidtj::fcf_enable()
{
    GetDlgItem(IDC_EDIT_F_XIACHXS)->EnableWindow();
    GetDlgItem(IDC_EDIT_F_SHUIPYDXS)->EnableWindow();
    GetDlgItem(IDC_EDIT_F_QINGJIAO)->EnableWindow();
```

```
    GetDlgItem(IDC_EDIT_F_XIASCFCDJ)—>EnableWindow();
    GetDlgItem(IDC_EDIT_F_SHANGSCFCDJ)—>EnableWindow();
    GetDlgItem(IDC_EDIT_F_ZOUXCFCDJ)—>EnableWindow();
    GetDlgItem(IDC_EDIT_F_ZUIDXCJ)—>EnableWindow();
    GetDlgItem(IDC_EDIT_F_MEIHOU)—>EnableWindow();
    GetDlgItem(IDC_EDIT_F_CAIKQQXC)—>EnableWindow();
    GetDlgItem(IDC_EDIT_F_CAIKQZXC)—>EnableWindow();
    GetDlgItem(IDC_EDIT_F_PINJKCSD)—>EnableWindow();
    GetDlgItem(IDC_EDIT_F_YIDPDBC)—>EnableWindow();
}

void CDlgCaidtj::fcf_diable()
{
    GetDlgItem(IDC_EDIT_F_XIACHXS)—>EnableWindow(FALSE);
    GetDlgItem(IDC_EDIT_F_SHUIPYDXS)—>EnableWindow(FALSE);
    GetDlgItem(IDC_EDIT_F_QINGJIAO)—>EnableWindow(FALSE);
    GetDlgItem(IDC_EDIT_F_XIASCFCDJ)—>EnableWindow(FALSE);
    GetDlgItem(IDC_EDIT_F_SHANGSCFCDJ)—>EnableWindow(FALSE);
    GetDlgItem(IDC_EDIT_F_ZOUXCFCDJ)—>EnableWindow(FALSE);
    GetDlgItem(IDC_EDIT_F_ZUIDXCJ)—>EnableWindow(FALSE);
    GetDlgItem(IDC_EDIT_F_MEIHOU)—>EnableWindow(FALSE);
    GetDlgItem(IDC_EDIT_F_CAIKQQXC)—>EnableWindow(FALSE);
    GetDlgItem(IDC_EDIT_F_CAIKQZXC)—>EnableWindow(FALSE);
    GetDlgItem(IDC_EDIT_F_PINJKCSD)—>EnableWindow(FALSE);
    GetDlgItem(IDC_EDIT_F_YIDPDBC)—>EnableWindow(FALSE);
}

void CDlgCaidtj::GetMaxXiaCShuiP_CF(double dxiachxs,double dshuipydxs,double dmeihou,
        double dqingjiao, double &dmaxxia,double &dmaxshui)
{
    dmaxxia = dxiachxs * dmeihou * 1000 * cos(dqingjiao * TOPI);
    dmaxshui = dmaxxia * dshuipydxs;
}

void CDlgCaidtj::GetMaxXiaCShuiP_FCF(double dxiachxs,double dshuipydxs,double dmeihou,
        double dqingjiao, double dcaikqqxc,double dcaikqzxc,
        double dpinjkcsd,double dzuidxcj,double dxiascfcdj,
        double dshangscfcdj,double dzouxcfcdj,double &dmaxxia,
        double &dmaxshui)
{
    double n=0, n1=0, n2=0;
    n1 = (sin(dzuidxcj * TOPI) * sin(dxiascfcdj * TOPI) * sin(dshangscfcdj * TOPI)
        * dcaikqqxc * 1000)/(sin(dzuidxcj * TOPI+dqingjiao * TOPI)
        * sin(dxiascfcdj * TOPI+dshangscfcdj * TOPI) * dpinjkcsd * 1000);
    n2 = 0.5 * dcaikqzxc * 1000 * tan(dzouxcfcdj * TOPI)/(dpinjkcsd * 1000);
    n = sqrt(n1 * n2);
    dmaxxia = dxiachxs * dmeihou * 1000 * (cos(dqingjiao * TOPI)) * n;
    dmaxshui = dmaxxia * dshuipydxs;
}
```

```
void CDlgCaidtj∷JisuanAB()
{
    CStdioFile myfile;
    BOOL fg = myfile. Open(m_strName,CFile∷modeRead);
    if (fg==FALSE) return;
    double x0,y0;
    float z0;
    CString strLine=_T("");
    UP3dARRAY DianArr;
    while(myfile. ReadString(strLine))
    {
        int nn = sscanf(strLine,"%lf %lf %f",&x0,&y0,&z0);
        if (nn==3) DianArr. Add( UPnt3D(x0,y0,z0) );
    }
    myfile. Close();

    int dianshu =DianArr. GetCount();
    UPnt3D * ppnt =DianArr. GetData();
    double val = ppnt++->z;
    double sumlgZ =0, sumlgC =0, sumlgZ2 =0, sumlgZlgC =0;
    for(int i=1; i<dianshu; i++,ppnt++)
    {
        double lgzArr = log10( (double)i / (double)dianshu );
        sumlgZ += lgzArr;
        sumlgZ2 += lgzArr * lgzArr;
        double lgaArr = log10(ppnt->z/val);
        double lgcArr = log10(-lgaArr);
        sumlgC += lgcArr;
        sumlgZlgC += (lgcArr) * (lgzArr);
    }
    double lgB = 0;
    lgB = (sumlgC * sumlgZ2-sumlgZlgC * sumlgZ)/(dianshu * sumlgZ2-sumlgZ * sumlgZ);
    a = pow(10.0,lgB)/log10(ee);
    b = (dianshu * sumlgZlgC-sumlgC * sumlgZ)/(dianshu * sumlgZ2-sumlgZ * sumlgZ);
}


void CDlgCaidtj∷xiach()
{
    double dianjianju;
    if(m_ccaidzt. GetCurSel()==1)
    {
        GetMaxXiaCShuiP_CF (m_dXiacxs, m_dShuipydxs, m_dMeichd, m_dMeicqj, mdZuidxcz,
mdZuidspyd);
        dianjianju = (m_dYidpdbc/49.0);
    }
    if(m_ccaidzt. GetCurSel()==2)
    {
        GetMaxXiaCShuiP_FCF(m_fXiacxs,m_fShuipydxs,m_fMeichd,m_fMeicqj,m_fCaikqqxc,
                m_fCaikqzxc,m_fPingjkcsd,m_fZuidxcj,m_fXiascfcdj,
                    m_fShangscfcdj,m_fZouxcfcdj,mdZuidxcz,mdZuidspyd);
```

```
        dianjianju = (m_fYidpdbc/49.0);
    }
    WxArr[0]. x =0.0;
    WxArr[0]. y =-mdZuidxcz;
    for(int i=1; i<50; i++)
    {
        WxArr[i]. x =dianjianju * i;
        if(m_ccaidzt. GetCurSel()==1)
            WxArr[i]. y = -mdZuidxcz * pow(ee,-a * (pow(i * dianjianju/m_dYidpdbc,b)));
        if(m_ccaidzt. GetCurSel()==2)
            WxArr[i]. y = -mdZuidxcz * pow(ee,-a * (pow(i * dianjianju/m_fYidpdbc,b)));
    }
    for(int i=0; i<50; i++)
        {
            for(int j=i+1; j<50; j++)
            {
                if(WxArr[i]. x>WxArr[j]. x)
                {
                    UPnt2D temp;
                    temp=WxArr[j];
                    WxArr[j]=WxArr[i];
                    WxArr[i]=temp;
                }
            }
        }
    }


    void CDlgCaidtj::qingxie()
    {
        double dianjianju;
        if(m_ccaidzt. GetCurSel()==1)
        {
            GetMaxXiaCShuiP_CF(m_dXiacxs, m_dShuipydxs, m_dMeichd, m_dMeicqj, mdZuidxcz,
    mdZuidspyd);
            dianjianju = (m_dYidpdbc/49.0);
        }
        if(m_ccaidzt. GetCurSel()==2)
        {
            GetMaxXiaCShuiP_FCF(m_fXiacxs,m_fShuipydxs,m_fMeichd,m_fMeicqj,m_fCaikqqxc,
                m_fCaikqzxc,m_fPingjkcsd,m_fZuidxcj,m_fXiascfcdj,
                m_fShangscfcdj,m_fZouxcfcdj,mdZuidxcz,mdZuidspyd);
            dianjianju = (m_fYidpdbc/49.0);
        }
        for(int i=1; i<50; i++)
        {
            WxArr[i]. x =dianjianju * i;
            if(m_ccaidzt. GetCurSel()==1)
                WxArr[i]. y = -mdZuidxcz/m_dYidpdbc * a * b * pow(i * dianjianju/m_dYidpdbc,b-1)
                                * pow(ee,-a * pow(i * dianjianju/m_dYidpdbc,b));
                if(m_ccaidzt. GetCurSel()==2)
```

```
                WxArr[i]. y = -mdZuidxcz/m_fYidpdbc * a * b * pow(i * dianjianju/m_fYidpdbc,b-1)
                    * pow(ee,-a * pow(i * dianjianju/m_fYidpdbc,b));
        }
        WxArr[0]. x = 0;
        WxArr[0]. y = WxArr[1]. y * WxArr[1]. y/WxArr[2]. y;
        for(int i=0; i<50; i++)
        {
            for(int j=i+1; j<50; j++)
            {
                if(WxArr[i]. x>WxArr[j]. x)
                {
                    UPnt2D temp;
                    temp=WxArr[j];
                    WxArr[j]=WxArr[i];
                    WxArr[i]=temp;
                }
            }
        }
    }


    void CDlgCaidtj::qulv()
    {
        double dianjianju;
        if(m_ccaidzt. GetCurSel()==1)
        {
            GetMaxXiaCShuiP_CF(m_dXiacxs,m_dShuipydxs,m_dMeichd,m_dMeicqj,mdZuidxcz,
    mdZuidspyd);
            dianjianju = (m_dYidpdbc/49.0);
        }
        if(m_ccaidzt. GetCurSel()==2)
        {
            GetMaxXiaCShuiP_FCF(m_fXiacxs,m_fShuipydxs,m_fMeichd,m_fMeicqj,m_fCaikqqxc,
                m_fCaikqzxc,m_fPingjkcsd,m_fZuidxcj,m_fXiascfcdj,
                m_fShangscfcdj,m_fZouxcfcdj,mdZuidxcz,mdZuidspyd);
            dianjianju = (m_fYidpdbc/49.0);
        }
        for(int i=1; i<50; i++)
        {
            WxArr[i]. x = dianjianju * i;
            if(m_ccaidzt. GetCurSel()==1)
            {
                WxArr[i]. y = mdZuidxcz/m_dYidpdbc/m_dYidpdbc * pow(ee,-a * pow(i * dianjianju/
    m_dYidpdbc,
                    b)) * (a * a * b * b * pow(i * dianjianju/m_dYidpdbc,2 * b-2)-a * b * (b-1) *
                        pow(i * dianjianju/m_dYidpdbc,b-2));
            }
            if(m_ccaidzt. GetCurSel()==2)
            {
                WxArr[i]. y = mdZuidxcz/m_fYidpdbc/m_fYidpdbc * pow(ee,-a * pow(i * dianjianju/m_
    fYidpdbc,
```

```
                  b)) * (a * a * b * b * pow(i * dianjianju/m_fYidpdbc,2 * b-2)-a * b * (b-1) *
                  pow(i * dianjianju/m_fYidpdbc,b-2));
             }
        }
        WxArr[0]. x =0;
        WxArr[0]. y =WxArr[1]. y;
        for(int i=0; i<50; i++)
        {
             for(int j=i+1; j<50; j++)
             {
                if(WxArr[i]. x>WxArr[j]. x)
                {
                   UPnt2D temp;
                   temp=WxArr[j];
                   WxArr[j]=WxArr[i];
                   WxArr[i]=temp;
                }
             }
        }
    }


    void CDlgCaidtj::shuipyd()
    {
        double dianjianju;
        if(m_ccaidzt. GetCurSel()==1)
        {
            GetMaxXiaCShuiP_CF(m_dXiacxs, m_dShuipydxs, m_dMeichd, m_dMeicqj, mdZuidxcz,
mdZuidspyd);
            dianjianju = (m_dYidpdbc/49.0);
        }
        if(m_ccaidzt. GetCurSel()==2)
        {
            GetMaxXiaCShuiP_FCF(m_fXiacxs,m_fShuipydxs,m_fMeichd,m_fMeicqj,m_fCaikqqxc,
                m_fCaikqzxc,m_fPingjkcsd,m_fZuidxcj,m_fXiascfcdj,
                m_fShangscfcdj,m_fZouxcfcdj,mdZuidxcz,mdZuidspyd);
            dianjianju = (m_fYidpdbc/49.0);
        }
        WxArr[0]. x =0;
        WxArr[0]. y =0;
        for(int i=1; i<50; i++)
        {
        WxArr[i]. x =dianjianju * i;
        if(m_ccaidzt. GetCurSel()==1)
        {
            for(int ii=1; ii<50; ii++)
            {
                WxArr[ii]. y = -mdZuidxcz/m_dYidpdbc * a * b * pow(ii * dianjianju/m_dYidpdbc,b-1)
                    * pow(ee,-a * pow(ii * dianjianju/m_dYidpdbc,b));
            }
            double dMin = WxArr[0]. y;
```

```
        for(int j=1; j<50; j++)
        {
            if(dMin>WxArr[j].y)
                dMin = WxArr[j].y;
        }
        WxArr[i].y = mdZuidspyd/dMin * a * b * pow(i * dianjianju/m_dYidpdbc,b-1)
            * pow(ee,-a * pow(i * dianjianju/m_dYidpdbc,b));
    }
    if(m_ccaidzt.GetCurSel()==2)
    {
        for(int ii=0; ii<50; ii++)
        {
            WxArr[ii].y = -mdZuidxcz/m_fYidpdbc * a * b * pow(ii * dianjianju/m_fYidpdbc,b-1)
                * pow(ee,-a * pow(ii * dianjianju/m_fYidpdbc,b));
        }
        double dMin = WxArr[0].y;
        for(int j=1; j<50; j++)
        {
            if(dMin>WxArr[i].y)
                dMin = WxArr[j].y;
        }
        WxArr[i].y = mdZuidspyd/dMin * a * b * pow(i * dianjianju/m_fYidpdbc,b-1) *
            pow(ee,-a * pow(i * dianjianju/m_fYidpdbc,b))+mdZuidxcz *
            pow(ee,-a * pow(i * dianjianju/m_fYidpdbc,b))/tan(TOPI * m_fZuidxcj);
        }
    }
    WxArr[49].y = WxArr[48].y * WxArr[48].y / WxArr[47].y;
    for(int i=0; i<50; i++)
    {
        for(int j=i+1; j<50; j++)
        {
            if(WxArr[i].x>WxArr[j].x)
            {
                UPnt2D temp;
                temp=WxArr[j];
                WxArr[j]=WxArr[i];
                WxArr[i]=temp;
            }
        }
    }
}

void CDlgCaidtj::shuipbx()
{
    double dianjianju;
    if(m_ccaidzt.GetCurSel()==1)
    {
        GetMaxXiaCShuiP_CF(m_dXiacxs, m_dShuipydxs, m_dMeichd, m_dMeicqj, mdZuidxcz,
mdZuidspyd);
        dianjianju = (m_dYidpdbc/49.0);
```

```
}
if(m_ccaidzt.GetCurSel()==2)
{
    GetMaxXiaCShuiP_FCF(m_fXiacxs,m_fShuipydxs,m_fMeichd,m_fMeicqj,m_fCaikqqxc,
        m_fCaikqzxc,m_fPingjkcsd,m_fZuidxcj,m_fXiascfcdj,
        m_fShangscfcdj,m_fZouxcfcdj,mdZuidxcz,mdZuidspyd);
    dianjianju = (m_fYidpdbc/49.0);
}
for(int i=1; i<50; i++)
{
    WxArr[i].x = dianjianju * i;
    if(m_ccaidzt.GetCurSel()==1)
    {
        for(int ii=0; ii<50; ii++)
        {
            WxArr[ii].y = -mdZuidxcz/m_dYidpdbc * a * b * pow(ii * dianjianju/m_dYidpdbc,b-1)
                * pow(ee,-a * pow(ii * dianjianju/m_dYidpdbc,b));
        }
        double dMin = WxArr[0].y;
        for(int j=1; j<50; j++)
        {
            if(dMin>WxArr[j].y)
                dMin = WxArr[j].y;
        }
        WxArr[i].y = -mdZuidspyd/dMin/m_dYidpdbc *
            pow(ee,-a * pow(i * dianjianju/m_dYidpdbc,b)) *
            (a * a * b * b * pow(i * dianjianju/m_dYidpdbc,2 * b-2) -
            a * b * (b-1) * pow(i * dianjianju/m_dYidpdbc,b-2)) -
            mdZuidxcz/m_dYidpdbc/tan(TOPI * m_dZuidxcj) *
            a * b * pow(i * dianjianju/m_dYidpdbc,b-1) *
            pow(ee,-a * pow(i * dianjianju/m_dYidpdbc,b));
    }
    if(m_ccaidzt.GetCurSel()==2)
    {
        for(int ii=0; ii<50; ii++)
        {
            WxArr[ii].y = -mdZuidxcz/m_fYidpdbc * a * b * pow(ii * dianjianju/m_fYidpdbc,b-1)
                * pow(ee,-a * pow(ii * dianjianju/m_fYidpdbc,b));
        }
        double dMin = WxArr[0].y;
        for(int j=1; j<50; j++)
        {
            if(dMin>WxArr[j].y)
                dMin = WxArr[j].y;
        }
        WxArr[i].y = -mdZuidspyd/dMin/m_fYidpdbc *
            pow(ee,-a * pow(i * dianjianju/m_fYidpdbc,b)) *
            (a * a * b * b * pow(i * dianjianju/m_fYidpdbc,2 * b-2) -
            a * b * (b-1) * pow(i * dianjianju/m_fYidpdbc,b-2)) -
```

```
                    mdZuidxcz/m_fYidpdbc/tan(TOPI * m_fZuidxcj) *
                    a * b * pow(i * dianjianju/m_fYidpdbc,b-1) *
                    pow(ee,-a * pow(i * dianjianju/m_fYidpdbc,b));
                }
        }
    WxArr[0]. x = 0;
    WxArr[0]. y = WxArr[1]. y * WxArr[1]. y/WxArr[2]. y;
    for(int i=0; i<50; i++)
    {
        for(int j=i+1; j<50; j++)
        {
            if(WxArr[i]. x>WxArr[j]. x)
            {
                UPnt2D temp;
                temp=WxArr[j];
                WxArr[j]=WxArr[i];
                WxArr[i]=temp;
            }
        }
    }
}


BOOL CDlgCaidtj::OnInitDialog()
{
    CPropertyPage::OnInitDialog();
    m_ccaidzt. SetCurSel(0);
    m_cQuxlx. SetCurSel(0);
    cf_disbale();
    fcf_diable();
    return TRUE;
}


void CDlgCaidtj::OnCbnSelchangeComboZhuangt()
{
    WxArr->IsNull();
    int ndx = m_ccaidzt. GetCurSel();
    if (ndx==CB_ERR) return;
    switch(ndx)
    {
    case 0:
        cf_disbale();
        fcf_diable();
        m_cQuxlx. EnableWindow(FALSE);
        GetDlgItem(IDC_BTN_READ)->EnableWindow(FALSE);
        GetDlgItem(IDC_BTN_ZOUX)->EnableWindow(FALSE);
        GetDlgItem(IDC_BTN_QINGX)->EnableWindow(FALSE);
        break;
    case 1:
        cf_enable();
        fcf_diable();
```

```
        m_cQuxlx. EnableWindow();
        GetDlgItem(IDC_BTN_READ)->EnableWindow();
        GetDlgItem(IDC_BTN_ZOUX)->EnableWindow(FALSE);
        GetDlgItem(IDC_BTN_QINGX)->EnableWindow(FALSE);
        break;
    case 2:
        cf_disbale();
        fcf_enable();
        m_cQuxlx. EnableWindow();
        GetDlgItem(IDC_BTN_READ)->EnableWindow();
        GetDlgItem(IDC_BTN_ZOUX)->EnableWindow(FALSE);
        GetDlgItem(IDC_BTN_QINGX)->EnableWindow(FALSE);
        break;
    case 3:
        cf_enable();
        fcf_diable();
        m_cQuxlx. EnableWindow(FALSE);
        GetDlgItem(IDC_BTN_READ)->EnableWindow(FALSE);
        GetDlgItem(IDC_BTN_ZOUX)->EnableWindow();
        GetDlgItem(IDC_BTN_QINGX)->EnableWindow();
    break;
    case 4:
    break;
        cf_disbale();
        fcf_enable();
        m_cQuxlx. EnableWindow(FALSE);
        GetDlgItem(IDC_BTN_READ)->EnableWindow(FALSE);
        GetDlgItem(IDC_BTN_ZOUX)->EnableWindow();
        GetDlgItem(IDC_BTN_QINGX)->EnableWindow();
    }
    nCaidzt = ndx;
}


BOOL CDlgCaidtj::OnKillActive()
{
    UpdateData();
    if(nCaidzt==0)
    {
    MessageBox("请选择<采动状态>后再进行预计","温馨提示",MB_ICONINFORMATION|
MB_OK);
        return NULL;
    }
    if((nCaidzt==1 || nCaidzt==2) && m_strName == "由最大下沉值开始的单向的数据,数据
间用空格隔开")
    {
    MessageBox("请<读数据文件>,注意:数据由最大下沉值开始的单向的数据,数据间用空格隔
开","温馨提示",MB_ICONINFORMATION|MB_OK);
        return NULL;
    }
    if((nCaidzt==1 || nCaidzt==2) && m_strName != "由最大下沉值开始的单向的数据,数据
```

间用空格隔开")

```
{
    JisuanAB();
    switch(nQxlx)
    {
    case 0:    xiach();      break;      //下沉曲线
    case 1:    qingxie();    break;      //倾斜曲线
    case 2:    qulv();       break;      //曲率曲线
    case 3:    shuipyd();    break;      //水平移动曲线
    case 4:    shuipbx();    break;      //水平变形曲线
    }
}
if((nCaidzt==3 || nCaidzt==4) && m_strZx =="" && m_strQx =="")
{
    MessageBox("请读＜倾向观测数据＞和＜走向观测数据＞,注意:数据间用空格隔开","温馨提
示",MB_ICONINFORMATION|MB_OK);
    return NULL;
}
if((nCaidzt==3 || nCaidzt==4) && m_strZx !="" && m_strQx =="")
{
    MessageBox("请读＜倾向观测数据＞,注意:数据间用空格隔开","温馨提示",MB_
ICONINFORMATION|MB_OK);
    return NULL;
}
if((nCaidzt==3 || nCaidzt==4)   && m_strZx =="" && m_strQx !="")
{
    MessageBox("请读＜走向观测数据＞,注意:数据间用空格隔开","温馨提示",MB_
ICONINFORMATION|MB_OK);
    return NULL;
}
if(nCaidzt==3 && m_strZx !="" && m_strQx !="")
{
    GetMaxXiaCShuiP_CF(m_dXiacxs,m_dShuipydxs,m_dMeichd,m_dMeicqj,mdZuidxcz,
mdZuidspyd);
    float z0;
    double x0,y0;
    CString strLine;
    UP3dARRAY ZxArr, QxArr;
    CStdioFile myfileZ;      //把走向点读入到 ZxArr
    if (! myfileZ.Open(m_strZx,CFile::modeRead)) return NULL;
    while(myfileZ.ReadString(strLine))
    {
        int nn = sscanf(strLine,"%lf %lf %f",&x0,&y0,&z0);
        if(nn==3)   ZxArr.Add( UPnt3D(x0,y0,z0) );
    }
    myfileZ.Close();
    CStdioFile myfileQ;      //把倾向点读入到 QxArr
    if (! myfileQ.Open(m_strQx, CFile::modeRead)) return NULL;
    while(myfileQ.ReadString(strLine))
    {
```

```
        int nn = sscanf(strLine,"%lf %lf %f",&x0,&y0,&z0);
        if(nn==3) QxArr. Add( UPnt3D(x0,y0,z0) );
    }
    myfileQ. Close();
    UPnt3D * zx =ZxArr. GetData();
    UPnt3D * qx =QxArr. GetData();
    GridArr. SetSize(0, 128);
    for(int i=0; i<ZxArr. GetCount(); i++,zx++)
    {
        UPnt3D * pp =qx;
        for(int j=0; j<QxArr. GetCount(); j++,pp++)
        {
            GridArr. Add(UPnt3D(zx->x, pp->y, -zx->z * pp->z/mdZuidxcz));
        }
    }
}
else if(nCaidzt==4 && m_strZx ! ="" && m_strQx ! ="")
{
    GetMaxXiaCShuiP_FCF(m_fXiacxs,m_fShuipydxs,m_fMeichd,m_fMeicqj,m_fCaikqqxc,
        m_fCaikqzxc,m_fPingjkcsd,m_fZuidxcj,m_fXiascfcdj,
        m_fShangscfcdj,m_fZouxcfcdj,mdZuidxcz,mdZuidspyd);
    float z0;
    double x0,y0;
    CString strLine;
    UP3dARRAY ZxArr, QxArr;

    CStdioFile myfileZ;      //把走向点读入到 ZxArr
    if (! myfileZ. Open(m_strZx,CFile:;modeRead)) return NULL;
    while(myfileZ. ReadString(strLine))
    {
        int nn = sscanf(strLine,"%lf %lf %f",&x0,&y0,&z0);
        if(nn==3)   ZxArr. Add( UPnt3D(x0,y0,z0) );
    }
    myfileZ. Close();
    CStdioFile myfileQ;      //把倾向点读入到 QxArr
    if (! myfileQ. Open(m_strQx, CFile:;modeRead)) return NULL;
    while(myfileQ. ReadString(strLine))
    {
        int nn = sscanf(strLine,"%lf %lf %f",&x0,&y0,&z0);
        if(nn==3) QxArr. Add( UPnt3D(x0,y0,z0) );
    }
    myfileQ. Close();

    UPnt3D * zx =ZxArr. GetData();
    UPnt3D * qx =QxArr. GetData();
    GridArr. SetSize(0, 128);
    for(int i=0; i<ZxArr. GetCount(); i++,zx++)
    {
        UPnt3D * pp =qx;
        for(int j=0; j<QxArr. GetCount(); j++,pp++)
```

```
                {
                    GridArr. Add(UPnt3D(zx->x, pp->y, -zx->z * pp->z/mdZuidxcz));
                }
            }
        }
        return CPropertyPage::OnKillActive();
    }


    void CDlgCaidtj::OnBnClickedBtnRead()
    {
        CFileDialog dlg(TRUE, NULL, NULL, OFN_HIDEREADONLY|OFN_OVERWRITEPROMPT,
    ("( * . txt)| * . txt|"));
        dlg. m_ofn. lpstrTitle = "打开数据文件";
        if(IDOK==dlg. DoModal())
        {
            m_strName = dlg. GetPathName();
            UpdateData(FALSE);
        }
    }

    HBRUSH CDlgCaidtj::OnCtlColor(CDC * pDC, CWnd * pWnd, UINT nCtlColor)
    {
        HBRUSH hbr = CPropertyPage::OnCtlColor(pDC, pWnd, nCtlColor);
        if(pWnd->GetDlgCtrlID()==IDC_EDIT_READ)
            pDC->SetTextColor(RGB(0,170,0));
        return hbr;
    }


    void CDlgCaidtj::OnBnClickedBtnZoux()
    {
        CFileDialog dlg(TRUE,"","",OFN_HIDEREADONLY,"( * . txt)| * . txt|");
        dlg. m_ofn. lpstrTitle = "打开走向线数据文件";
        if(dlg. DoModal() == IDOK)
        {
            m_strZx = dlg. GetPathName();
            UpdateData(FALSE);
        }
    }


    void CDlgCaidtj::OnBnClickedBtnQingx()
    {
        CFileDialog dlg(TRUE,"","",OFN_HIDEREADONLY,"( * . txt)| * . txt|");
        dlg. m_ofn. lpstrTitle = "打开倾向线数据文件";
        if(dlg. DoModal() == IDOK)
        {
            m_strQx = dlg. GetPathName();
            UpdateData(FALSE);
        }

    }
```

```
void CDlgCaidtj::OnCbnSelchangeComboLeix()
{
    int ndx = m_cQuxlx.GetCurSel();
    if (ndx! = CB_ERR) nQxlx = ndx;
}
/////////////////////////////////////////////////////////////////

//……省略 126 行头文件或引用定义……//
//系统框架及三维实现模型设计、建立的部分代码//
//……未经笔者允许禁止从事商业经营……//
CCZqwView::CCZqwView()
{
    bAnimate = 0;
    pHDC = NULL;
    pRefObj = NULL;
    m_pSelection = NULL;
    curCmd = 0;
    m_bActive = FALSE;
    pDlg = NULL;
    fSnap = 10;
    bSnap = bOrtho = bFree = bFrame = FALSE;
    bGrid = FALSE;
    m_gridColor = RGB(220, 220, 220);
    flagFullScrren = FALSE;
    bLook = FALSE;
    pTool = NULL;
    m_pImageAnimate = NULL;
    bPlane = bSky = 0;
    bCoord = 1;
#ifdef SAS_OPENGL_3D
    mAmbBase[0] = 0.4f; mAmbBase[1] = 0.4f; mAmbBase[2] = 0.4f; mAmbBase
[3] = 1.0f;
    mSpeLight0[0] = 0.8f; mSpeLight0[1] = 0.8f; mSpeLight0[2] = 0.8f;
mSpeLight0[3] = 1.0f;
    mAmbLight0[0] = 0.3f; mAmbLight0[1] = 0.3f; mAmbLight0[2] = 0.3f;
mAmbLight0[3] = 1.0f;
    mDifLight0[0] = 1.0f; mDifLight0[1] = 1.0f; mDifLight0[2] = 1.0f;
mDifLight0[3] = 1.0f;
    mPosLight0[0] = -5000.f; mPosLight0[1] = 5000.f; mPosLight0[2] = 10000.0f;
mPosLight0[3] = 0.0f;
    mPosLight1[0] = 100.0f; mPosLight1[1] = 0.0f; mPosLight1[2] = 100.0f;
mPosLight1[3] = 0.0f;
    mMatSpecular[0] = 1.0f; mMatSpecular[1] = 1.0f; mMatSpecular[2] = 1.0f;
mMatSpecular[3] = 1.0f;
    mMatAmbient[0] = 0.3f; mMatAmbient[1] = 0.3f; mMatAmbient[2] = 0.3f;
mMatAmbient[3] = 1.0f;
    mMatDiffuse[0] = 0.7f; mMatDiffuse[1] = 0.7f; mMatDiffuse[2] = 0.7f;
mMatDiffuse[3] = 1.0f;
    mMatEmission[0] = 0.3f; mMatEmission[1] = 0.3f; mMatEmission[2] = 0.3f;
mMatEmission[3] = 1.0f;
```

```
        m_shininess = 164.0f;
# endif
}
//······省略部分外部定义,约 102 行······
int CCZqwView::OnCreate(LPCREATESTRUCT lpCreateStruct)
{
    if (CView::OnCreate(lpCreateStruct) == -1)
            return -1;
# ifdef SAS_OPENGL_3D
    PIXELFORMATDESCRIPTOR pfdWnd = {
        sizeof (PIXELFORMATDESCRIPTOR),
            1,
            PFD_DRAW_TO_WINDOW |
            PFD_SUPPORT_OPENGL |
            PFD_DOUBLEBUFFER,
            PFD_TYPE_RGBA,
            32,
            0, 0, 0, 0, 0, 0,
            0, 0, 0, 0, 0, 0, 0,
            16,
            0, 0,
            0,
            0, 0, 0
    };
    pHDC = new CClientDC( this );
    HDC hdc = pHDC->GetSafeHdc();
    int pixelformat = ChoosePixelFormat(hdc, &pfdWnd);
    if (! SetPixelFormat(hdc, pixelformat, &pfdWnd))
        { AfxMesqwgeBox("SetPixelFormat failed");return FALSE; }
    DescribePixelFormat(hdc, pixelformat, sizeof(pfdWnd), &pfdWnd );
    if(pfdWnd.dwFlags & PFD_NEED_PALETTE)
        SetLogicalPalette();
    m_hRC = wglCreateContext(hdc);
    wglMakeCurrent(hdc, m_hRC);
    glMatrixMode( GL_MODELVIEW );
    glLoadIdentity( );
    if (SYS_hRC! =NULL)
        wglShareLists(SYS_hRC, m_hRC);
    else {
        SYS_hRC = m_hRC;
        if (pTexLib) pTexLib->LoadTexture();
        bTexSw =true;
    }
# endif
    return 0;
}
//······省略平行三棱柱数据结构定义代码,约 186 行······
void CCZqwView::SetLogicalPalette(void)
{
    struct
```

```
    {
      WORD Version;
      WORD NumberOfEntries;
      PALETTEENTRY aEntries[256];
    } logicalPalette = { 0x300, 256 };
    BYTE reds[] = {0, 36, 72, 109, 145, 182, 218, 255};
    BYTE greens[] = {0, 36, 72, 109, 145, 182, 218, 255};
    BYTE blues[] = {0, 85, 170, 255};
    for (int colorNum=0; colorNum<256; ++colorNum)
    {
      logicalPalette. aEntries[colorNum]. peRed =
        reds[colorNum & 0x07];
      logicalPalette. aEntries[colorNum]. peGreen =
        greens[(colorNum >> 0x03) & 0x07];
      logicalPalette. aEntries[colorNum]. peBlue =
        blues[(colorNum >> 0x06) & 0x03];
      logicalPalette. aEntries[colorNum]. peFlags = 0;
    }
    m_hPalette = CreatePalette ((LOGPALETTE * )&logicalPalette);
}
void CCZqwView::OnDestroy()
{

    GetDocument()->UnComLink();
    CView::OnDestroy();
    wglMakeCurrent(NULL, NULL);
    if(m_hRC! =SYS_hRC) wglDeleteContext(m_hRC);
    if (m_hPalette)
        DeleteObject(m_hPalette);
CMainFrame * m_pMainFram = (CMainFrame * )AfxGetApp()->m_pMainWnd;
    CMiniView * pMiniView = (CMiniView * )(m_pMainFram->m_layallmapView-
>m_wndSplitter. GetPane(0,0));
    if(pMiniView) pMiniView->Invalidate();
}
//……省略 516 句操作命令键……
void CCZqwView::SaveObj(CDrawObj * pObj)
{

    GetDocument()->AddObj(pObj);
}

    void CCZqwView::DirectDraw(CDC * pDC)
{

    GetDocument()->DirectDraw(pDC);
}

    _declspec(dllimport) UPnt3D OSnapObjPnt;
//……省略其他程序时间效率测试代码,约 462 行……
void CCZqwView::OnDraw(CDC * pDC)
{
    if (bBusy) return;
    bBusy =true;
    CCZqwDoc * pDoc = GetDocument();
    ASSERT_VALID(pDoc);
```

```
    CMainFrame * pMain = (CMainFrame * )AfxGetApp()->m_pMainWnd;
    CMDIFrameWnd * pMDIFrame = (CMDIFrameWnd * )AfxGetApp()->m_pMainWnd;
    CChildFrame * frm = (CChildFrame * )pMDIFrame->GetActiveFrame();
    xForm = pDoc->pGis->GetXForm();
    CDrawObj::bFast = TRUE;
    grdColor = pDoc->mPaperColor;
    if(! pMain->FlagIE())
      SetSplitEx(frm, pDC, pDoc);
    else if (! CDrawObj::b3D)
      Draw2D(pDC, pDoc);
    else
      Draw3D(pDC, pDoc);
    CDrawObj::bFast = FALSE;
    CPoint npnt;
    if (CDrawTool::c_drawTool ! = DRAW_SEL)
      xForm->UPtoLP(OSnapObjPnt, npnt);
    DocToClient(npnt);
    CDrawObj::OSnapCursorOnOff(pDC, npnt);
    bBusy = false;
}
void CCZqwView::SetSplitEx(CChildFrame * pChild,CDC * pDC,CCZqwDoc * pDoc)
{
    int nbRow = pChild->m_wndSplitter. GetRowCount();
    int nbCol = pChild->m_wndSplitter. GetColumnCount();
    for ( int r = 0 ; r < nbRow ; r++ )
    {
      for ( int c = 0 ; c < nbCol ; c++ )
      {
        CCZqwView *  pview = (CCZqwView * )pChild->m_wndSplitter. GetPane

(r,c);
        if(! pview) return;
        if ( r==0 && c==0)
        {
          if (! CDrawObj::b3D)
              Draw2D(pDC, pDoc);
          else
              Draw3D(pDC, pDoc);
        }
        else if ( r==1 && c==1)
        {
          CRect clRect;
          pview->GetClientRect(&clRect);
          pview->UpdateData();
          DrawTitleText(pview->GetDC(),"立体投影");
        }
      }
    }
}
//……省略八叉树模型代码412行……//
```

```
    void CCZqwView::DrawTitleText( CDC * pDC,CString strTile)
    {
        CFont fontLogo, * oldFont;
        COLORREF oldColor;
        fontLogo. CreateFont(16,0,0,0,FW_BOLD,0,FALSE,FALSE,
            DEFAULT_CHARSET,OUT_DEFAULT_PRECIS,CLIP_DEFAULT_PRECIS,DEFAULT_
QUALITY,
            FIXED_PITCH | FF_ROMAN,"楷体_GB2312");
        pDC->SetBkMode(TRANSPARENT);
        oldFont=pDC->SelectObject(&fontLogo);
        oldColor=pDC->SetTextColor(RGB(0,0,0));
        pDC->TextOut(0,0,strTile);
        pDC->SetTextColor(::GetSysColor(COLOR_3DFACE));
        pDC->TextOut(1,1,strTile);
        pDC->SetTextColor(oldColor);
        pDC->SelectObject(oldFont);
    }


    void CCZqwView::DrawSel(CDC * pDC)
    {
        POSITION pos = m_selection. GetHeadPosition();
        while(pos)
        {
          CDrawObj * pObj = m_selection. GetNext(pos);
          pObj->DrawTracker(pDC);
        }
    }


    void CCZqwView::Draw2D(CDC * pDC, CCZqwDoc * pDoc)
    {
        CDC * pDrawDC = pDC;
        CBitmap    bitmap;
        CBitmap * pOldBitmap;
        CRect client;
        qwBox vbox;
        pDC->GetClipBox(&client);
        xForm->LPtoVP(client,vbox);
        CViewObj::SetViewBox(vbox);
        client. InflateRect(1,0,0,0);
        CRect rect = client;
        DocToClient(rect);
        CDC dc;
        if (! pDC->IsPrinting())
        {
          if (dc. CreateCompatibleDC(pDC))
          {
            if (bitmap. CreateCompatibleBitmap(pDC, rect. Width(), rect. Height

())))
            {
```

```
        OnPrepareDC(&dc, NULL);
        pDrawDC = &dc;
whole drawing
        dc.OffsetViewportOrg(-rect.left, -rect.top);
        pOldBitmap = dc.SelectObject(&bitmap);
        dc.SetBrushOrg(rect.left % 8, rect.top % 8);
        dc.IntersectClipRect(client);
      }
    }
  }
  if (! pDC->IsPrinting())// paint background
  {
    pDrawDC->FillSolidRect(client, grdColor);
    CRect nRect;
    GetClientRect(&nRect);
    ClientToDoc(nRect);
    if (bGrid) DrawGrid2D(nRect, pDrawDC);
  }
  pDoc->Draw(pDrawDC);
  if (pTool && CDrawTool::c_drawTool==VEC_TRACE_LINE)
  {
      ((CVecTraceTool *)pTool)->Draw(pDrawDC);
  }
  if (! pDC->IsPrinting()) DrawSel(pDrawDC);
  if (pDrawDC != pDC)
  {
    pDC->SetViewportOrg(0, 0);
    pDC->SetWindowOrg(0,0);
    pDC->SetMapMode(MM_TEXT);
    dc.SetViewportOrg(0, 0);
    dc.SetWindowOrg(0,0);
    dc.SetMapMode(MM_TEXT);
    pDC->BitBlt(rect.left, rect.top, rect.Width(), rect.Height(), &dc, 0, 0,
SRCCOPY);
    dc.SelectObject(pOldBitmap);
  }
  DrawMiniView(0);
  dc.DeleteDC();//xuwen 20110428
}
#ifdef SAS_OPENGL_3D
void CCZqwView::Lighting3D()
{
  glEnable( GL_LIGHTING );
  glLightModelfv( GL_LIGHT_MODEL_AMBIENT, mAmbBase );
  glLightfv( GL_LIGHT0, GL_SPECULAR, mSpeLight0 );
  glLightfv( GL_LIGHT0, GL_AMBIENT, mAmbLight0 );
  glLightfv( GL_LIGHT0, GL_DIFFUSE, mDifLight0 );
  glLightfv( GL_LIGHT0, GL_POSITION, mPosLight0 );
  glEnable( GL_LIGHT0 );
  glEnable(GL_COLOR_MATERIAL);
```

```
    glColorMaterial(GL_FRONT_AND_BACK, GL_AMBIENT_AND_DIFFUSE|GL_SHININESS);
    glMaterialfv( GL_FRONT_AND_BACK, GL_SPECULAR, mMatSpecular );
    glMaterialfv( GL_FRONT_AND_BACK, GL_AMBIENT, mMatAmbient );
    glMaterialfv( GL_FRONT_AND_BACK, GL_DIFFUSE, mMatDiffuse );
    glMaterialf( GL_FRONT_AND_BACK, GL_SHININESS, m_shininess );

}
void CCZqwView::Draw3D(CDC * pDC, CCZqwDoc * pDoc)
{
    HDC hdc = pHDC->GetSafeHdc();
    wglMakeCurrent(hdc, m_hRC);
    glDepthFunc( GL_LEQUAL );
    glEnable( GL_DEPTH_TEST );
    glFrontFace( GL_CCW );
    xForm->Project( );
    Lighting3D();
    glShadeModel( GL_SMOOTH );
    qwBox vbox;
    xForm->GetVBox(vbox);
    CViewObj::SetViewBox(vbox);
    xForm->DrawSky(1);
    pDoc->Draw(pDC);
    DrawSel(pDC);
    DrawAnimateImage();
    if(bCoord) xForm->DrawCoord3D(pDoc->pGis->mPlaneNml);
    glFlush();
    SwapBuffers(hdc);
    wglMakeCurrent(hdc, NULL);
}
//……省略系统效率对比测试代码,196 行……//
void CCZqwView::Draw3D(CDC * pDC)
{
    HDC hdc = pHDC->GetSafeHdc();
    wglMakeCurrent(hdc, m_hRC);
    glDepthFunc( GL_LEQUAL );
    glEnable( GL_DEPTH_TEST );
    glFrontFace( GL_CCW );
    xForm->Project( );
    Lighting3D();
    glShadeModel( GL_SMOOTH );
    skyTex.mNdx = (DWORD)(GetDocument()->mPaperColor);
    xForm->DrawSky(0);
    GetDocument()->DirectDraw(pDC);
    glFlush();
    SwapBuffers(hdc);
    wglMakeCurrent(hdc, NULL);
}
#endif
void CCZqwView::SetViewport(const CSize& size,int nx,int ny)
{
```

```
        nOrig. x = -size. cx/2 + nx;
        nOrig. y = -size. cy/2 + ny;
        CRect vRect;
        GetClientRect(&vRect);
}
//……省略集合定义代码,详见论文第3部分……//
void CCZqwView::OnInitialUpdate()
{
        CCZqwDoc * pDoc = GetDocument();
        ASSERT_VALID(pDoc);
        if (! pDoc)   return;
        CMainFrame * pMain = (CMainFrame * )AfxGetApp()->m_pMainWnd;
        pMain->AddView(pDoc->GetTitle(), this, pDoc->GetPathName());
        InitMdlTex();
        CRect vRect;
        GetClientRect(&vRect);
        int nx =vRect. Width();
        int ny =vRect. Height();
        xForm->set_screen(nx, ny);
        CSize size = xForm->SetViewport(nx, ny);
        SetViewport(size, nx, ny);
        m_pSelection = NULL;
        m_BalloonToolWnd. Create(this);
        mTimeTip = SetTimer(3, 1000, NULL);
}
void CCZqwView::AnimateOn()
{
        SetTimer(1, 50, NULL);
        KillTimer(3);
        if(m_pImageAnimate) m_pImageAnimate->AnimateOn();
}


void CCZqwView::AnimateOff()
{
        KillTimer(1);
        SetTimer(3, 1000, NULL);
        if(m_pImageAnimate) m_pImageAnimate->AnimateStop();
}


void CCZqwView::OnSize(UINT nType, int cx, int cy)
{
        xForm->set_screen(cx, cy);
        int nx,ny;
        CSize size =xForm->SetViewport(nx,ny);
        SetViewport(size, nx, ny);
        CRect vRect;
        GetClientRect(&vRect);
        nCOrg =vRect. CenterPoint();

}
```

```
void CCZqwView::SetClock(UINT event, UINT laps)
{
    if (laps)
        SetTimer(event, laps, NULL);
    else
        KillTimer(event);
}


void CCZqwView::OnFilePrintPreview()
{
    curCmd = ID_FILE_PRINT_PREVIEW;
    CView::OnFilePrintPreview();
}


void CCZqwView:: OnEndPrintPreview (CDC *  pDC, CPrintInfo *  pInfo, POINT  point,
CPreviewView *

pView)
{
    if (pDlg) ((CSaPrnDlg * ) pDlg) - > GetDlgItem (IDC _ BUTTON _ PRINTVIEW) -
>EnableWindow
(true);
    CView::OnEndPrintPreview(pDC, pInfo, point, pView);
}
void CCZqwView::OnFilePrint()
{
    SetCommand(ID_FILE_PRINT);
    RemoveSelSet();
    CreateDlgCmd(new CSaPrnDlg(this));
}
BOOL CCZqwView::OnPreparePrinting(CPrintInfo * pInfo)
{
    pInfo->m_nNumPreviewPages =1;
    pInfo->m_nCurPage =1;
    pInfo->SetMaxPage(1);
    CSize size = prnXForm. wndPara. nWnd;
    pInfo->m_rectDraw = CRect(0,0, size. cx,-size. cy);
    pInfo->m_bContinuePrinting =TRUE;

    return DoPreparePrinting(pInfo);
}
void CCZqwView::OnPrint(CDC * pDC, CPrintInfo * pInfo)
{
    if (! pCurGis) return;
    CCZqwDoc * pDoc = GetDocument();
    qwXFORM * old = xForm;
    xForm = &prnXForm;
    qwBox vbox = prnXForm. wndPara. allWnd;

    pDC->SetMapMode( MM_LOMETRIC );
```

```
    qwBox box = CViewObj::GetViewBox();
    BOOL rev = CViewBase::bRev;
    CViewBase::bRev = TRUE;
    viewSign = 1;
    CViewObj::SetViewBox(vbox);
    CRect winme;
    prnXForm.VPtoLP(vbox,winme);
    if (! CDrawObj::b3D)
    {

        pDC->SetWindowOrg(winme.left,winme.bottom);
        pCurGis->DirectDraw(pDC);
    }
    xForm=old;
    CViewObj::SetViewBox(box);
    CViewBase::bRev = rev;
    viewSign =-1;
}
void CCZqwView::OnBeginPrinting(CDC * pDC, CPrintInfo * pInfo)
{
    qwBox vbox =prnXForm.wndPara.allWnd;
    CRect rect;
    prnXForm.VPtoLP(vbox,rect);
    DocToClient(rect);
    CView::OnBeginPrinting(pDC, pInfo);
}
void CCZqwView::OnEndPrinting(CDC * pDC, CPrintInfo * pInfo)
{
    CRect vRect;
    GetClientRect(&vRect);
    xForm->set_screen(vRect.Width(), vRect.Height());
    OnZoomAll();
    CView::OnEndPrinting(pDC, pInfo);
}
void CCZqwView::DrawGrid2D(const CRect& nRect, CDC * pDC)
{
    if(nRect.IsRectEmpty()) return;
    qwXFORM * xForm =GetDocument()->GetXForm();
    float dt = xForm->GetGriddlt();
    qwBox vlmt;
    xForm->LPtoVP(nRect, vlmt);
    CBox3D ulmt;
    xForm->VPtoUP(vlmt, ulmt);
    double ux =(int)(ulmt.x0 / (10 * dt) - 1) * (10 * dt);
    double uy =(int)(ulmt.y0 / (10 * dt) - 1) * (10 * dt);
    float x,y;
    xForm->UPtoVP(ux,uy, x,y);
    CPen penDot;
    penDot.CreatePen(PS_DOT, 0, m_gridColor);
    CPen * pOldPen = pDC->SelectObject(&penDot);
```

```
    LONG xx,yy, nx1,ny1, nx2,ny2;
    xForm->VPtoLP(vlmt.XMin,vlmt.YMin, nx1,ny1);
    xForm->VPtoLP(vlmt.XMax,vlmt.YMax, nx2,ny2);
    while (x<vlmt.XMax)
    {
        xForm->VPtoLP(x,0.f, xx,yy);
        pDC->MoveTo(xx, ny1);pDC->LineTo(xx, ny2);
        x += dt;
    }
    while (y<vlmt.YMax)
    {
        xForm->VPtoLP(0.f,y, xx,yy);
        pDC->MoveTo(nx1, yy);pDC->LineTo(nx2, yy);
        y += dt;
    }
    pDC->SelectObject(pOldPen);
}
void CCZqwView::OnCancelEditSrvr()
{
    GetDocument()->OnDeactivateUI(FALSE);
}
#ifdef _DEBUG
void CCZqwView::AssertValid() const
{
    CView::AssertValid();
}
void CCZqwView::Dump(CDumpContext& dc) const
{
    CView::Dump(dc);
}
CCZqwDoc* CCZqwView::GetDocument() const
{
    ASSERT(m_pDocument->IsKindOf(RUNTIME_CLASS(CCZqwDoc)));
    return (CCZqwDoc*)m_pDocument;
}
#endif
void CCZqwView::DetachSel(CDrawObj* ptr)
{
    POSITION pos = m_selection.Find(ptr);
    if (pos! =NULL)
    {
        m_selection.RemoveAt(pos);
    }
    ptr->UnSel();
}
void CCZqwView::DelObj(CDrawObj* pObj)
{
    POSITION pos = m_selection.Find(pObj);
    if (pos! =NULL) m_selection.RemoveAt(pos);
    pos = AnimateList.Find(pObj);
```

```
        if (pos! =NULL) AnimateList. RemoveAt(pos);
        GetDocument()->DelObj( pObj );
}
void CCZqwView::InvalObj(CDrawObj * pObj)
{
    if (! pObj) return;
    if (CDrawObj::b3D)
    {
        //xForm->XTrans3D(box);
        Invalidate(FALSE);
    }
    qwBox box = pObj->GetvBox();
    if (box. IsEmpty()) return;
    CRect rect;
    GetDocument()->GetXForm()->VPtoLP( box, rect );
    CClientDC dc(this);OnPrepareDC(&dc, NULL);
    dc. LPtoDP(rect);rect. NormalizeRect();
    rect. InflateRect(5, 5);
    InvalidateRect(rect, FALSE);
}
qwBox CCZqwView::GetSelvBox()
{

    qwBox vbox;
    POSITION pos = m_selection. GetHeadPosition();
    while(pos)
    {
        CDrawObj  * pObj =m_selection. GetNext(pos);
        vbox += pObj->GetvBox();
    }
    return vbox;
}
qwBox CCZqwView::GetSelvBox(CDrawObjList& mSel)
{

    qwBox vbox;
    POSITION pos = mSel. GetHeadPosition();
    while(pos)
    {
        CDrawObj  * pObj =mSel. GetNext(pos);
        vbox += pObj->GetvBox();
    }
    return vbox;
}

void CCZqwView::InvalAnimate( )
{
    if (AnimateList. IsEmpty()) return;
    qwBox vbox =GetSelvBox(AnimateList);
    CRect rect;
    GetDocument()->GetXForm()->VPtoLP(vbox, rect);
    CClientDC dc(this);
```

```
    OnPrepareDC(&dc, NULL);
    dc. LPtoDP(rect);
    rect. NormalizeRect();
    rect. InflateRect(5, 5);
    InvalidateRect(rect, FALSE);
}
void CCZqwView::InvalObjList()
{
    if (m_selection. IsEmpty()) return;
    qwBox vbox = GetSelvBox();
    CRect rect;
    GetDocument()->GetXForm()->VPtoLP(vbox, rect);
    CClientDC dc(this);
    OnPrepareDC(&dc, NULL);
    dc. LPtoDP(rect);
    rect. NormalizeRect();
    rect. InflateRect(5, 5);
    InvalidateRect(rect, FALSE);
}
void CCZqwView::DeleteDlgCmd()
{
    SetCommand(0);
    delete pDlg;
    pDlg = NULL;
    Invalidate(FALSE);
}
void CCZqwView::CreateDlgCmd(CDialog * pdlg)
{
    delete pDlg;
    pDlg = pdlg;
    ShowDialog();
}
BOOL CCZqwView::OnEraseBkgnd(CDC * pDC)
{
    return FALSE;
}
void CCZqwView:: OnActivateView ( BOOL  bActivate, CView *  pActivateView, CView *
pDeactiveView)
{
    CView::OnActivateView(bActivate, pActivateView, pDeactiveView);

    if (bActivate)
      ((CMainFrame * )(AfxGetApp()->m_pMainWnd))->OnActivateView(this);
    CWnd * pWnd = GetParentFrame();
    if (! pWnd) return;
    bFrame = pWnd->IsKindOf(RUNTIME_CLASS(CInPlaceFrame));
    if (bFrame)
    {
      m_bActive = bActivate;
      bNewWin = FALSE;
```

```
            SetIELayComboBox();
            CFrameWnd * pFWnd = pWnd->GetParentFrame();
            pFWnd->GetWindowText(strSvrIP);
            return;
        }
        if (m_bActive ! = bActivate)
        {
            if (bActivate)
            {
                pSasDC = pHDC;
                CCZqwDoc * pDoc = GetDocument();
                pDoc->pGis->InitPtr( );
                pDoc->pGis->InitPatBmp( );
                CDrawCNode =0;
                pDoc->SetMapRate();
                pDoc->SetCurLinetypeCombo();
                pDoc->SetLayContrl();
                pDoc->SetLayComboBox(0);
                pDoc->GetJCListObj(AnimateList);
                CRect vRect;
                GetClientRect(&vRect);
                int nx =vRect. Width();
                int ny =vRect. Height();
                xForm->set_screen(nx, ny);
                CSize size = xForm->SetViewport(nx, ny);
                SetViewport(size, nx, ny);
                pDoc->pGis->Regen();
                Invalidate(FALSE);

                DrawMiniView(1);
            }
            if ( ! m_selection. IsEmpty( ) )
                OnUpdate(NULL, HINT_UPDATE_SELECTION, NULL);
            m_bActive = bActivate;
        }
    }
    void CCZqwView::OnPrepareDC(CDC * pDC, CPrintInfo * pInfo)
    {
        if (! pInfo)
        {
            pDC->SetMapMode(MM_TEXT);
            pDC->SetWindowOrg(nOrig);

        }
    }
    CDrawObj * CCZqwView::CreateObj(int drawtool, const UPnt3D& upnt)
    {
        CCZqwDoc * pDoc = GetDocument();
        if (! pDoc)return NULL;
        UPnt3D pnt(upnt);
```

```
    CDrawObj * pObj = pDoc->CreateObj(drawtool, pnt);
    if (pObj && drawtool! =REF_COPY) Select(pObj);
    return pObj;
}
void CCZqwView::Select(CDrawObj * pObj, bool bAdd)
{
    if (! bAdd) RemoveSelSet();
    else if (m_selection. GetCount())
    {
      CDrawObj * ptr =m_selection. GetTail();
      InvalObj(ptr);
    }
    if (pObj == NULL) return;
    pObj->Sel();
    if (! m_selection. Find(pObj)) m_selection. AddTail(pObj);
    CDrawTool::pSel =pObj;
    InvalObj(pObj);
}
void CCZqwView::SelAnimate(CDrawObj * pObj, bool bAdd)
{

    if (! bAdd)
      AnimateList. RemoveAll();
    else if (AnimateList. GetCount())
    {
      CDrawObj * ptr =AnimateList. GetTail();
      InvalObj(ptr);
    }
    if (! AnimateList. Find(pObj)) AnimateList. AddTail(pObj);
    InvalObj(pObj);
}
CDrawObj * CCZqwView::NextSel(const SPnt3D& p0)
{
    CCZqwDoc * pDoc = GetDocument( );
    if (! pDoc)return NULL;
    float dt = (qwFLOAT)pDoc->GetXForm()->LPtoVP(PICKSIZE);
    sSelFun. SelPara(p0, dt);
    CDrawObj * pObj =pDoc->pGis->PrevSel();
    return pObj;
}
CDrawObj * CCZqwView::PntSel(const SPnt3D& p0)
{
    CCZqwDoc * pDoc = GetDocument( );
    if (! pDoc)return NULL;
    CDrawObj * pSel = NULL;
    if (! CDrawObj::b3D)
    {
      float dt = (qwFLOAT)pDoc->GetXForm()->LPtoVP(PICKSIZE);
      sSelFun. SelPara(p0, dt);
      pSel = pDoc->PntSel( );
```

```
          }
        else
        {
            CRect rect;
            this->GetClientRect(rect);
            this->DocToClient(rect);
            CPoint ndxy = nDPnt - rect.CenterPoint();
            CDC * pDC = GetDC();
            wglMakeCurrent(pDC->m_hDC,   m_hRC);
            glSelectBuffer(64, m_selectBuff);
            pDoc->GetXForm()->Select3D(nDPnt, ndxy);
            pDoc->GetXForm()->InitNames();
            pDoc->DrawSel(FALSE);
            int hits = glRenderMode(GL_RENDER);
            if (hits>=1) pSel = (CDrawObj * )m_selectBuff[3];
            wglMakeCurrent(pDC->m_hDC,NULL);
            ReleaseDC(pDC);
        }
        return pSel;
    }
void CCZqwView::BoxSel(const SPnt3D& p0,const SPnt3D& p1, bool bAdd)
    {
        CCZqwDoc * pDoc = GetDocument( );
        ASSERT_VALID(pDoc);
        if (! pDoc)return;
        if (! bAdd) RemoveSelSet();
        qwBox vBox(p0, p1);
        if (CDrawObj::b3D)
        {
            xForm->SetXTrans();
            xForm->XTrans3D(vBox);
        }
        sSelFun.SelPara(vBox);
        if (p0.x<p1.x) pDoc->WinSel(m_selection); else pDoc->CrsSel(m_selection);
        InvalObjList();
    }
    void CCZqwView::MoveNode (int nHandle, const UPnt3D& upnt, CDrawObj * pObj, BOOL
bReg,UINT
nFlags)
    {
        if (! pObj || nHandle==0) return;
        InvalObj(pObj);
        CCZqwDoc * doc = GetDocument();
        pCurGis = doc->pGis;
        CDrawObj * Subject = NULL;
        DWORD id = pObj->GetMsgId();
        if ((id! =0) && pObj->IsKindOf(RUNTIME_CLASS(CDrawText)))
            Subject = pCurGis->GetObjById(id);
        if (Subject==NULL)
            pObj->MoveHandleTo(nHandle, upnt, nFlags);
```

```
        else
        {
            UPnt3Dv utmp(upnt);
            if (Subject->Break(utmp) == -1)
                pObj->MoveHandleTo(nHandle, upnt, nFlags);
            else {
                pObj->MoveHandleTo(nHandle, utmp, nFlags);
                double ang = SlideDarc(utmp. val);
                pObj->SetfAlfaArc(ang);
            }
        }
        if (pObj->IsKindOf(RUNTIME_CLASS(CDrawTunnel)) ||
            pObj->IsKindOf(RUNTIME_CLASS(CLinkerTnl)))
            pObj->RegenObjs();
        else if (pObj->IsKindOf(RUNTIME_CLASS(CLinkLine)))
            pObj->RegenObjs(nHandle);

        if (bReg) pObj->Regen();
        InvalObj(pObj);
        doc->SetModifiedFlag();
}
BOOL CCZqwView::IsSelected(const CObject * pDocItem) const
{
        CDrawObj * pDrawObj = (CDrawObj *)pDocItem;
        if (pDocItem->IsKindOf(RUNTIME_CLASS(CDrawItem)))
            pDrawObj = ((CDrawItem *)pDocItem)->m_pDrawObj;
        return m_selection. Find(pDrawObj) ! = NULL;
}


void CCZqwView::RecUndo(WORD OpId, void * pObj, void * pDat)
{
        if (OpId==UNDO_NONE ||pObj==NULL) return;

        CWndPara mWnd = xForm->GetWnd();
        CUndoCell * pp =new CUndoCell(mWnd, OpId);
        if (pp) {
            pp->SetUndoPara(pObj, pDat);
            mUndo. Add(pp);
        }
}
void CCZqwView::Snap(UPnt3D& upnt)
{
        extern int nDragHandle;
        if (bOrtho && curCmd! =ID_DRAW_RECT)
        {
            double dx =upnt. x - CDrawTool::udown. x;
            double dy =upnt. y - CDrawTool::udown. y;
            if (fabs(dx) > fabs(dy))
                upnt. y = CDrawTool::udown. y;
            else
```

```
            upnt. x = CDrawTool: : udown. x;
    }
    if (! bSnap)
        { if (nDragHandle<=0) return; }
    else
    {
        double x0 = (int)(upnt. x / fSnap) * fSnap;
        double y0 = (int)(upnt. y / fSnap) * fSnap;
        double dx = fSnap / 2;
        if (fabs(upnt. x - x0) > dx)
            if (upnt. x > 0) x0 +=fSnap; else x0 -=fSnap;
        if (fabs(upnt. y - y0) > dx)
            if (upnt. y > 0) y0 +=fSnap; else y0 -=fSnap;
        upnt. x = x0;
        upnt. y = y0;
    }
}
void CCZqwView: : SetPntElev(UPnt3D& udown)
{
    if (pRefObj) {
      UPnt3Dv upnt(udown);
      pRefObj->GetPntElevTh(upnt);
      udown. z =upnt. z;
    }
}
lyrModel * CCZqwView: : GetpMdl()
{
    if (m_selection. GetCount()! =1) return NULL;
    CDrawObj * pMdl =m_selection. GetHead();
    if (pMdl->IsKindOf(RUNTIME_CLASS(lyrModel))) return (lyrModel *)pMdl;
    return NULL;
}
void CCZqwView: : TmpSelOn( )
{
    POSITION pos =TmpSelLst. GetHeadPosition();
    while (pos ! = NULL) {
      CDrawObj * ptr =TmpSelLst. GetNext(pos);
      if (m_selection. Find(ptr)) continue;
      ptr->Sel();
      InvalObj(ptr);
    }
}
void CCZqwView: : TmpSelOff()
{
    POSITION pos =TmpSelLst. GetHeadPosition();
    while (pos ! = NULL) {
      CDrawObj * ptr =TmpSelLst. GetNext(pos);
      if (m_selection. Find(ptr)) continue;
      ptr->UnSel();
      InvalObj(ptr);
```

```
        }
        TmpSelLst. RemoveAll();
        OSnapObjId = OSnapSubId = 0xFFFFFFFF;
        OSnapNdx0 = OSnapNdx1 = -1;
    }
    CDrawObj  * CCZqwView::OSnapSnap()
    {
        float dt = (qwFLOAT)xForm->LPtoVP(PICKSIZE);
        sSelFun. SelPara(CDrawTool::vcpnt, dt);
        xForm->VPtoUP(&CDrawTool::vcpnt, &CDrawTool::ucpnt);
        if (CDrawTool::c_drawTool==ZOOM_WIN) return NULL;
        int node = CDrawCNode;
        CDrawCNode =0;
        CDrawObj  * pSel = NULL;
        TmpSelOff();
        BOOL bLnkLine = CDrawTool::c_drawTool==DRAW_LNKLINE;
        if (CDrawTool::pSel) bLnkLine =CDrawTool::pSel->IsKindOf(RUNTIME_CLASS
(CLinkLine));
        if (CDrawObj::b3D)
            pCurGis->GetCoord3D(pRefObj, CDrawTool::ucpnt);
        else if (bOSnap || bLnkLine)
        {
          pCurGis->SelectSet(TmpSelLst);
          SPnt3D vpnt =CDrawTool::vcpnt;
          WORD osnap = bLnkLine ? (OSNAP_ENDP|OSNAP_CENT|OSNAP_INSP) : nOSnap;
          if (CDrawTool::c_drawTool < DRAW_NULL)
            pSel = pCurGis->OSnapPnt(TmpSelLst, osnap, vpnt); //
    CDrawTool::pSel
          if (! pSel)
            OSnapObjId =0xFFFFFFFF;
          else {
            xForm->VPtoUP(&vpnt, &CDrawTool::ucpnt);
            OSnapNdx0 =pSel->Obj_SubId(CDrawTool::ucpnt);
    ObjNdx;
          }
        }
        TmpSelOn();
        if (pRefObj && CDrawObj::b3D==0) {
          UPnt3Dv upnt(CDrawTool::ucpnt);
          pRefObj->GetPntElevTh(upnt);
          CDrawTool::ucpnt. z = upnt. z;
        }
        if (! pSel) Snap(CDrawTool::ucpnt);
        xForm->UPtoVP(CDrawTool::ucpnt, CDrawTool::vcpnt);
        CDrawCNode =node;
        return pSel;
    }
    void CCZqwView::TrsCCoord(CPoint& pnt)
    {
        nCPnt = pnt;
```

```
        ClientToDoc(pnt);CDrawTool::ncpnt = pnt;
        SPnt3D vpt;
        xForm->LPtoVP(pnt, vpt);
        CDrawTool::vcpnt = vpt;

        OSnapSnap();
}
void CCZqwView::TrsDCoord(CPoint& pnt)
{
        nDPnt = nLPnt = pnt;
        ClientToDoc(pnt);
        CDrawTool::ndown = CDrawTool::nlast = pnt;
        sSelFun.nPnt = pnt;
        SPnt3D vpt;
        xForm->LPtoVP(pnt, vpt);
        CDrawTool::vdown = CDrawTool::vcpnt = CDrawTool::vlast = vpt;
        OSnapSnap();
        //xForm->VPtoUP(vpt, CDrawTool::ucpnt);
        CDrawTool::udown =CDrawTool::ulast =CDrawTool::ucpnt;
}
void CCZqwView::XYPanel(UINT nFlags)
{
        CStatusBar * pStatus =(CStatusBar * )
           AfxGetApp()->m_pMainWnd->GetDescendantWindow(AFX_IDW_STATUS_BAR);
        if( ! pStatus ) return;
        CString text;
        if ( ! (nFlags & MK_SHIFT) )
           text.Format("%12.3lf,%12.3lf,%8.2f", CDrawTool::ucpnt.x,

CDrawTool::ucpnt.y,CDrawTool::ucpnt.z);
        else {
           double dx = CDrawTool::ucpnt.x - CDrawTool::udown.x;
           double dy = CDrawTool::ucpnt.y - CDrawTool::udown.y;
           double ang =atan2(dy, dx);
//         ang = HALF_PI - ang;if (ang<0) ang += TIMESPI;
           ang = huhuajiao(ang);
           double rd = sqrt(dx * dx + dy * dy);
           qwXFORM * pqwForm = GetDocument()->GetXForm();
           double dt = pqwForm->IsUnitMM()? rd: rd / GetDocument()->GetVScale();

           text.Format("%-12.3lf(%-10.1lfmm) < %-9.4lf", rd, dt, ang);
        }
        pStatus->SetPaneText(1, text);
}
void CCZqwView::WritePanel(LPCTSTR text)
{
        CStatusBar * pStatus =(CStatusBar * )
           AfxGetApp()->m_pMainWnd->GetDescendantWindow(AFX_IDW_STATUS_BAR);
        if (pStatus)
           pStatus->SetPaneText(0, text);
```

```
}
void CCZqwView::ClientToDoc(CPoint& point)
{

    CClientDC dc(this);
    OnPrepareDC(&dc, NULL);
    dc.DPtoLP(&point);
}
void CCZqwView::DocToClient(CPoint& point)
{

    CClientDC dc(this);
    OnPrepareDC(&dc, NULL);
    dc.LPtoDP(&point);
}
void CCZqwView::DocToClient(CRect& rect)
{

    CClientDC dc(this);
    OnPrepareDC(&dc, NULL);
    dc.LPtoDP(&rect);
    rect.NormalizeRect();
}
void CCZqwView::ClientToDoc(CRect& rect)
{

    CClientDC dc(this);
    OnPrepareDC(&dc, NULL);
    dc.DPtoLP(&rect);
    //ASSERT(rect.left<=rect.right);ASSERT(rect.bottom<=rect.top);
}
void CCZqwView::DrawFocusRect(CRect& rect)
{

    CClientDC dc(this);
    dc.DrawFocusRect(rect);

}
void CCZqwView::RestoreWnd(const CWndPara& winTmp)
{

    xForm->SetWnd(winTmp);
    int nx,ny;
    CSize size = xForm->SetViewport(nx,ny);
    SetViewport(size, nx, ny);

    Invalidate(FALSE);
}
void CCZqwView::ZoomWin()
{
    if (abs(nCPnt.x-nDPnt.x)<=2 || abs(nCPnt.y-nDPnt.y)<=2) return;
    CWndPara winTmp = xForm->GetWnd();
    CRect nRect;
    GetClientRect(&nRect);
    CPoint nOrg = nRect.CenterPoint();
    xForm->move_view((nDPnt.x+nCPnt.x)/2-nOrg.x, nOrg.y-(nDPnt.y+nCPnt.y)/2);
    xForm->set_screen(CDrawTool::vdown.x-CDrawTool::vcpnt.x, CDrawTool::vdown.y-
```

```
CDrawTool::vcpnt.y);
    int nx,ny;
    CSize size ＝xForm－＞SetViewport(nx,ny);
    SetViewport(size, nx, ny);
    RecUndo(UNDO_WIN, &winTmp);
    Invalidate(FALSE);
}
void CCZqwView::ZoomFree()
{
    short zDelta = nLPnt.y－nCPnt.y;
    OnMouseWheel(0, zDelta, nLPnt);
}
void CCZqwView::ScrollBy(UINT nFlags, BOOL fg)
{
    //CWndPara winTmp ＝xForm－＞GetWnd();
    int dx ＝(CDrawObj::b3D) ? nCPnt.x－nLPnt.x : nCPnt.x－nDPnt.x;
    int dy ＝(CDrawObj::b3D) ? nCPnt.y－nLPnt.y : nCPnt.y－nDPnt.y;
    if ((nFlags & MK_SHIFT) == 0) {
        //OnScrollBy(CSize(－dx, －dy));
        if (dx != 0) {
            GetDocument()－＞GetXForm()－＞move_view(－dx, 0);
            nOrig.x －= dx;
        }
        if (dy != 0) {
            GetDocument()－＞GetXForm()－＞move_view(0, dy);
            nOrig.y －= dy;
        }
        int nx=nOrig.x, ny=nOrig.y;
        CSize size ＝xForm－＞SetViewport(nx,ny);
        SetViewport(size, nx,ny);
    }
    else {
        //if (abs(dx)＞abs(dy)) xForm－＞Rotate(1,dx); else xForm－＞Rotate(0,dy);
        if (abs(dx) ＞ abs(dy)) {
            float vdx = xForm－＞LPtoVP(dx);
            vdx = (abs(vdx) ＜ 1) ? (vdx ＜ 0 ? －1 : 1) : vdx;
            if(abs(vdx) ＜ abs(dx)) dx = vdx;
            xForm－＞Rotate(1, dx);
        }
        else {
            float vdy = xForm－＞LPtoVP(dy);
            vdy = (abs(vdy) ＜ 1) ? (vdy ＜ 0 ? －1 : 1) : vdy;
            if(abs(vdy) ＜ abs(dy)) dy = vdy;
            xForm－＞Rotate(0, dy);
        }
    }
    Invalidate(FALSE);
}

void CCZqwView::InitView(BOOL fg)
```

```
{
    if (fg) xForm->InitAng();
    if (CDrawObj::b3D ! = fg)
    {
        CDrawObj::b3D = fg;
        GetDocument()->Regen();
    }
    Invalidate(FALSE);
}


qwBox CCZqwView::GetVBox()
{
    qwBox vBox = GetDocument()->GetVBox();
    if (! vBox.IsEmpty())
    {
        float dx = (vBox.XMax - vBox.XMin)/20;
        float dy = (vBox.YMax - vBox.YMin)/20;
        vBox.SetLmt(vBox.XMin-dx, vBox.YMin-dy, vBox.XMax+dx, vBox.YMax+dy);
    }
    return vBox;
}
void CCZqwView::OnZoomAll()
{
    CCZqwDoc * pDoc = GetDocument();
    if (! pDoc) return;
    qwXFORM * xForm = pDoc->GetXForm();

    pSasDC = pHDC;
    pDoc->pGis->InitPatBmp();
    pDoc->GetJCListObj(AnimateList);
    RemoveSelSet();

    CWndPara winTmp = xForm->GetWnd();

    CRect vRect;
    GetClientRect(&vRect);
    int nx = vRect.Width();
    int ny = vRect.Height();
    xForm->set_screen(nx, ny);

    CBox3D ubox = pDoc->pGis->GetUBox();
    if (ubox.IsEmpty()) return;

    double s = xForm->GetVScale();
    ubox.x0 -= s;        ubox.y0 -= s;        ubox.z0 -= s;
    ubox.x1 += s;        ubox.y1 += s;        ubox.z1 += s;

    xForm->zoomAll(ubox);
    pDoc->Regen();
```

```
    //int nx,ny;
    CSize size = xForm->SetViewport(nx,ny);
    SetViewport(size, nx, ny);

    RecUndo(UNDO_WIN, &winTmp);
    Invalidate(FALSE);

    DrawMiniView(1);
}
void CCZqwView::OnZoomWin()
{
    CDrawTool::BakTool(this);
    SetCommand(ID_ZOOM_WIN, ZOOM_WIN);
}
void CCZqwView::OnZoomPan()
{
    CDrawTool::BakTool(this);
    SetCommand(ID_ZOOM_PAN, ZOOM_PAN);
}
void CCZqwView::CurLogWnd(CRect * pRect)
{
    GetClientRect(pRect);

    CClientDC dc(this);
    OnPrepareDC(&dc);
    dc. DPtoLP(pRect);
}


void CCZqwView::OnLButtonDown(UINT nFlags, CPoint point)
{
    CViewBase::AnimateSw(0);

    if (! m_bActive)return;
    TrsDCoord(point);
    pTool = CDrawTool::FindTool(CDrawTool::c_drawTool);
    if (pTool ! = NULL)
    {
        pTool->OnLButtonDown(this, point, nFlags);
    }
}


void CCZqwView::OnLButtonUp(UINT nFlags, CPoint point)
{
    if (! m_bActive)return;
    TrsCCoord(point);
    pTool = CDrawTool::FindTool(CDrawTool::c_drawTool);
    if (pTool ! = NULL)
        pTool->OnLButtonUp(this, point, nFlags);
}
```

```
void CCZqwView::OnLButtonDblClk(UINT nFlags, CPoint point)
{
    if (! m_bActive)return;
    ClientToDoc(point);
    pTool = CDrawTool::FindTool(CDrawTool::c_drawTool);
    if (pTool ! = NULL)
        pTool->OnLButtonDblClk(this, point, nFlags);
}


void CCZqwView::OnRButtonDown(UINT nFlags, CPoint point)
{
    if (! m_bActive)return;
    ClientToDoc(point);
    pTool = CDrawTool::FindTool(CDrawTool::c_drawTool);
    if (pTool ! = NULL)
        pTool->OnRButtonDown(this, point, nFlags);
}


void CCZqwView::OnRButtonUp(UINT nFlags, CPoint point)
{
    if (! m_bActive)return;

    if (CDrawTool::c_drawTool == DRAW_SEL)
    {
        //SetCursor(AfxGetApp()->LoadCursor(IDC_CROSS));
        CView::OnRButtonUp(nFlags, point);
        return;
    }

    TrsCCoord(point);
    CDrawTool * pTool = CDrawTool::FindTool(CDrawTool::c_drawTool);
    if (pTool ! = NULL)
        pTool->OnRButtonUp(this, point, nFlags);
}

void CCZqwView::OnMouseMove(UINT nFlags, CPoint point)
{
    if (! m_bActive)return;
    TrsCCoord(point);
    XYPanel(nFlags);
    if ((nFlags & MK_MBUTTON)! =0)
    {
        SetCursor(AfxGetApp()->LoadCursor(IDC_ZOOM_PAN2));
        if (CDrawObj::b3D) ScrollBy(nFlags); else MoveScreenBmp();
    }
    else
    {
        CDrawTool * pTool = CDrawTool::FindTool(CDrawTool::c_drawTool);
        if (pTool ! = NULL)
            pTool->OnMouseMove(this, point, nFlags);
```

```
    }

    nLPnt =nCPnt；
    CDrawTool；：nlast = CDrawTool；：ncpnt；
    CDrawTool；：vlast = CDrawTool；：vcpnt；
    CDrawTool；：ulast = CDrawTool；：ucpnt；
}


void CCZqwView；：SetCommand(int Cmd，int Tool)
{
    CDrawTool  * tool = CDrawTool；：FindTool(Tool)；
    if (tool) pTool = tool；

    CDrawTool；：c_cnt =0；
    //CDrawTool；：cFlag =0；
    pNewObj =NULL；
    mPath3D =NULL；
    curCmd =Cmd；CDrawTool；：c_drawTool =Tool；nCmd =Cmd；
    bAnimate =0；
    AnimateOff()；
    SetVCmdInfo(Cmd)；
}
void CCZqwView；：SetCloseFlag(CDrawObj * pObj)
{
    if (curCmd==ID_DRAW_POLYGON || curCmd==IDM_DRAW_WORKRGN)
        pObj->SetClose(true)；
}
void CCZqwView；：OnDrawSpnt()
    { SetCommand(ID_DRAW_SPNT, DRAW_SPNT)；}
void CCZqwView；：OnDrawMshx()
    { SetCommand(ID_DRAW_MSHX, DRAW_MPNT)；}
void CCZqwView；：OnDrawPoly()
    { SetCommand(ID_DRAW_POLY, DRAW_POLY)；}
void CCZqwView；：OnDrawPolygon()
    { SetCommand(ID_DRAW_POLYGON, DRAW_POLY)；}
void CCZqwView；：OnDrawPline()
    { SetCommand(ID_DRAW_PLINE, DRAW_PLINE)；}
void CCZqwView；：OnDrawRect()
    {
        bDrawCurve=0；
        SetCommand(ID_DRAW_RECT, DRAW_RECT)；
    }
void CCZqwView；：OnDraw3pntRect()
    {
        bDrawCurve=0；   //by zsj 090426
        SetCommand(ID_DRAW_3PNT_RECT, HOT_PNT3)；
    }
void CCZqwView；：OnDrawGline()
    { SetCommand(ID_DRAW_GLINE, DRAW_GLINE)；}
```

```
void CCZqwView::OnDrawText()
    { SetCommand(ID_DRAW_TEXT, DRAW_TEXT); }
void CCZqwView::OnDrawAtext()
    { SetCommand(ID_DRAW_ATEXT, DRAW_ATEXT); }

void CCZqwView::OnOleInsertNew()
    { SetCommand(ID_OLE_INSERT_NEW, DRAW_OLE); }

BOOL CCZqwView::InitOle(CDrawOleObj * pObj)
{
    CCZqwDoc *  pDoc=GetDocument();
    if(! pDoc) return FALSE;

    COleInsertDialog   dlg;
    if (dlg.DoModal() ! = IDOK) return FALSE;

    BOOL fg = TRUE;
    BeginWaitCursor();
    // First create the C++ object
    CDrawItem * pItem = new CDrawItem(pDoc, pObj);
    ASSERT_VALID(pItem);
    pObj->m_pClientItem = pItem;

    // Now create the OLE object/item
    TRY
    {
      if (! dlg.CreateItem(pObj->m_pClientItem))
         AfxThrowMemoryException();
    // try to get initial presentation data
    pItem->UpdateLink();
    pItem->UpdateExtent();
    // if insert new object —— initially show the object
    if (dlg.GetSelectionType() == COleInsertDialog::createNewItem)
        pItem->DoVerb(OLEIVERB_SHOW, this);
    }
    CATCH_ALL(e)
    {    // clean up item
        fg = FALSE;
        AfxMesqwgeBox(IDP_FAILED_TO_CREATE);
    }
    END_CATCH_ALL
    EndWaitCursor();
    return fg;
}

CDrawMerge *  CCZqwView::CreateMerge(LPCTSTR fname)
{
    return GetDocument()->CreateMerge(fname);
```

```
    }

    void CCZqwView::OnColumn()
    {
        GetDocument()->InitTrslator();

        CClmnSheet sheet("钻孔柱状图", this);
        sheet.InitPara();
        sheet.DoModal();
    }

    void CCZqwView::SetColor(COLORREF color, BOOL bFore)
    {
        POSITION pos = m_selection.GetHeadPosition();
        while(pos)
        {
            CDrawObj * pObj = m_selection.GetNext(pos);
            if (bFore)
                pObj->SetFColor(color);
            else
                pObj->SetBColor(color);

                if (pObj->IsKindOf(RUNTIME_CLASS(CDrawTunnel)))
                    pObj->SetTnlColor(color, bFore);
                else
                    pObj->Regen();
                InvalObj(pObj);
        }
        GetDocument()->SetModifiedFlag();
    }
    void CCZqwView::OnColor()
    {
        CDlgClassList dlg;
        if(dlg.DoModal()! = IDOK) return;

        COLORREF color = dlg.GetColor();
        SetColor(color, TRUE);
    }
    void CCZqwView::OnUpdateColor(CCmdUI * pCmdUI)
    {
        pCmdUI->Enable(! m_selection.IsEmpty());
    }
    void CCZqwView::OnBcolor()
    {
        CDlgClassList dlg;
        if(dlg.DoModal()! = IDOK) return;
        COLORREF color = dlg.GetColor();
        SetColor(color, FALSE);
    }
    void CCZqwView::OnUpdateBcolor(CCmdUI * pCmdUI)
```

```
{
    pCmdUI->Enable(! m_selection.IsEmpty());
}


void CCZqwView::OnFfillSw()
{
    CAllAttr * attr = GetDocument()->pGis->GetpAttr();
    if (attr->IsFFill())
      attr->UnFFill();
    else
      attr->FFill();
}
void CCZqwView::OnUpdateFfillSw(CCmdUI * pCmdUI)
{
    CAllAttr * attr = GetDocument()->pGis->GetpAttr();
    pCmdUI->SetCheck(attr->IsFFill());
}


void CCZqwView::OnBfillSw()
{
    CAllAttr * attr = GetDocument()->pGis->GetpAttr();
    if (attr->IsBFill())
        attr->UnBFill();
    else
        attr->BFill();
}
void CCZqwView::OnUpdateBfillSw(CCmdUI * pCmdUI)
{
    CAllAttr * attr = GetDocument()->pGis->GetpAttr();
    pCmdUI->SetCheck(attr->IsBFill());
}


void CCZqwView::OnEditFfillOn()
{
    POSITION pos = m_selection.GetHeadPosition();
    while(pos)
    {
      CDrawObj * pObj = m_selection.GetNext(pos);
      pObj->FFill();
      if(pObj->GetFNdx() == -1) pObj->SetFPatNo(6);
      pObj->Regen();
      InvalObj(pObj);
    }
}
void CCZqwView::OnUpdateEditFfillOn(CCmdUI * pCmdUI)
{
    pCmdUI->Enable(m_selection.IsEmpty() == FALSE);
}
```

```
void CCZqwView::OnEditFfillOff()
{
    POSITION pos = m_selection. GetHeadPosition();
    while(pos)
    {
        CDrawObj * pObj = m_selection. GetNext(pos);
        pObj->UnFFill();
        pObj->Regen();
        InvalObj(pObj);
    }
}
void CCZqwView::OnUpdateEditFfillOff(CCmdUI * pCmdUI)
{
    pCmdUI->Enable(m_selection. IsEmpty() == FALSE);
}


void CCZqwView::OnEditBfillOn()
{
    POSITION pos = m_selection. GetHeadPosition();
    while(pos)
    {
        CDrawObj * pObj = m_selection. GetNext(pos);
        pObj->BFill();
        pObj->Opaque();
        if(pObj->GetBNdx() == -1) pObj->SetBPatNo(6);
        pObj->Regen();
        InvalObj(pObj);
    }
}
void CCZqwView::OnUpdateEditBfillOn(CCmdUI * pCmdUI)
{
    pCmdUI->Enable(m_selection. IsEmpty() == FALSE);
}
void CCZqwView::OnEditBfillOff()
{
    POSITION pos = m_selection. GetHeadPosition();
    while(pos)
    {
        CDrawObj * pObj = m_selection. GetNext(pos);
        pObj->UnBFill();
        pObj->Trans();
        pObj->Regen();
        InvalObj(pObj);
    }
}
void CCZqwView::OnUpdateEditBfillOff(CCmdUI * pCmdUI)
{
    pCmdUI->Enable(m_selection. IsEmpty() == FALSE);
}
void CCZqwView::OnShape()
```

```
{
    CDlgSymbolSel dlg;
    if (dlg. DoModal() ！ = IDOK) return;

    int fndx = -1;
    if (pShxLib->PtrToShape(dlg. pShx))
        fndx =dlg. pShx->GetShx();
    POSITION pos = m_selection. GetHeadPosition();
    while(pos)
  {
    CDrawObj * pObj =m_selection. GetNext(pos);
    pObj->SetShxNo(fndx);
    pObj->Regen();
    InvalObj(pObj);
  }
  GetDocument()->SetModifiedFlag();
}

void CCZqwView::OnUpdateShape(CCmdUI * pCmdUI)
{
    pCmdUI->Enable(! m_selection. IsEmpty());
}

void CCZqwView::OnPtype()
{
    CDlgPntSel dlg;
    if (dlg. DoModal() ！ = IDOK) return;

    int mPType =pPntLib->PtrToPType(dlg. pPnt);
    float hg =dlg. m_fHigh;
    POSITION pos = m_selection. GetHeadPosition();
    while(pos)
    {
      CDrawObj * pObj =m_selection. GetNext(pos);
      pObj->SetPType(mPType);
      if (pObj->DrawID()==DRAW_SPNT) pObj->SetfPntRt(hg); else   pObj->SetfPenWd
(hg);
      pObj->Regen();
      InvalObj(pObj);
    }
    GetDocument()->SetModifiedFlag();
}
void CCZqwView::OnUpdatePtype(CCmdUI * pCmdUI)
{
    pCmdUI->Enable(! m_selection. IsEmpty());
}

void CCZqwView::OnHatch()
{
```

```
    CDlgPatSel dlg;
    if (dlg.DoModal() ! = IDOK) return;

    int mHatch = pPatLib->PtrToHatch(dlg.pPat);
    POSITION pos = m_selection.GetHeadPosition();
    while(pos)
    {
      CDrawObj * pObj = m_selection.GetNext(pos);
      if (mHatch ! = pObj->GetFPatNo())
      {
        pObj->SetFPatNo(mHatch);
        pObj->Regen();
        InvalObj(pObj);
      }
    }
    GetDocument()->SetModifiedFlag();
}
void CCZqwView::OnUpdateHatch(CCmdUI * pCmdUI)
{
    pCmdUI->Enable(! m_selection.IsEmpty());
}


void CCZqwView::OnAfont()
{
    LOGFONT font;
    CFntLib * pFnt =pCurGis->GetFntLib();
    pFnt->SetFont(&font);

    CFontDialogdlg(&font);
    if( dlg.DoModal()! =IDOK ) return;

    int ndx =pFnt->GetFont(&font);
    float high = FontHg(font.lfHeight);

    POSITION pos = m_selection.GetHeadPosition();
    while(pos)
    {
      CDrawObj * pObj =m_selection.GetNext(pos);
      if (pObj->DrawID() ! = DRAW_TEXT) continue;
      pObj->SetFntNo(ndx);
      pObj->SetfPenWd(high);
      pObj->Regen();
      InvalObj(pObj);
    }
    GetDocument()->SetModifiedFlag();
}
void CCZqwView::OnUpdateAfont(CCmdUI * pCmdUI)
{
    pCmdUI->Enable(! m_selection.IsEmpty());
```

```
}

void CCZqwView::OnLtype()
{
    CDlgLinSel dlg;
    if (dlg.DoModal() != IDOK) return;

    int mLType = pLinLib->PtrToLType(dlg.pLin);
    float wd = dlg.m_fWidth;
    POSITION pos = m_selection.GetHeadPosition();
    while(pos)
    {
        CDrawObj * pObj = m_selection.GetNext(pos);
        pObj->SetLType(mLType);
        pObj->SetfPenWd(wd);
        pObj->Regen();
        InvalObj(pObj);
    }
    GetDocument()->SetModifiedFlag();
}
void CCZqwView::OnUpdateLtype(CCmdUI * pCmdUI)
{
    pCmdUI->Enable(! m_selection.IsEmpty());
}

void CCZqwView::OnPenwd()
{
    CDlgPenWd dlg;
    if(dlg.DoModal() != IDOK) return;

    POSITION pos = m_selection.GetHeadPosition();
    while(pos)
    {
        CDrawObj * pObj = m_selection.GetNext(pos);
        if(pObj->DrawID() == DRAW_TEXT || pObj->DrawID() == DRAW_ATEXT)
continue;

        pObj->SetfPenWd(dlg.m_fWd);
        pObj->Regen();
        InvalObj(pObj);
    }
}
void CCZqwView::OnUpdatePenwd(CCmdUI * pCmdUI)
{
    pCmdUI->Enable(m_selection.GetCount() != 0);
}

void CCZqwView::OnLineClose()
{
    POSITION pos = m_selection.GetHeadPosition();
```

```
    while(pos)
    {
      CDrawObj * pObj = m_selection. GetNext(pos);
      pObj->Close();
      pObj->Regen();
      InvalObj(pObj);
    }
}
void CCZqwView::OnUpdateLineClose(CCmdUI * pCmdUI)
{
    pCmdUI->Enable(m_selection. GetCount() ! = 0);
}

void CCZqwView::OnLineOpen()
{
    POSITION pos = m_selection. GetHeadPosition();
    while(pos)
    {
      CDrawObj * pObj = m_selection. GetNext(pos);
      pObj->Open();
      pObj->Regen();
      InvalObj(pObj);
    }
}
void CCZqwView::OnUpdateLineOpen(CCmdUI * pCmdUI)
{
    pCmdUI->Enable(m_selection. GetCount() ! = 0);
}

void CCZqwView::OnLineRev()
{
    POSITION pos = m_selection. GetHeadPosition();
    while(pos)
    {
      CDrawObj * pObj = m_selection. GetNext(pos);
      pObj->RevDrct();
      pObj->Regen();
      InvalObj(pObj);
    }
}
void CCZqwView::OnUpdateLineRev(CCmdUI * pCmdUI)
{
    pCmdUI->Enable(m_selection. GetCount() ! = 0);
}

void CCZqwView::OnSelCopy()
{
    SetCommand(IDM_SEL_COPY, EDIT_COPY);
    CDrawTool::c_cnt = 0;
}
```

```
void CCZqwView::OnUpdateSelCopy(CCmdUI * pCmdUI)
{
    pCmdUI->Enable(! m_selection. IsEmpty());
    pCmdUI->SetCheck(curCmd == IDM_SEL_COPY && CDrawTool::c_drawTool == EDIT_
COPY);
}

void CCZqwView::OnMove()
{
    SetCommand(IDM_MOVE, EDIT_MOVE);
    CDrawTool::c_cnt =0;
}
void CCZqwView::OnUpdateMove(CCmdUI * pCmdUI)
{
    pCmdUI->Enable(! m_selection. IsEmpty());
    pCmdUI->SetCheck(curCmd == IDM_MOVE && CDrawTool::c_drawTool == EDIT_
MOVE);
}

void CCZqwView::OnRotate()
{
    SetCommand(IDM_ROTATE, EDIT_ROTATE);
    CDrawTool::c_cnt =0;
}
void CCZqwView::OnUpdateRotate(CCmdUI * pCmdUI)
{
    pCmdUI->Enable(! m_selection. IsEmpty());
    pCmdUI->SetCheck(curCmd == IDM_ROTATE && CDrawTool::c_drawTool == EDIT_
ROTATE);
}

void CCZqwView::OnReflect()
{
    CDrawPoly * pObj =(CDrawPoly * )FirstSel();
    if (! pObj) return;
    if (! pObj->MirrorPara()) return;

    SetCommand(IDM_REFLECT, EDIT_MIRROR);
    CreateDlgCmd(new CDlgMirror(this));
}
void CCZqwView::OnUpdateReflect(CCmdUI * pCmdUI)
{
    BOOL fg = m_selection. GetCount() == 1;
    if (fg)
    {
        CDrawObj * pObj = m_selection. GetHead();
        fg = pObj->DrawID() == DRAW_POLY;
    }
    pCmdUI->Enable( fg );
    pCmdUI->SetCheck(curCmd == IDM_REFLECT && CDrawTool::c_drawTool == EDIT_
```

```
MIRROR);
    }

    void CCZqwView::Mirror(CDrawObj * pObj)
    {
        CDrawObj * ptr = pObj->Clone();
        if (CDrawObj::bCopy)
        {
          if (! ptr)
            pObj->MirrorData();
          else {
            ptr->MirrorData();
            GetDocument()->Add(ptr, pObj);
            RecUndo(UNDO_OBJ, ptr);
          }
        }
        else
        {
          ptr->MirrorData();
          ptr->Regen();
          RecUndo(UNDO_1_1, pObj, ptr);
        }

        InvalObj(pObj);
        InvalObj(ptr);
    }

    void CCZqwView::MirrorMObj()
    {
        if (m_selection.GetCount()==0) return;
        if (m_selection.GetCount()==1)
        {
          Mirror(m_selection.GetHead());
          return;
        }

        CCZqwDoc * pDoc =GetDocument();
        if (CDrawObj::bCopy)
        {
          CDrawObjList sels;
          POSITION pos = m_selection.GetHeadPosition();
          while (pos ! = NULL)
          {
            CDrawObj * pSrc = m_selection.GetNext(pos);
            pSrc->UnSel();
            CDrawObj * pDst =pSrc->Clone();
            if (! pDst) continue;

            sels.AddTail(pDst);
```

```
        pDst->MirrorData();
        pDst->Sel();
        pDoc->Add(pDst, pSrc);
        InvalObj(pDst);
    }
    RecUndo(UNDO_COPY, &sels);
}
else
{
    POSITION pos = m_selection.GetHeadPosition();
    while(pos != NULL)
    {
        CDrawObj * pObj = m_selection.GetNext(pos);
        if (pObj) {
            pObj->MirrorData();
            pObj->Regen();
        }
    }
    RecUndo(UNDO_REFLECT, &m_selection);
    pDoc->SetModifiedFlag();
    InvalObjList();
    }
}
#include "Dialog\DlgArray.h"
void CCZqwView::OnArray()
{
    if( pDlg ) delete pDlg;
    pDlg = new CDlgArray(this,NULL);
    if( pDlg == NULL ) return;
    pDlg->ShowWindow(SW_SHOW);
}
void CCZqwView::OnUpdateArray(CCmdUI * pCmdUI)
{
    pCmdUI->Enable(! m_selection.IsEmpty());
}
void CCZqwView::OnScaleData()
{
    SetCommand(IDM_SCALE_DATA, EDIT_RATE);
    CreateDlgCmd(new CDlgScaleCell(this, FALSE));
}
void CCZqwView::OnUpdateScaleData(CCmdUI * pCmdUI)
{
    pCmdUI->Enable(! m_selection.IsEmpty());
}

void CCZqwView::RemoveSelSet()
{
    POSITION pos = m_selection.GetHeadPosition();
    while (pos != NULL) {
        CDrawObj * ptr = m_selection.GetNext(pos);
```

```
        InvalObj(ptr);
        ptr->UnSel();
    }
    m_selection. RemoveAll();
    CDrawTool::pSel =NULL;
}


void CCZqwView::CloneSelection( BOOL bSave )
{
    CCZqwDoc * pDoc = GetDocument();

    BOOL bModi =FALSE;
    CDrawObjList sels;
    POSITION pos =m_selection. GetHeadPosition();
    while (pos ! = NULL)
    {
        CDrawObj * pSrc = m_selection. GetNext(pos);
        pSrc->UnSel();
        CDrawObj * pDst =pSrc->Clone();
        if (! pDst) continue;

        bModi =TRUE;
        pDst->Sel();
        sels. AddTail(pDst);
        if (bSave) pDoc->Add(pDst, pSrc);
    }
    if (bModi) pDoc->SetModifiedFlag();

    m_selection. RemoveAll();
    m_selection. AddTail(&sels);
}


void CCZqwView::Move(bool bMov)
{
    InvalObjList();

    POSITION pos = m_selection. GetHeadPosition();
    while (pos ! = NULL)
    {
        CDrawObj * pObj = m_selection. GetNext(pos);
        if (! pObj) continue;
        if (! bMov) pObj->MoveView(); else pObj->MoveData();
    }
    if (bMov) GetDocument()->SetModifiedFlag();

    //Invalidate(FALSE);
    InvalObjList();
}


void CCZqwView::Rotate(bool bRot)
```

```
{
    InvalObjList();

    POSITION pos = m_selection. GetHeadPosition();
    while (pos ! = NULL)
    {
        CDrawObj * pObj = m_selection. GetNext(pos);
        if (! pObj) continue;
        if (! bRot) pObj->RotView(); else pObj->RotData();
    }
    if (bRot) GetDocument()->SetModifiedFlag();

    //  Invalidate(FALSE);
    InvalObjList();
}


void CCZqwView::Rate(bool bRat)
{
    InvalObjList();

    POSITION pos = m_selection. GetHeadPosition();
    while (pos ! = NULL)
    {
        CDrawObj * pObj = m_selection. GetNext(pos);
        if (! pObj) continue;
        if (! bRat) pObj->RateView(); else pObj->Rate();
    }
    if (bRat) GetDocument()->SetModifiedFlag();

    //Invalidate(FALSE);
    InvalObjList();
}


void CCZqwView::RegenSel()
{
    InvalObjList();
    POSITION pos = m_selection. GetHeadPosition();
    while (pos ! = NULL)
    {
        CDrawObj * pObj = m_selection. GetNext(pos);
        if (pObj) pObj->Regen();
    }
    InvalObjList();
}


void CCZqwView::DelSelSet(BOOL bUndo)
{
    if (m_selection. GetCount() == 1)
    {
        CDrawObj * pObj = m_selection. GetHead();
```

```
            if (bUndo) RecUndo(UNDO_OBJ, pObj);
            GetDocument()->pGis->Remove(pObj);
    }
    else
    {
            POSITION pos = m_selection.GetHeadPosition();
            while (pos != NULL)
            {
                CDrawObj * pObj = m_selection.GetNext(pos);
                GetDocument()->pGis->Remove(pObj);
            }
            if (bUndo) RecUndo(UNDO_DEL, &m_selection);
    }
    m_selection.RemoveAll();
    CDrawTool::pSel =NULL;
    Invalidate(FALSE);
}


void CCZqwView::DrawXorLine()
{
    CClientDC dc(this);
    CPen mPen(PS_DOT, 0, RGB(200,200,200));
    int nMode =dc.GetROP2();
    dc.SetROP2(R2_NOT);
    CPen * pBack =dc.SelectObject(&mPen);

    dc.MoveTo(nDPnt);      dc.LineTo(nLPnt);
    dc.MoveTo(nDPnt);      dc.LineTo(nCPnt);

    dc.SelectObject(pBack);
    dc.SetROP2(nMode);
}


void CCZqwView::DrawDragLine(const CPoint& pnt0, const CPoint& pnt1)
{
    CClientDC dc(this);
    CPen mPen(PS_DOT, 0, RGB(200,200,200));
    int nMode =dc.GetROP2();
    dc.SetROP2(R2_NOT);
    CPen * pBack =dc.SelectObject(&mPen);

    dc.MoveTo(pnt0);      dc.LineTo(pnt1);

    dc.SelectObject(pBack);
    dc.SetROP2(nMode);
}


void CCZqwView::DrawXorRect()
{
    CRect rect(nDPnt.x,nDPnt.y, nLPnt.x,nLPnt.y);
```

```
    rect. NormalizeRect();
    CClientDC dc(this);
    dc. DrawFocusRect(rect);

    rect. SetRect(nDPnt. x,nDPnt. y, nCPnt. x,nCPnt. y);
    rect. NormalizeRect();
    dc. DrawFocusRect(rect);
}

void CCZqwView::DrawXorSketch(const CPoint& pnt0)
{
    DrawDragSketch(pnt0, nDPnt, nLPnt);
    DrawDragSketch(pnt0, nDPnt, nCPnt);
}
void CCZqwView::DrawDragSketch(const CPoint& pnt0, const CPoint& pnt1, CPoint pnt2)
{
    double mrd = PntLine6f((float)pnt0. x,(float)pnt0. y, (float)pnt1. x,(float)pnt1. y,

(float)pnt2. x,(float)pnt2. y);
    int nsign = ( Area2D(pnt0. x,pnt0. y, pnt1. x,pnt1. y, pnt2. x,pnt2. y) > 0 ) ? 1 : -1;
    double ndx =pnt0. x - pnt1. x;
    double ndy =pnt0. y - pnt1. y;
    double nrd =sqrt(ndx * ndx + ndy * ndy);
    int dx = -(int)(mrd * ndy / nrd) * nsign;
    int dy =  (int)(mrd * ndx / nrd) * nsign;

    CPoint pnt3;
    pnt2. x =pnt1. x + dx;      pnt2. y =pnt1. y + dy;
    pnt3. x =pnt0. x + dx;      pnt3. y =pnt0. y + dy;

    CClientDC dc(this);
    CPen * pBack, mPen(PS_DOT, 0, RGB(200,200,200));
    int nMode =dc. GetROP2();
    dc. SetROP2(R2_NOT);
    pBack =dc. SelectObject(&mPen);

    dc. MoveTo(pnt0);
    dc. LineTo(pnt1);dc. LineTo(pnt2);
    dc. LineTo(pnt3);dc. LineTo(pnt0);

    dc. SelectObject(pBack);
    dc. SetROP2(nMode);
}

void CCZqwView::OnKeyDown(UINT nChar, UINT nRepCnt, UINT nFlags)
{

    CView::OnKeyDown(nChar, nRepCnt, nFlags);
}
```

```
void CCZqwView::PostNcDestroy()
{
    CMainFrame * pMain = (CMainFrame * )AfxGetMainWnd();
    pMain->DeleteView(this);
    if(pMain->m_wndTab. GetItemCount()==0)
    {
        CWnd * pWnd = NULL;
        pMain->m_wndToolBarControl. m_LineTypeCombo. ResetContent();
        pWnd = pMain->m_layallmapView->m_wndSplitter. GetPane(1,0);
        if(pWnd) ((CLayerView * )pWnd)->m_ProTree. DeleteAllItems();
        pMain->m_wndToolBarControl. m_LyrCombo. ResetContent();
        pMain->m_wndToolBarControl. m_LyrCombo. m_arrayEditable. RemoveAll();
        pMain->m_wndToolBarControl. m_LyrCombo. m_arraySelectable. RemoveAll();
        pMain->m_wndToolBarControl. m_LyrCombo. m_arrayVisible. RemoveAll();
    }
    CView::PostNcDestroy();
}


void CCZqwView::OnContextMenu(CWnd * /* pWnd */, CPoint point)
{
    if (point. x == -1 && point. y == -1){
        CRect rect;
        GetClientRect(rect);
        ClientToScreen(rect);

        point = rect. TopLeft();
        point. Offset(5, 5);
    }

    CMenu menu;
    if (m_selection. GetCount())
        VERIFY(menu. LoadMenu(IDR_MENU5));
    else
        VERIFY(menu. LoadMenu(IDR_MENU4));

    CMenu * pPopup = menu. GetSubMenu(0);
    ASSERT(pPopup ! = NULL);
    CWnd * pWndPopupOwner = this->GetParent();

    pPopup->TrackPopupMenu(TPM_LEFTALIGN | TPM_RIGHTBUTTON, point. x, point. y,

pWndPopupOwner);
}

    Select(NULL);
    CCZqwDoc * pDoc =GetDocument();
    pDoc->NewLayer("巷道分解");
    pDoc->pGis->TnlExplode(m_selection);
    RemoveSelSet();
    pDoc->Regen();
```

```
    //RecUndo(UNDO_COPY);

    Invalidate(FALSE);
}


void CCZqwView::OnMdlAxies()
{
    SetCommand(ID_MDL_AXIES, MDL_AXIES);
    CDrawTool::cFlag =0;
}
void CCZqwView::OnUpdateMdlAxies(CCmdUI * pCmdUI)
{ pCmdUI->Enable(IsBaseModel()); }


void CCZqwView::OnDel3dAxis()
{
    SetCommand(ID_MDL_AXIES, MDL_AXIES);
    CDrawTool::cFlag =1;
}
void CCZqwView::OnUpdateDel3dAxis(CCmdUI * pCmdUI)
{ pCmdUI->Enable(IsBaseModel()); }


void CCZqwView::OnExpend()
{
    if (SelCount() == 0) {
        AfxMesqwgeBox("请选择扩展所达到的图素!");return;
    }
    GetMPlineList();
    CDrawTool::c_drawTool = EDIT_EXPEND;
}


void CCZqwView::OnUpdateExpend(CCmdUI * pCmdUI)
{
    pCmdUI->Enable(! m_selection. IsEmpty());
}


void CCZqwView::Expend(SPnt3D& vpnt)
{
    CCZqwDoc * pDoc =GetDocument();
    CDrawObj * pObj =PntSel(vpnt);
    if (! pObj) return;

    UPnt3D pnt, ePnt;
    pDoc->GetXForm()->VPtoUP(vpnt, pnt);
    int ndx =pObj->GetFEPnt(pnt, ePnt);
    if (ndx == -1) return;

    float ang = 0. f;
    if (! GetExpPnt(ePnt, ang)) return;

    CDrawObj * ptr =pObj->Clone();
```

```
        if (! ptr) return;
        ptr->Expend(ndx, ePnt, ang);
        ptr->Regen();

        RecUndo(UNDO_1_1, pObj, ptr);
        InvalObj(ptr);

        pDoc->SetModifiedFlag();
}

void CCZqwView::Expend()
{
        UPnt3Dv pnt;
        CDrawObjList tmpList;
        CCZqwDoc * pDoc =GetDocument();
        pDoc->CrossObjLst(tmpList);
        POSITION pos =tmpList.GetHeadPosition();
        while (pos ! = NULL)
    {
        CDrawObj * pObj =tmpList.GetNext(pos);
        if (! pObj->CrossLine(&pnt)) continue;
        UPnt3D apnt= new UPnt3D(pnt.x,pnt.y);
        SPnt3D vpnt;
        pDoc->GetXForm()->UPtoVP(apnt,vpnt);

        CDrawObj * pNewObj =PntSel(vpnt);
        if (! pNewObj) continue;

        UPnt3D  ePnt;
        int ndx =pNewObj->GetFEPnt(apnt, ePnt);
        if (ndx == -1) continue;

        float ang = 0.f;
        if (! GetExpPnt(ePnt, ang)) continue;

        CDrawObj * ptr =pNewObj->Clone();
        if (! ptr) continue;

        ptr->Expend(ndx, ePnt, ang);
        ptr->Regen();

        RecUndo(UNDO_1_1, pNewObj, ptr);
        InvalObj(ptr);
        pDoc->SetModifiedFlag();

    }
}

BOOL CCZqwView::GetExpPnt(UPnt3D& epnt,float& ang)
{
```

```
    UPnt2D org, pnt, pt0, pt1;
    double dx,dy, dist, nst =1.0e40;
    pt0. x =org. x =epnt. x;
    pt0. y =org. y =epnt. y;
    pt1. x =pt0. x + EXPEND_LEN * cos(epnt. z);
    pt1. y =pt0. y + EXPEND_LEN * sin(epnt. z);

    BOOL fg =FALSE;
    float tmpAng;
    SEditPLine * ptr =mALine. GetData();
    for(int i=0; i<mALine. GetCount(); i++,ptr++)
    {
        if (! (CrossPnt(ptr->mPnt, pt0,pt1, pnt,tmpAng))) continue;
        dx =epnt. x - pnt. x;
        dy =epnt. y - pnt. y;
        dist =dx * dx + dy * dy;
        if (dist < nst) { org=pnt; ang =tmpAng;fg=TRUE; }
    }

    epnt. x =org. x;
    epnt. y =org. y;
    return fg;
}

void CCZqwView::OnArcExtend()
{
    SetCommand(IDM_ARC_EXTEND);
    CreateDlgCmd( new CDlgArcExt(this) );
}

void CCZqwView::OnUpdateArcExtend(CCmdUI * pCmdUI)
{
    pCmdUI->Enable(m_selection. GetCount() == 1);
}

BOOL CCZqwView::OnMouseWheel(UINT nFlags, short zDelta, CPoint pt)
{
    SPnt2D vorg;
    CPoint lpnt(nCPnt);
    ClientToDoc(lpnt);
    xForm->LPtoVP(lpnt, vorg);

    int nx,ny;
    float rate = (zDelta < 0) ? 1.25f : 0.8f;
    xForm->zoom(rate);

    if(! (m_pImageAnimate && m_pImageAnimate->IsStartAnimate()))
    {
        CSize size =xForm->SetViewport(nx, ny);
        SetViewport(size, nx, ny);
```

```
            xForm->VPtoLP(vorg, lpnt);
            DocToClient(lpnt);
            xForm->move_view(lpnt.x-nCPnt.x, nCPnt.y-lpnt.y);
            size = xForm->SetViewport(nx, ny);
            SetViewport(size, nx, ny);
        }

    Invalidate(FALSE);
    return TRUE;
}

void CCZqwView::OnEditProperties()
{
    if (m_selection.GetCount() == 1 && CDrawTool::c_drawTool == DRAW_SEL)
    {
        pTool = CDrawTool::FindTool(CDrawTool::c_drawTool);
        if (pTool ! = NULL)
            pTool->OnEditProperties(this);
    }
}


void CCZqwView::OnUpdateEditProperties(CCmdUI * pCmdUI)
{
    pCmdUI->Enable(m_selection.GetCount() == 1 &&
                    CDrawTool::c_drawTool == DRAW_SEL);
}


void CCZqwView::OnAttrCopy()
{
    CDrawTool::cFlag = 3;
    SetCommand(IDM_ATTR_COPY, EDIT_ATTRCOPY);
}
void CCZqwView::OnUpdateAttrCopy(CCmdUI * pCmdUI)
{
    pCmdUI->SetRadio(CDrawTool::c_drawTool == EDIT_ATTRCOPY);
    pCmdUI->Enable(m_selection.GetCount() == 1);
}


void CCZqwView::OnTransType(int type)
{
    CCZqwDoc * pDoc =GetDocument();
    POSITION pos = m_selection.GetHeadPosition();
    while(pos)
    {
        POSITION bak =pos;
        CDrawObj * pSrc =m_selection.GetNext(pos);
        if (! pSrc) continue;
        CDrawObj * pDst =pSrc->TransType(type);
        if (! pDst) continue;
```

```
                BOOL fg = pDoc->SwapObj(pSrc, pDst);
                if (! fg)
                        delete pDst;
                else {
                        pDst->Regen();
                        pDst->UnSel();
                        InvalObj(pDst);
                        m_selection. RemoveAt(bak);
                        delete pSrc;
                }
        }
        RemoveSelSet();
}


void CCZqwView::OnToLine()
{ OnTransType(DRAW_LINE); }
void CCZqwView::OnUpdateToLine(CCmdUI * pCmdUI)
{ pCmdUI->Enable(! m_selection. IsEmpty()); }

void CCZqwView::OnToPline()
{ OnTransType(DRAW_PLINE); }
void CCZqwView::OnUpdateToPline(CCmdUI * pCmdUI)
{ pCmdUI->Enable(! m_selection. IsEmpty()); }

void CCZqwView::OnToGline()
{ OnTransType(DRAW_GLINE); }
void CCZqwView::OnUpdateToGline(CCmdUI * pCmdUI)
{ pCmdUI->Enable(! m_selection. IsEmpty()); }

void CCZqwView::OnToCurve()
{OnTransType(DRAW_CURVE);}
void CCZqwView::OnUpdateToCurve(CCmdUI * pCmdUI)
{pCmdUI->Enable(! m_selection. IsEmpty());}

void CCZqwView::OnToTunnel()
{ OnTransType(DRAW_TUNNEL); }
void CCZqwView::OnUpdateToTunnel(CCmdUI * pCmdUI)
{ pCmdUI->Enable(! m_selection. IsEmpty()); }

void CCZqwView::OnToFault()
{ OnTransType(DRAW_FAULT); }
void CCZqwView::OnUpdateToFault(CCmdUI * pCmdUI)
{ pCmdUI->Enable(! m_selection. IsEmpty()); }
void CCZqwView::OnToHouse()
{ OnTransType(DRAW3D_HOUSE); }

void CCZqwView::OnUpdateToHouse(CCmdUI * pCmdUI)
{ pCmdUI->Enable(! m_selection. IsEmpty()); }
```

```
void CCZqwView::OnMkTri()
    { SetCommand(ID_Mk_TRI, MK_TRI); }
void CCZqwView::OnUpdateMkTri(CCmdUI * pCmdUI)
    { pCmdUI->Enable(IsBaseModel()); }


void CCZqwView::OnRaplace()
{
    # ifndef FUNCTION_3D
        AfxMesqwgeBox("三维功能,您没有使用权限!");
    # else
        SetCommand(ID_TRI_RAPLACE, TRI_RAPLACE);
    # endif
}


void CCZqwView::OnUpdateRaplace(CCmdUI * pCmdUI)
    { pCmdUI->Enable(IsBaseModel()); }

void CCZqwView::OnRmvFltCmp()
{
        if (AfxMesqwgeBox("本次操作将将解除断层的配对关系! 继续吗?", MB_YESNO)

==IDNO) return;
        POSITION pos = m_selection.GetHeadPosition();
        while(pos ! = NULL)
    {
        CDrawObj * pSel = m_selection.GetNext(pos);
        if (pSel)
            if(pSel->RmvFltcmp()) pCurGis->Remove(pSel);
            else AfxMesqwgeBox("此断层已经解除配对关系!");
    }
}


//void CCZqwView::OnFltTopClose()
//{ CDrawTool::c_drawTool=FLT_TOP_CLOSE;}

void CCZqwView::OnVolArea()
{
    # ifndef FUNCTION_3D
        AfxMesqwgeBox("三维功能,您没有使用权限!");
    # else
        CDrawObj * poly = m_selection.GetHead();
        WORD type = poly->DrawID();
        if (type! = DRAW_POLY && type! = DRAW_PLINE && type! = DRAW_FAULT &&
type!

= DRAW_RGN && type! = DRAW_RECT)
        {
            AfxMesqwgeBox("选择边界对象!"); return;
        }
        CDlgVolArea dlg(this, poly);
```

```
        dlg. DoModal();
    # endif
}


void CCZqwView::OnUpdateVolArea(CCmdUI * pCmdUI)
{
    pCmdUI->Enable(m_selection. GetCount()==1);
}


void CCZqwView::OnUpdate3dPlanePara(CCmdUI * pCmdUI)
{ pCmdUI->Enable(IsBaseModel()); }

void CCZqwView::OnCircleShape()
{
    CDlgCircleShape dlg;
    dlg. pView =this;
    dlg. DoModal();
}


void CCZqwView::OnCirclePoint()
{
    CDlgCirclePnt dlg;
    dlg. pView =this;
    dlg. DoModal();
}


void CCZqwView::OnAnnoteNode()
{
    if (m_selection. IsEmpty())
        { MesqwgeBeep(MB_ICONASTERISK); return; }
    UPnt3D upnt;
    CString str;
    CDrawObj * pObj =m_selection. GetHead();
    BOOL fg =pObj->NodeAnnote(str, upnt);
    if (fg)
    {
        CCZqwDoc * pDoc =GetDocument();
        pObj =pDoc->SaveText(str, upnt, 4. 335f, 0. f, SA_TALEFT);
        RecUndo(UNDO_OBJ, pObj);
        InvalObj(pObj);
    }
}


void CCZqwView::OnUpdateAnnoteNode(CCmdUI * pCmdUI)
{
    pCmdUI->Enable(m_selection. GetCount() == 1);
}


void CCZqwView::OnAnnote()
{
```

```
        CDlgNoteDecimaldlg;
        dlg. m_nNote = CDrawObj::nDecimal;
        dlg. IsVary = CDrawText::IsIdle;
        if (dlg. DoModal() ! = IDOK) return;

        CDrawObj::nDecimal = dlg. m_nNote;
        CDrawText::IsIdle = dlg. IsVary;
        curCmd = IDM_ANNOTE;
        CDrawTool::c_drawTool = EDIT_ANNOTE;
    }


void CCZqwView::OnUpdateAnnote(CCmdUI * pCmdUI)
{
        pCmdUI->SetRadio(CDrawTool::c_drawTool == EDIT_ANNOTE);
}
void CCZqwView::Annote(SPnt3D& pnt)
{
        CDrawObj * pObj = PntSel(pnt);
        if (! pObj) return;

        UPnt3Dv upnt;
        xForm->VPtoUP(pnt, upnt);
        if (pObj->Break(upnt) == -1) return;

        CCZqwDoc * pDoc = GetDocument();
        pDoc->SetModifiedFlag();
        //if (pObj->IsBaseModel()) { pObj->Regen();InvalObj(pObj); return; }

        int fg = pObj->IsKindOf(RUNTIME_CLASS(CDrawGline)) ? 1 : 0;
        CDrawObj * note = pDoc->pGis->NoteObj(upnt, pObj, fg);
        if (note)
        {
            RecUndo(UNDO_OBJ, note);
            InvalObj(note);
        }
    }


void CCZqwView::Annote()
{
        m_selection. RemoveAll();

        UPnt3Dv pnt;
        CDrawObjList tmpList;
        CCZqwDoc * pDoc = GetDocument();
        pDoc->CrossObjLst(tmpList);
        POSITION pos = tmpList. GetHeadPosition();
        while (pos ! = NULL)
        {
            CDrawObj * pObj = tmpList. GetNext(pos);
            if (! pObj->CrossLine(&pnt)) continue;
```

```
        pDoc->SetModifiedFlag();
        //if (pObj->IsBaseModel()) { pObj->Regen();InvalObj(pObj); continue;


    }


        int fg = pObj->IsKindOf(RUNTIME_CLASS(CDrawGline)) ? 1 : 0;
        CDrawObj * note =pDoc->pGis->NoteObj(pnt, pObj, fg);
        if (note) {
            m_selection. AddTail(note);
            InvalObj(note);
        }
    }
    if (! m_selection. IsEmpty()) RecUndo(UNDO_COPY, &m_selection);
    m_selection. RemoveAll();
    CDrawTool::pSel =NULL;
}


void CCZqwView::OnSetElev()
{
    SetCommand(IDM_SET_ELEV);
    CreateDlgCmd( new CDlgSetElev(this) );
}


void CCZqwView::OnTnlSlide()
{
    CDrawTool::c_drawTool = TNL_SLIDE;
}


void CCZqwView::OnNote2pDist()
{
    extern int nDragHandle;
    curCmd =ID_NOTE_2P_DIST;
    //CDrawTool::c_drawTool = DRAW_NOTE;
    CDrawTool::c_drawTool = DRAW_NEWNOTE;
    CDrawTool::pObj =NULL;
    nDragHandle =0;
    CDrawTool::cFlag =curCmd;
}


void CCZqwView::OnNote2pXdist()
{
    extern int nDragHandle;
    curCmd =ID_NOTE_2P_XDIST;
    //CDrawTool::c_drawTool = DRAW_NOTE;
    CDrawTool::c_drawTool = DRAW_NEWNOTE;
    CDrawTool::pObj =NULL;
    nDragHandle =0;
    CDrawTool::cFlag =curCmd;
}
```

```
void CCZqwView::OnNote2pYdist()
{
    extern int nDragHandle;
    curCmd =ID_NOTE_2P_YDIST;
    //CDrawTool::c_drawTool = DRAW_NOTE;
    CDrawTool::c_drawTool = DRAW_NEWNOTE;
    CDrawTool::pObj =NULL;
    nDragHandle =0;
    CDrawTool::cFlag =curCmd;
}


void CCZqwView::OnNoteRadia()
{
    curCmd =ID_NOTE_RADIA;
    InitNoteObj(1);
}


void CCZqwView::OnUpdateNoteRadia(CCmdUI * pCmdUI)
{
    pCmdUI->Enable(MonoArcSel());
}


CDrawNewNote * CCZqwView::InitNoteObj(int mode)
{
    CDrawArc * pObj =(CDrawArc * )(m_selection.GetHead());
    CDrawNewNote * ptr =(CDrawNewNote * )CreateObj(DRAW_NEWNOTE, UPnt3D());
    ptr->SetParaByArc(pObj, mode);
    if(mode == 1 || mode == 2) ptr->RegenObjs();

    CDrawTool::pSel =CDrawTool::pObj =ptr;
    CDrawTool::c_drawTool = DRAW_OBJNOTE;
    CDrawTool::cFlag =curCmd;
    return ptr;
}
CDrawRect * CCZqwView::MonoBoxSel()
{
    CDrawRect * obj =NULL;
    if (m_selection.GetCount()==1)
    {
        CDrawObj * pObj =m_selection.GetHead();
        if (pObj->IsKindOf(RUNTIME_CLASS(CDrawRect))) obj =(CDrawRect * )pObj;
    }
    return obj;
}
BOOL CCZqwView::MonoArcSel()
{
    BOOL fg = m_selection.GetCount() == 1;
    if (fg)
    {
        CDrawObj * pObj =m_selection.GetHead();
```

```
        if (pObj) fg = pObj->DrawID() == DRAW_ARC;
    }
    return fg;
}


void CCZqwView::OnNoteDiameter()
{
    curCmd = ID_NOTE_DIAMETER;
    InitNoteObj(2);
}


void CCZqwView::OnUpdateNoteDiameter(CCmdUI * pCmdUI)
{
    pCmdUI->Enable(MonoArcSel());
}


void CCZqwView::OnNoteArcAngle()
{
    curCmd = ID_NOTE_ARC_ANGLE;
    InitNoteObj(3);
}


void CCZqwView::OnUpdateNoteArcAngle(CCmdUI * pCmdUI)
{
    pCmdUI->Enable(MonoArcSel());
}


void CCZqwView::OnNoteArcHigh()
{
    extern int nDragHandle;
    curCmd = ID_NOTE_ARC_HIGH;
    InitNoteObj(4);

    //CDrawTool::c_drawTool = DRAW_NOTE;
    CDrawTool::c_drawTool = DRAW_NEWNOTE;
    nDragHandle = 3;
    CDrawTool::cFlag = ID_NOTE_2P_DIST;
}


void CCZqwView::OnUpdateNoteArcHigh(CCmdUI * pCmdUI)
{
    pCmdUI->Enable(MonoArcSel());
}


void CCZqwView::OnNoteArcHlen()
{
    extern int nDragHandle;
    curCmd = ID_NOTE_ARC_HLEN;
    InitNoteObj(5);
```

```
    //CDrawTool::c_drawTool = DRAW_NOTE;
    CDrawTool::c_drawTool = DRAW_NEWNOTE;
    nDragHandle = 3;
    CDrawTool::cFlag =ID_NOTE_2P_DIST;
}

void CCZqwView::OnUpdateNoteArcHlen(CCmdUI * pCmdUI)
{
    pCmdUI->Enable(MonoArcSel());
}

void CCZqwView::OnNote2lAngle()
{
    RemoveSelSet();
    CDrawTool::pSel =NULL;
    curCmd =ID_NOTE_2L_ANGLE;
    CDrawTool::c_drawTool =DRAW_NOTE_2LANGLE;
}

void CCZqwView::On3dSphere()
{
    #ifndef FUNCTION_3D
      AfxMesqwgeBox("三维功能权限开启!");
    #else
      SetCommand(ID_3D_SPHERE, DRAW_3D_SPHERE);
#endif
}

void CCZqwView::OnUpdate3dSphere(CCmdUI * pCmdUI)
{
    pCmdUI->SetRadio(CDrawTool::c_drawTool == DRAW_3D_SPHERE);
}

void CCZqwView::OnUpdateCircCyld(CCmdUI * pCmdUI)
{
    pCmdUI->SetRadio(CDrawTool::c_drawTool == DRAW_CIRCC_CYLD);
}

void CCZqwView::OnPolyCyld()
{
    #ifndef FUNCTION_3D
      AfxMesqwgeBox("三维功能权限暂停!");
    #else
      SetCommand(ID_POLY_CYLD,DRAW_POLY_CYLD);
    #endif
}

void CCZqwView::OnUpdatePolyCyld(CCmdUI * pCmdUI)
{
    pCmdUI->SetRadio(CDrawTool::c_drawTool == DRAW_POLY_CYLD);
```

```
}

void CCZqwView::OnPrjNor()
{
    #ifndef FUNCTION_3D
      AfxMesqwgeBox("三维功能绘图开启!");
    #else
      SetCommand(ID_PRJ_NOR);
      CreateDlgCmd( new CDlgPrjPara(this) );
      //GetDocument()->Prejection3D(true);
    #endif
}
void CCZqwView::OnUpdatePrjNor(CCmdUI * pCmdUI)
{
    pCmdUI->Enable( GetDocument()->IsNPreject() );
}


void CCZqwView::OnPrjRev()
{
    #ifndef FUNCTION_3D
      AfxMesqwgeBox("三维功能绘图关闭!");
    #else
      GetDocument()->Prejection3D(false);
    #endif
}
void CCZqwView::OnUpdatePrjRev(CCmdUI * pCmdUI)
{
    pCmdUI->Enable( ! GetDocument()->IsNPreject() );
}


void CCZqwView::OnMenuResetBasepnt()
{
    CDrawObj *  pObj = FirstSel();
    if (! pObj) return;

    UPnt3D pnt;
    pObj->GetHandle(CDrawCNode, pnt);
    pObj->MoveOrg(pnt);
    InvalObj(pObj);
}


void CCZqwView::OnLocate()
{
    #ifndef FUNCTION_3D
      AfxMesqwgeBox("三维功能模型建立!");
    #else
      curCmd = IDM_LOCATE;
      CObjFindDlg dlg;
      dlg. pView = this;
      dlg. DoModal();
```

```
        Invalidate(FALSE);
    #endif
}

void CCZqwView::OnDistance()
{
    curCmd = IDM_DISTANCE;
    CDistTool::mNum = 0;
    CDrawTool::c_drawTool = EDIT_TWOPNT;
}

void CCZqwView::OnMeasure()
{
    CMeasureDlg dlg;
    dlg.pView = this;
    dlg.DoModal();
}

void CCZqwView::OnUpdateMeasure(CCmdUI * pCmdUI)
{
    pCmdUI->Enable(m_selection.GetCount() == 1);
}

void CCZqwView::OnBrkGline()
{
    CDrawObj * pObj = m_selection.GetHead();
    int id = pObj->DrawID();
    if (id! =DRAW_POLY && id! =DRAW_PLINE)
    {
        AfxMesqwgeBox("请选择一条折线或曲线作为基准线!");
        return;
    }

    GetMPlineList();
    CSaFltPara dlg;
    if (dlg.DoModal() == IDOK)
        CDrawTool::c_drawTool = EDIT_FAULT;
}

void CCZqwView::OnUpdateBrkGline(CCmdUI * pCmdUI)
{
    pCmdUI->Enable(m_selection.GetCount() == 1);
    pCmdUI->SetRadio(CDrawTool::c_drawTool ==EDIT_FAULT);
}
void CCZqwView::Fault(SPnt3D& pnt)
{
    CDrawObj * pObj =PntSel(pnt);
    if (! pObj) return;

    int id =pObj->DrawID();
```

```
    if (id! =DRAW_POLY && id! =DRAW_PLINE && id! =DRAW_GLINE && id! =DRAW
_TUNNEL) return;
    if (id! =DRAW_GLINE)
    {
        int ret =AfxMesqwgeBox("所选图素不是地质曲线！继续吗?", MB_YESNO);
        if (ret == IDNO) return;
    }


    int fNdx =-1, eNdx =-1;
    UPnt3Dv fPnt, ePnt;

    pObj->Trim(pnt,mALine, fNdx,fPnt, eNdx,ePnt);

    if (fNdx == -1 && eNdx == -1) return;

    if (fNdx ! = -1)
        { eNdx =fNdx;    ePnt =fPnt; }
    else
        { fNdx =eNdx;    fPnt =ePnt; }

    CDrawObj * ptr =pObj->Clone();
    if (! ptr) return;
    CDrawObj * pRlt =pObj->Clone();
    if (! pRlt) { delete ptr; return; }

    double rate =CDrawObj::RRate / 100.0;
    double fTan =tan(fPnt. val);
    if (fabs(fTan) < 0.1) fTan =0.1 * Sign(fTan);
    double dx =-CDrawObj::Throw / fTan;
    double dy =-CDrawObj::Throw;
    SPnt3D org((float)dx * rate, (float)dy * rate, 0.f);

    qwXFORM xform;
    qwXFORM * old = xForm;
    xForm =&xform;
    xForm->InitgXForm(UPnt3D(), 0);

    ptr->TrimEnd(fNdx, fPnt);
    pRlt->TrimBgn(eNdx, ePnt);

    xForm->LocalXForm(org, 0);
    ptr->XFormEnd();
    rate =rate - 1;
    org. Init((float)dx * rate, (float)dy * rate, 0.f);
    xForm->LocalXForm(org, 0);
    pRlt->XFormNode(0);

    xForm =old;

    GetDocument()->Add(ptr,   pObj);
```

```
    pRlt->Regen();
    GetDocument()->SwapObj(pObj, pRlt);

    ptrObj2 ptrs;
    ptrs. p0 =ptr;
    ptrs. p1 =pRlt;
    RecUndo(UNDO_1_2, pObj, &ptrs);

    InvalObj(pObj);
    InvalObj(ptr);
    InvalObj(pRlt);
}


void CCZqwView::OnResource()
{
    GetMPlineList();

    UP2dARRAY mPnt;
    BOOL fg =GetMPolygon(mPnt);
    if (! fg) return;

    UP3wnARRAY m3dPnt;
    UP2toUP3w(mPnt,m3dPnt);

    CDlgResource dlg;
    dlg. pMPnt =&m3dPnt;
    dlg. pView =this;
    dlg. fArea =fabs(Area2D(mPnt));
    if (dlg. DoModal() == IDOK)        Invalidate(FALSE);
}
BOOL CCZqwView::GetMPolygon(UP2dARRAY& mPnt)
{
    int cnt =mALine. GetCount();
    if (cnt==0) return FALSE;

    BOOL fg =TRUE;
    SEditPLine * pLst =mALine. GetData();
    SEditPLine * pFst =pLst++;

    mPnt. SetSize(0, 256);
    float err=xForm->LPtoVP(3); err * =err;
    CDrawObj::OmidDt = err;
    switch(cnt)
    {
    case 1:        mPnt. Copy(pFst->mPnt);
        break;
    case 2:        fg =TwoCloseLine(pFst->mPnt, pLst->mPnt, mPnt);
        if (! fg)
            if (AfxMesqwgeBox("所选线段不能真正闭合！继续吗?",MB_YESNO)
```

```
= =IDYES) fg =TRUE;
        break;
    default:    fg =CDrawObj::FormMLine(mALine, mPnt);
        if (! fg) AfxMesqwgeBox("所选线段不能闭合! 操作失败!");
        break;
    }


    return fg;
}


void CCZqwView::OnRscTot()
{
    CCZqwDoc * pDoc =GetDocument();
    if (! pDoc) return;

    CRscTotDlg dlg;
    dlg. pDoc = pDoc;
    dlg. DoModal();
}


void CCZqwView::OnMoveTop()
{
    CDrawObj * ptr =m_selection. GetHead();
    GetDocument()->ObjTop(ptr);
    InvalObj(ptr);
}
void CCZqwView::OnUpdateMoveTop(CCmdUI * pCmdUI)
{
    pCmdUI->Enable(m_selection. GetCount() == 1);
}


void CCZqwView::OnMoveUp()
{
    CDrawObj * ptr =m_selection. GetHead();
    GetDocument()->ObjUp(ptr);
    InvalObj(ptr);
}
void CCZqwView::OnUpdateMoveUp(CCmdUI * pCmdUI)
{
    pCmdUI->Enable(m_selection. GetCount() == 1);
}


void CCZqwView::OnMoveDown()
{
    CDrawObj * ptr =m_selection. GetHead();
    GetDocument()->ObjDown(ptr);
    InvalObj(ptr);
}
void CCZqwView::OnUpdateMoveDown(CCmdUI * pCmdUI)
{
```

```
    pCmdUI->Enable(m_selection. GetCount() == 1);
}

void CCZqwView::OnMoveBottom()
{
    CDrawObj * ptr = m_selection. GetHead();
    GetDocument()->ObjBottom(ptr);
    InvalObj(ptr);
}
void CCZqwView::OnUpdateMoveBottom(CCmdUI * pCmdUI)
{
    pCmdUI->Enable(m_selection. GetCount() == 1);
}

void CCZqwView::OnSelRpl()
{
    if (m_selection. IsEmpty())
    { MesqwgeBeep(MB_ICONASTERISK); return; }

    CDrawObj * pObj = m_selection. GetHead();
    CDialog * pdlg = pObj->AttrSel();
    if (! pdlg) { MesqwgeBeep(MB_ICONASTERISK); return; }

    CCZqwDoc * pDoc = GetDocument();
    pDoc->Search_Rpl(pObj, pdlg, this);
    delete pdlg;
}

void CCZqwView::OnUpdateSelRpl(CCmdUI * pCmdUI)
{
    pCmdUI->Enable(RplSelAble());
}
BOOL CCZqwView::RplSelAble()
{
    BOOL fg = m_selection. GetCount() == 1;
    if (fg)
    {
      CDrawObj * pObj = m_selection. GetHead();
      if (pObj)
      {
        WORD drawId = pObj->DrawID();
        fg = (drawId == DRAW_ARC||drawId == DRAW_TEXT||drawId == DRAW_SPNT
);
      }
    }
    return fg;
}

void CCZqwView::OnViewTexture()
```

```
{
    #ifndef FUNCTION_3D
      AfxMesqwgeBox("三维功能地质建模开启!");
    #else
      if (bTexSw==FALSE)
      {
          if (pTexLib->LoadTexture()) SYS_hRC = m_hRC;
      }
      bTexSw =! bTexSw;
    #endif
}

void CCZqwView::OnUpdateViewTexture(CCmdUI * pCmdUI)
{
    if (bTexSw)
      pCmdUI->SetText("关闭纹理");
    else
      pCmdUI->SetText("显示纹理");
}


void CCZqwView::OnDrawOffset()
{
    CDlgUsrVal dlg("设置偏移距离值");
    dlg. m_fVal = CCZqwDoc::mOffset;
    if (dlg. DoModal() == IDOK)
    {
      CCZqwDoc::mOffset =fabs(dlg. m_fVal);
      CDrawTool::c_drawTool = DRAW_OFFSET;
    }
    SetFocus();
}

void CCZqwView::OnUpdateDrawOffset(CCmdUI * pCmdUI)
{
    pCmdUI->SetRadio(CDrawTool::c_drawTool == DRAW_OFFSET);
}

#include "..\qwsModel\PntSheet. h"
void CCZqwView::OnDrawAnypnt()
{
    PntSheet sheet(_T("任意类型的点标注"));
    sheet. InitPara(0);
    sheet. DoModal();
}


void CCZqwView::OnPolyTest()
{
    CClmnSheet sheet( "测井类曲线文件", this);
    sheet. InitPara(1);
```

```
        sheet. DoModal();
        //PntSheet sheet(_T("测井类曲线文件"));
        //sheet. InitPara(1);
        //sheet. DoModal();
    }


void CCZqwView::OnBatOffline()
{
        CBatchOffDlg dlg;
        if (dlg. DoModal() != IDOK) return;

        CCZqwDoc * pDoc = GetDocument();
        double dt = fabs(dlg. m_fOffVal);
        BOOL bInside = dlg. m_bInside;
        BOOL bClone = dlg. m_bCopy;
        POSITION pos = m_selection. GetHeadPosition();
        while(pos)
        {
          CDrawObj * pObj = m_selection. GetNext(pos);
          if (pObj)
            if (bClone) { pObj = pObj->Clone(); pDoc->AddObj(pObj); }
          if (pObj)
          {
            pObj->Offset(dt, bInside);
            pObj->Regen();
            if(pObj->IsSel()) pObj->UnSel();
            InvalObj(pObj);
          }
        }
}
void CCZqwView::OnUpdateBatOffline(CCmdUI * pCmdUI)
{
        pCmdUI->Enable(m_selection. GetCount());
}


void CCZqwView::OnLineJoin()
{
        CDlgUsrVal dlg("设置连接的误差值");
        dlg. m_fVal = CDrawObj::OmidDt;
        if (dlg. DoModal() == IDOK)
        {
          CDrawObj::OmidDt = fabs(dlg. m_fVal);
          curCmd = IDM_LINE_JOIN;
          CDrawTool::c_drawTool = EDIT_JOIN;
        }
        SetFocus();
}


void CCZqwView::OnUpdateLineJoin(CCmdUI * pCmdUI)
{
```

```
        BOOL fg = m_selection. GetCount() == 1;
        if (fg)
        {
            CDrawObj * pObj = m_selection. GetHead();
            int id = pObj->DrawID();
            fg = id==DRAW_POLY || id==DRAW_PLINE || id==DRAW_GLINE || id==DRAW_
TUNNEL
    ||id==DRAW3D_TRSROAD||id == DRAW_FAULT;
        }
        pCmdUI->Enable(fg);
    }


    void CCZqwView::OnAutojntLine()
    {
        CDlgUsrVal dlg("设置连接的误差值");
        dlg. m_fVal = CDrawObj::OmidDt;
        if (dlg. DoModal() ! = IDOK) return;

        //m_UnList. RemoveAll();
        //m_HPos = m_TPos = NULL;
        CCZqwDoc * pDoc = GetDocument();
        if (AfxMesqwgeBox("该处理所需时间(随文件的大小不同)可能很长！请耐心等
待!",MB_YESNO) ! = IDYES) return;

        CDrawObj::OmidDt = fabs(dlg. m_fVal);
        pDoc->AutoLineJoin();
        m_selection. RemoveAll();
        pDoc->Regen();
        pDoc->SetModifiedFlag();
        SetFocus();
        Invalidate(FALSE);
    }


    void CCZqwView::OnLastCmd()
    {
        SendMesqwge(WM_COMMAND, curCmd, NULL);
    }


    void CCZqwView::OnSetFocus(CWnd * pOldWnd)
    {
        CView::OnSetFocus(pOldWnd);
        CMDIFrameWnd * pMDIFrame = (CMDIFrameWnd * )AfxGetApp()->m_pMainWnd;
        CChildFrame * frm = (CChildFrame * )pMDIFrame->GetActiveFrame();
        frm->m_wndSplitter. RefreshSplitBars();
    }


    void CCZqwView::OnKillFocus(CWnd * pNewWnd)
    {
```

```
        CView::OnKillFocus(pNewWnd);
}


void CCZqwView::OnRscOffline()
{
        CDlgUsrVal dlg("设置偏移距离");
        dlg. m_fVal =CCZqwDoc::mOffset;
        if (dlg. DoModal() == IDOK)
        {
                //if (AfxMesqwgeBox("全部储量块段按偏移线的方式形成对应的标识线！继续

吗?",MB_YESNO) == IDNO) return;
                CCZqwDoc::mOffset =fabs(dlg. m_fVal);
                Select(NULL);
                CCZqwDoc * pDoc =GetDocument();
                pDoc->NewLayer("储量块标识线");
                pDoc->RscOffline(CCZqwDoc::mOffset);
                pDoc->Regen();
                SetFocus();
                Invalidate(FALSE);
        }
}


void CCZqwView::OnCmnnCmd()
{
    if (m_selection. GetCount() == 0) return;

        CDrawObj * pObj =m_selection. GetHead();
        int draw = pObj->DrawID();
        BOOL cmdDrawPlyGon = FALSE;
        if (draw == DRAW_POLY && (pObj->IsClose())) cmdDrawPlyGon =TRUE;
        int CmdNo = ObjToCmd(draw, cmdDrawPlyGon, pObj->GetType());

        GetDocument()->SetpAttr(pObj);
        SendMesqwge(WM_COMMAND, CmdNo, NULL);
}


void CCZqwView::OnUpdateCmnnCmd(CCmdUI * pCmdUI)
{
    pCmdUI->Enable(m_selection. GetCount() == 1);
}


void CCZqwView::OnEditSelectAll()
{
    GetDocument()->SetAllSelect(m_selection);
}


void CCZqwView::OnSelElev()
{
    CDlgSelElev dlg;
```

```
    if (dlg. DoModal() ! = IDOK) return;

    GetDocument()->SetAllSelect(m_selection);
    POSITION prv, pos = m_selection. GetHeadPosition();
    while(pos)
    {
        prv = pos;
        CDrawObj * pObj = m_selection. GetNext(pos);
        float z0 = pObj->GetuOrg(). z;
        if (z0<dlg. m_fFz || z0>dlg. m_fEz)
        {
            pObj = m_selection. GetAt(prv);
            if (pObj) pObj->UnSel();
            m_selection. RemoveAt(prv);
        }
    }
}


void CCZqwView::OnUpdateEditSelectAll(CCmdUI * pCmdUI)
{
    pCmdUI->Enable(GetDocument()->GetCount() ! = 0);
}
void CCZqwView::OnSelelseobj()
{
    m_selection. RemoveAll();
    GetDocument()->SetElseSelect(m_selection);
    Invalidate(FALSE);
}
void CCZqwView::OnLinesel()
{
    if (SelCount() == 1)
        { LineSel(); return; }

    curCmd =ID_LINESEL;
    CDrawTool::c_drawTool = LINE_SEL;
    CDrawTool::c_cnt = 0;
}
void CCZqwView::LineSel()
{
    CDrawObj * pObj =m_selection. GetHead();
    if (pObj->DrawID() ! = DRAW_POLY) return;

    UP2dARRAY mAPnt;
    ((CDrawPoly * )pObj)->GetPmtAry(mAPnt);
    int num =mAPnt. GetCount();
    UPnt2D * pp =mAPnt. GetData();

    CCZqwDoc * pDoc =GetDocument();
    UPnt2D * p1 =pp;
    UPnt2D * p0 =p1++;
```

```
for(int i=1; i<num; i++,p0++,p1++)
{
    CDrawObj::udown = UPnt3D(p0->x,p0->y);
    CDrawObj::ucpnt = UPnt3D(p1->x,p1->y);
    pDoc->CrossObjLst(m_selection);
}

if (pObj->IsClose())
{
    CDrawObj::udown = UPnt3D(p0->x,p0->y);
    CDrawObj::ucpnt = UPnt3D(pp->x,pp->y);
    pDoc->CrossObjLst(m_selection);
}

POSITION pos = m_selection.Find(pObj);
if (pos) {
    m_selection.RemoveAt(pos);
    pObj->UnSel();
}
pos = m_selection.GetHeadPosition();
while (pos ! = NULL)
{
    CDrawObj * pObj =m_selection.GetNext(pos);
    pObj->Sel();
}
Invalidate(FALSE);
}

void CCZqwView::LineSel(const UPnt3D& pt0, const UPnt3D& pt1)
{
    CDrawObj::udown = pt0;
    CDrawObj::ucpnt = pt1;

    CCZqwDoc * pDoc =GetDocument();
    pDoc->CrossObjLst(m_selection);

    POSITION pos = m_selection.GetHeadPosition();
    while (pos ! = NULL)
    {
        CDrawObj * pObj =m_selection.GetNext(pos);
        pObj->Sel();
    }
    Invalidate(FALSE);
}

void CCZqwView::OnMdlRefs()
{
    SetCommand(ID_MDL_REFS);
    CreateDlgCmd(new CDlgMdlDrv(this));
}
```

```
void CCZqwView::OnSubGljff()
{
    CProperSubSheet mygljfsheet("沉陷预计");
    if (mygljfsheet. DoModal()==IDOK)
    {
        CDrawObj * ptr =NULL;
        if (mygljfsheet. m_dlgSyt. flag == FALSE)
            ptr = new CDrawPline(mygljfsheet. m_dlgSidsGLJF. mPnt);
        else
            ptr = new CDrawPline(mygljfsheet. m_dlgSyt. mSytPntToView);
        GetDocument()->Add(ptr);
    }
}


void CCZqwView::OnSubFzs()
{
    CPropFzsSheet sheet("沉陷预计");
    if (sheet. DoModal()==IDOK)
    {
        CDrawObj * ptr =NULL;
        if (sheet. m_dlgsytcfc. flag==FALSE && (sheet. m_dlgCaidtj. nCaidzt==1 ||
sheet. m_dlgCaidtj. nCaidzt==2))
        {
            ptr = new CDrawPoly(50, sheet. m_dlgCaidtj. WxArr);
        }
        else if(sheet. m_dlgsytcfc. flag == TRUE && (sheet. m_dlgCaidtj. nCaidzt==1 ||
sheet. m_dlgCaidtj. nCaidzt==2))
        {
            ptr = new CDrawPoly(50, sheet. m_dlgsytcfc. mSytCfcView);
        }
        else if(sheet. m_dlgCaidtj. nCaidzt==3 || sheet. m_dlgCaidtj. nCaidzt==4)
        {
            const UP3dARRAY& mpnt =sheet. m_dlgCaidtj. GetPntAddr();
            CSplnMdl * spln = new CSplnMdl("cjqm");
            spln->SetData( mpnt );
            spln->SetZArray( qwZPlineCntr(mpnt) );
            spln->Process();
            ptr =spln;
        }
        GetDocument()->Add(ptr);
    }
}


void CCZqwView::OnDrawMpolygon()
{
    UP2dARRAY mPnt;
    GetMPlineList();
    if (GetMPolygon(mPnt))
```

```
    {
        CDrawObj *  pObj = GetDocument()->SavePoly(mPnt, TRUE);
        pObj->FFill();pObj->Regen();InvalObj(pObj);
        RecUndo(UNDO_OBJ, pObj);
    }
}
void CCZqwView::OnUpdateDrawMpolygon(CCmdUI * pCmdUI)
{
    pCmdUI->Enable(! m_selection. IsEmpty());
}


void CCZqwView::OnMdlResetTh()
{
    #ifndef FUNCTION_3D
        AfxMesqwgeBox("三维功能建模权限开启!");
    #else
        lyrModel *  pMdl = GetpMdl();
        if (! pMdl) { SaError(); return; }

        if (AfxMesqwgeBox("用已知点对模型赋厚度吗?",MB_YESNO) ! = IDYES)

//qw100701
        {
            CDlgUsrVal dlg("模型节点厚度设置");
            dlg. m_fVal =0. 1f;
            if (dlg. DoModal() ! = IDOK) return;

            pMdl->ResetTh(dlg. m_fVal);
        }
        else {
            CCZqwDoc *  pDoc = GetDocument();
            pDoc->InitTrslator();

            CellSheet sheet("重置模型中节点的厚度");
            GetStdGeoData(sheet. dDataDlg. mGeoLyr. GetArray());
            sheet. SetWizardMode();
            sheet. DoModal();

            pMdl->ResetTh( sheet. mdl );
        }
        GetDocument()->SetModifiedFlag();
    #endif
}


void CCZqwView::OnUpdateMdlResetTh(CCmdUI * pCmdUI)
{
    pCmdUI->Enable(IsBaseModel());
}
```

```
void CCZqwView::On3dRecthouse()
{
    # ifndef FUNCTION_3D
        AfxMesqwgeBox("三维功能使用权限关闭!");
    # else
        bDrawCurve = 0;
        CDrawTool::c_drawTool=DRAW3D_RECTHOUSE;
    # endif
}

void CCZqwView::On3dPoly()
{
    # ifndef FUNCTION_3D
        AfxMesqwgeBox("三维功能成果!");
    # else
        bDrawCurve = 0;
        SetCommand(ID_DRAW_FAULT, DRAW_FAULT);
    # endif
}

void CCZqwView::OnDrawAxis()
{
    # ifndef FUNCTION_3D
        AfxMesqwgeBox("三维功能建模记录开始!");
    # else
        SetCommand(ID_DRAW_AXIS, DRAW_COORD);
    # endif
}

void CCZqwView::On3dCtrlPnt()
{
    # ifndef FUNCTION_3D
        AfxMesqwgeBox("三维功能建模结束记录!");
    # else
        SetCommand(ID_3D_CTRL_PNT, DRAW3D_CTRLPNT);
    # endif
}
void CCZqwView::OnCtrlData()
{
    # ifndef FUNCTION_3D
        AfxMesqwgeBox("三维功能地质体建模!");
    # else
        SetCommand(IDM_CTRL_DATA, DRAW3D_CTRL_SW);
    # endif
}
void CCZqwView::On3dPerson()
{
    # ifndef FUNCTION_3D
        AfxMesqwgeBox("三维功能复杂地质体建模!");
```

```
    #else
        SetCommand(ID_3D_PERSON，DRAW3D_PERSON);
    #endif
}


void CCZqwView::On3dCamcord()
{
    #ifndef FUNCTION_3D
        AfxMesqwgeBox("三维功能三维线建模!");
    #else
        SetCommand(ID_3D_CAMCORD，DRAW3D_CAMCORD);
    #endif
}


void CCZqwView::OnMdlPolys()
{
    #ifndef FUNCTION_3D
        AfxMesqwgeBox("三维功能三维体建模!");
    #else
        SetCommand(ID_MDL_POLYS, MDL_BY_OBJ);
    #endif
}
void CCZqwView::OnUpdateMdlPolys(CCmdUI * pCmdUI)
{
    pCmdUI->Enable(m_selection. GetCount() == 1);
}


void CCZqwView::OnObjAnimateSw()
{
    POSITION pos=m_selection. GetHeadPosition();
    while(pos)
    {
        CDrawObj * pObj =m_selection. GetNext(pos);
        if (pObj) pObj->AnimateSw();
    }
}


void CCZqwView::OnUpdateObjAnimateSw(CCmdUI * pCmdUI)
{
    pCmdUI->Enable(! m_selection. IsEmpty());
}


void CCZqwView::SetIELayComboBox()
{
    CCZqwDoc * pDoc = GetDocument();
    CInPlaceFrame * pWnd = (CInPlaceFrame * )GetParentFrame();
    tagLAYER * pCLyr = pDoc->pGis->GetpLyr();
    LyrSetList * m_pLayerList =pDoc->pGis->GetpLyrSet();
    int nItem = m_pLayerList->GetCount();
    CLayerCombo * pLayerCombo = &(pWnd->m_wndToolBar. m_LyrCombo);
```

```
        if(! pLayerCombo) return;
        pLayerCombo->m_arrayVisible. RemoveAll();
        pLayerCombo->m_arrayVisible. SetSize(nItem);
        pLayerCombo->m_arraySelectable. RemoveAll();
        pLayerCombo->m_arraySelectable. SetSize(nItem);
        pLayerCombo->m_arrayEditable. RemoveAll();
        pLayerCombo->m_arrayEditable. SetSize(nItem);
        pLayerCombo->ResetContent();
        POSITION pos = m_pLayerList->GetHeadPosition();
        int count=0;
        while(pos ! = NULL)
        {
            tagLAYER * pLyr = m_pLayerList->GetNext(pos);
            pLayerCombo->AddLayer(count++,pLyr->GetName());
            pLayerCombo->m_arrayVisible[count-1] =pLyr->IsOff();
            pLayerCombo->m_arraySelectable[count-1] = pLyr->IsFreeze();
            pLayerCombo->m_arrayEditable[count-1]   = pLyr->IsDel();
        }
        pLayerCombo->SetCurSel(0);
        pLayerCombo->UpdateData(FALSE);
        pLayerCombo->Invalidate();

}
void CCZqwView::OnRefCopy()
{
        SetCommand(ID_REF_COPY, REF_COPY);
}


void CCZqwView::OnUpdateRefCopy(CCmdUI * pCmdUI)
{
        //pCmdUI->Enable(FALSE);
        pCmdUI->Enable(m_selection. GetCount() == 1);
}


void CCZqwView::OnFullscreen()
{
        CMainFrame * pMain = (CMainFrame * )AfxGetApp()->m_pMainWnd;
        if(pMain->FlagIE()) return;
        int maxx = ::GetSystemMetrics(SM_CXSCREEN);
        int maxy = ::GetSystemMetrics(SM_CYSCREEN);
        if (flagFullScrren)
        {
            flagFullScrren = FALSE;
            pMain->ModifyStyle

(0, WS_EX_APPWINDOW | WS_EX_WINDOWEDGE | WS_OVERLAPPEDWINDOW);//WS_TILEDWINDOW
            ::SetWindowPos(this->m_hWnd, HWND_NOTOPMOST,0,0,maxx,maxy,SWP_NOMOVE);
            pMain->ActivateFrame(0);
```

```
                pMain->ShowWindow(SW_SHOWMAXIMIZED);
                pMain->bFlagFull = FALSE;
                pMain->LoadBarState(pMain->m_strname);
                //ShowCursor(TRUE);
        }
        else
        {
                //DEVMODE dmScreenSettings;// 设备模式
                //memset(&dmScreenSettings, 0, sizeof(dmScreenSettings));
                //dmScreenSettings.dmSize = sizeof(dmScreenSettings);
                //dmScreenSettings.dmPelsWidth = maxx;
                //dmScreenSettings.dmPanningHeight = maxy;
                //dmScreenSettings.dmBitsPerPel = 32;
                 //dmScreenSettings. dmFields = DM _ BITSPERPEL | DM _ PELSWIDTH | DM _
PELSHEIGHT;
                //if (CDrawObj::b3D && (ChangeDisplaySettings(&dmScreenSettings,

CDS_FULLSCREEN) == DISP_CHANGE_SUCCESSFUL))
                //else if (CDrawObj::b3D) AfxMesqwgeBox("模式切换失败,不能 3D 实景观察!");

                //pMain->ShowControlBar(&pMain->m_wndTab, FALSE, FALSE);
                pMain->ShowControlBar(&pMain->m_wndStatusBar, FALSE, FALSE);
                pMain->ShowControlBar(&pMain->m_wndToolBarDraw, FALSE, FALSE);
                pMain->ShowControlBar(&pMain->m_wndToolBarMain, FALSE, FALSE);
                pMain->ShowControlBar(&pMain->m_wndToolBarControl, FALSE, FALSE);
                pMain->ShowControlBar(&pMain->m_wndDockOutIn, FALSE, FALSE);
                pMain->ShowControlBar(&pMain->m_wndDockPageBar, FALSE, FALSE);
                pMain->ModifyStyle(WS_OVERLAPPEDWINDOW, WS_MAXIMIZE);//

WS_EX_APPWINDOW|WS_POPUP|WS_CLIPCHILDREN |WS_CLIPSIBLINGS

                //ShowCursor(FALSE);
                ::SetWindowPos(this->m_hWnd,HWND_TOPMOST,0

,0,maxx,maxy,SWP_NOMOVE|SWP_SHOWWINDOW);
        pMain->ActivateFrame(0);
        //pMain->ShowWindow(SW_SHOWMAXIMIZED);
        pMain->ShowWindow(SW_SHOW);
        pMain->bFlagFull = TRUE;
        flagFullScrren = TRUE;
        }
}


void CCZqwView::OnUpdateFullscreen(CCmdUI * pCmdUI)
{
    if(flagFullScrren)
    pCmdUI->SetText("全屏显示");
    else
    pCmdUI->SetText("退出全屏");
}
```

```
qwBox CCZqwView::GetPtVBox(float rate, int wndSize)
{
    float dt = GetDocument()->GetXForm()->LPtoVP(wndSize)/2;
    dt /= rate;
    if (dt<0.01) dt=0.01;
    return qwBox(CDrawTool::vcpnt, dt,dt,dt);
}
void CCZqwView::OnCzpm()
{
    //bCoord=! bCoord;
}
void CCZqwView::OnUpdateCzpm(CCmdUI * pCmdUI)
{
    //pCmdUI->SetCheck(bCoord);
}


#include ".\Dialog\DlgBorder.h"
void CCZqwView::OnDrawBorder()
{
    CDlgBorder bDlg;
    if(bDlg.DoModal() ! = IDOK) return;
    POSITION pos  = bDlg.PolyLst.GetHeadPosition();
    while(pos){
        CDrawObj * pObj = bDlg.PolyLst.GetNext(pos);
        if(pObj)
        {
            GetDocument()->pGis->AddObj(pObj);
            pObj->Regen();
            InvalObj(pObj);
        }
    }
}


void CCZqwView::OnLnkLine()
{
    SetCommand(ID_LNK_LINE, DRAW_LNKLINE);
    CDrawTool::pObj = CDrawTool::pSel =0;
}


#include "DlgTrsXY.h"
#include ".\Surpport\SurveyFuns.h"
#include "DlgCoordiCon.h"
void CCZqwView::OnTrscoord36()
{
    CDlgTrsXY dlg(true);
    if (dlg.DoModal()! =IDOK) return;

    //CDrawObj::TrsFun = trsxy36;
    CDrawObj::TrsFun = SurveyFuns::TrsXY36;//trsxy36;
    CCZqwDoc * pDoc =GetDocument();
```

```
    pDoc->TrsCoord();
    pDoc->SetModifiedFlag();
}


void CCZqwView::OnTrscoord63()
{
    CDlgTrsXY dlg(false);
    if (dlg.DoModal()! =IDOK) return;

    //CDrawObj::TrsFun = trsxy63;
    CDrawObj::TrsFun =SurveyFuns::TrsXY63;//trsxy63;
    CCZqwDoc * pDoc = GetDocument();
    pDoc->TrsCoord();
    pDoc->SetModifiedFlag();
}
void CCZqwView::OnLocalTrsxy()
{
    CDlgCoordiCon dlg;
    if (dlg.DoModal() ! = IDOK) return;

    CDrawObj::TrsFun = SurveyFuns::CoordiTrsby4Param;//trsxy63;
    CCZqwDoc * pDoc = GetDocument();
    pDoc->TrsCoord();
    pDoc->SetModifiedFlag();
}

void CCZqwView::OnObjInfo()
{
    #ifndef FUNCTION_3D
    AfxMesqwgeBox("三维功能,您没有使用权限!");
    #else
        CWnd * pWnd = GetParentFrame();
        bFrame = pWnd->IsKindOf(RUNTIME_CLASS(CInPlaceFrame));
        if (! bFrame)
        {
            GetDocument()->ViewDbmData(this, m_selection.GetHead());
            return;
        }

        CFrameWnd * pFWnd = pWnd->GetParentFrame();
        pFWnd->GetWindowText(strSvrIP);

        CString   strname =_T("");
        SetHttp(strname);
        if (strname.IsEmpty()) { AfxMesqwgeBox("空值,无法查找!"); return; }

        CString   path;
        if (! GetHttpIp(path,strname)) { AfxMesqwgeBox("IP 地址? 无法查找!");

return; }
```

```
            CreateHttp(path);
    #endif
}
void CCZqwView::OnUpdateObjInfo(CCmdUI * pCmdUI)
{
    pCmdUI->Enable(m_selection.GetCount()==1);
}


void CCZqwView::OnClasscolor()
{
    CDlgClassList  dlg;
    dlg.DoModal();
}


CDrawObj *  CCZqwView::GetPara(UPnt3D& pnt, float& ang)
{
    if (m_selection.GetCount() ! = 1)
        return NULL;

    ang = SaGETFARC(CDrawObj::nAng);
    CDrawObj * pObj =m_selection.GetHead();
    if (pObj->GetHandleCount() == 1)
        CDrawCNode = 1;
    if (CDrawCNode>0 &&CDrawCNode<=pObj->GetHandleCount())
        pObj->GetHandle(CDrawCNode, pnt);
    else {
        SaError();ang =0;
        return NULL;
    }
    return pObj;
}


void CCZqwView::OnUpdateCtrlSwOn(CCmdUI * pCmdUI)
{
    if (! bTimerSw)
        pCmdUI->SetText("启动动态监测");
    else
        pCmdUI->SetText("关闭监测");
}
void CCZqwView::OnCtrlSwOn()
{
    #ifndef FUNCTION_3D
        AfxMesqwgeBox("三维功能,您没有使用权限!");
    #else
        GetDocument()->InitTrslator();

    bTimerSw= ! bTimerSw;
    if (! bTimerSw)
        SetClock(6);
    else
```

```
    {
        CDlgUsrVal dlg("改变监测的时钟间隔");
        dlg. m_fVal = CDlgDrawJC::nTimeCGQ;
        if (dlg. DoModal()==IDOK) CDlgDrawJC::nTimeCGQ =dlg. m_fVal;
        SetClock(6, CDlgDrawJC::nTimeCGQ * 1000);
        SetFocus();
    }
    #endif
}


void CCZqwView::ResetPntinfo()
{
    curCmd = ID_VIEW_PNTINFO;

    ToolObjInfo. GetHInfo(AnimateList);

    if (pDlg && pDlg->IsKindOf(RUNTIME_CLASS(CDlgDrawJC)))
    {
        CDlgDrawJC * dlg =(CDlgDrawJC * )pDlg;
        dlg->InitListCtrl();
    }
}


void CCZqwView::OnListPntinfo()
{
    #ifndef FUNCTION_3D
        AfxMesqwgeBox("三维功能,您没有使用权限!");
    #else
        GetDocument()->InitTrslator();

        SetCommand(ID_LIST_PNTINFO);
        CreateDlgCmd( new CDlgDrawJC(this, 0) );
    #endif
}


#include "DlgResetBaseLyr. h"
void CCZqwView::OnResetBaseLyr()
{
    GetDocument()->InitTrslator();

    CDlgResetBaseLyr dlg;
    if (pCurGis->IsKindOf(RUNTIME_CLASS(CCorltCZqw)))
        dlg. mLyrNdx = ((CCorltCZqw * )pCurGis)->mLyrNdx;
    if (dlg. DoModal() ! = IDOK) return;

    if (pCurGis->IsKindOf(RUNTIME_CLASS(CCorltCZqw)))
    {
        pCurGis->AdjustLayer(m_selection, dlg. mLyrNdx);
        pCurGis->Regen();
    }
```

```
    else if (m_selection.GetCount())
    {
        CDrawObj * pObj = m_selection.GetHead();
        if (! pObj) return;

        LPCTSTR code = pTrslator->GetCodeByNdx(dlg.mLyrNdx);
        CDrawObjList objs;
        if (pObj->IsKindOf(RUNTIME_CLASS(CDrawDrill)))
        {
            pCurGis->MatchObj(objs, DRAW_DRILL, MATCH_DRAWID, NULL);

            ACoalPnt mPnt;
            ReadGeoLyrData(code,mPnt);
            //CGeototDBase dbase;
            //dbase.ReadLyrData(code, mPnt);
            POSITION pos = objs.GetHeadPosition();
            while (pos)
            {
                CDrawDrill * pObj = (CDrawDrill * )objs.GetNext(pos);
                if (pObj) {
                    pObj->SetCoalPnt(mPnt);
                    pObj->Regen();
                }
            }   // end of while
        } // end of if(CDrawDrill)

        else if(pObj->IsKindOf(RUNTIME_CLASS(CDrawCClmn)))
        {
            pCurGis->MatchObj(objs, DRAW_CCLMN, MATCH_DRAWID, NULL);

            CUsedHole Db;
            Db.m_strSort = "a25107";
            if (Db.Open()==0) return;

            POSITION pos = objs.GetHeadPosition();
            while (pos)
            {
                CDrawCClmn * pObj = (CDrawCClmn * )objs.GetNext(pos);
                if (! pObj) continue;

                StruArray tmpStrus;
                pCurGis->GetRawStru(Db,pObj->GetDrillId(), code,
tmpStrus);

                qwCoalStru * pp = tmpStrus.GetData();
                for(int n=0; n<tmpStrus.GetCount(); n++,pp++)
                {
                    pObj->SetStru( * pp);
                    break;
```

```
            }
                }    // end of while

                Db. Close();

                GetDocument()->SetStru(objs);

                pos = objs. GetHeadPosition();
                while (pos)
                {
                    CDrawCClmn * pObj = (CDrawCClmn * )objs. GetNext(pos);
                    pObj->Regen();
                }    // end of while

            } // end of if(CDrawCClmn)
    }

        Invalidate(FALSE);
}

void CCZqwView::On2dDrill()
{
    GetDocument()->InitTrslator();

    DRILL_ARRAY vDrills;
    CDlgDrillFlag dlg(&vDrills, true);
    if (dlg. DoModal() ! = IDOK) return;

    //CGeototDBase dbase;
    ACoalPnt mPnt;
    ReadGeoLyrData(dlg. mCode,mPnt);
    //dbase. ReadLyrData(dlg. mCode, mPnt);
    SetDrillPnt(mPnt, vDrills);

    pCurGis->AddHoles(vDrills);
    GetDocument()->SetModifiedFlag();
}


# include "fileBmpOut. h"
void CCZqwView::GetImage(CString strImgPath,CString strDocFileName,CString strImgExt,int

Imgdpi)
{
    CDC dc;
    CClientDC client(this);
    if (! dc. CreateCompatibleDC(&client)) { AfxMesqwgeBox("系统设备问题!"); return; }

    if (strImgPath. Right(1) ! = "\\") strImgPath += "\\";
```

```
    SECURITY_ATTRIBUTES attr；
    attr. nLength ＝sizeof(SECURITY_ATTRIBUTES)；
    attr. lpSecurityDescriptor ＝NULL；
    attr. bInheritHandle ＝FALSE；

    int Index＝strImgPath. Find("\\")；
    if (Index＜0) return；

    UINT uDriveType＝GetDriveType(strImgPath. Left(Index))；
    if ((uDriveType＝＝1) || (uDriveType＝＝0) || (uDriveType＝＝5)) return；

    CString strCreateImgPath＝strImgPath. Left(Index＋1)；
    CString strTempImgPath＝strImgPath. Right(strImgPath. GetLength()－Index－1)；
    Index＝strTempImgPath. Find("\\")；

    while(Index＞＝0)
    {
      strCreateImgPath ＋＝    strTempImgPath. Left(Index)；
      if (! PathIsDirectory(strCreateImgPath))
      {
        BOOL bSuccess＝CreateDirectory(strCreateImgPath，&attr)；
        if (! bSuccess) return；
      }
      strTempImgPath＝strTempImgPath. Right(strTempImgPath. GetLength()－Index－1)；
      strCreateImgPath ＋＝ "\\"；
      Index＝strTempImgPath. Find("\\")；
    }

    CWaitCursor wait；       wait. Restore()；

    CfileBmpOut dlg(this)；
    dlg. pathName ＝strImgPath ＋ strDocFileName；
    dlg. extName ＝strImgExt；
    dlg. m_nRate ＝Imgdpi；
    xForm－＞wndPara. SetRateToLP(Imgdpi)；

    CRect rect，winme；
    pCurGis－＞SetViewBox(winme)；
    GetClientRect(&rect)；
    dlg. DoVerb(dc，client，CPoint3D()，rect，winme)；
    dlg. WriteXML(strImgPath，strDocFileName，Imgdpi，winme)；
    SetFocus()；
}


void CCZqwView：：On3dBmp()
{
    CDC dc；
    CClientDC client(this)；
    if (! dc. CreateCompatibleDC(&client)) { AfxMesqwgeBox("系统设备问题!")；return；}
```

```
    CFileDialog filedlg(FALSE, "bmp", 0, OFN_HIDEREADONLY|OFN_OVERWRITEPROMPT,
      "JPG files（*.jpg）|*.jpg|BMP files（*.bmp)|*.bmp|PNG files（*.png)

|*.png|GIF files（*.gif)|*.gif|TIF files（*.tif)|*.tif|all files（*.*)|*.*||");
    if (filedlg.DoModal()! =IDOK) return;

    CfileBmpOut dlg(this);
    if (dlg.DoModal()! = IDOK) return;
    dlg.pathName = filedlg.GetPathName().SpanExcluding(".");
    dlg.extName = filedlg.GetFileExt();

    CWaitCursor wait;wait.Restore();

    CRect rect, winme;
    GetClientRect(&rect);
    CPoint3D org;
    if (dlg.m_bWin==FALSE) {
        xForm->wndPara.SetRateToLP(dlg.m_nRate);
        pCurGis->SetViewBox(winme);
    }
    else {
        qwBox box;
        ClientToDoc(rect);
        xForm->LPtoVP(rect, box);
        xForm->wndPara.SetRateToLP(dlg.m_nRate);
        xForm->VPtoLP(box, winme);
        org = xForm->wndPara.uRef;
    }

    dlg.DoVerb(dc, client, org,rect,winme);
    OnZoomAll();SetFocus();
}

void CCZqwView::OnSwAnimate()
{
    bAnimate = ! bAnimate;
    if (bAnimate)
        { AnimateOn();bFlow =TRUE; }
    else
        { AnimateOff();bFlow =FALSE; }

    Invalidate(FALSE);
}
void CCZqwView::OnUpdateSwAnimate(CCmdUI * pCmdUI)
{
    pCmdUI->SetCheck(bAnimate);
}


void CCZqwView::OnDrawDbd()
{
```

```
    SetCommand(IDM_DRAW_DBD, EDIT_DBD);
}


void CCZqwView::OnCalNet()
{
    SetCommand(IDM_CAL_NET);
    CreateDlgCmd( new CDlgCalNet(this) );
}


void CCZqwView::OnLnkMdbData()
{
    #ifndef FUNCTION_3D
        AfxMesqwgeBox("三维功能,您没有使用权限!");
    #else
        GetDocument()->InitTrslator();

        CDrawObj * obj = m_selection.GetHead();
        GetDocument()->LinkDbmData(this, obj);
    #endif
}
void CCZqwView::OnUpdateLnkMdbData(CCmdUI * pCmdUI)
{
    pCmdUI->Enable(m_selection.GetCount()==1);
}


void CCZqwView::OnDrawjc()
{
    #ifndef FUNCTION_3D
        AfxMesqwgeBox("三维功能,您没有使用权限!");
    #else
        GetDocument()->InitTrslator();

        delete pDlg;
        pDlg = new CDlgDrawJC(this, 2);
        pDlg->SetWindowText("绘制监控点");
        pDlg->ShowWindow(SW_SHOW);
    #endif
}


void CCZqwView::OnLnkCtrlpnt()
{
    #ifndef FUNCTION_3D
        AfxMesqwgeBox("三维功能,您没有使用权限!");
    #else
        GetDocument()->InitTrslator();

        delete pDlg;
        pDlg = new CDlgDrawJC(this, 1);
        ((CDlgDrawJC *)pDlg)->pObj = m_selection.GetHead();
        pDlg->SetWindowText("将当前对象与监控点数据库连接");
```

```
        pDlg->ShowWindow(SW_SHOW);
    #endif
}
void CCZqwView::OnUpdateLnkCtrlpnt(CCmdUI * pCmdUI)
{
    pCmdUI->Enable(m_selection.GetCount()==1);
}


#include "CordRotateDlg.h"
void CCZqwView::OnViewInit3d()
{
    #ifndef FUNCTION_3D
        AfxMesqwgeBox("三维功能,您没有使用权限!");
    #else
        CCordRotateDlgdlg;
        dlg.pView = this;
        int angx, angy, angz;
        xForm->wndPara.GetAng( angx,angy,angz );
        dlg.m_nAngleX =angx;
        dlg.m_nAngleY =angy;
        dlg.m_nAngleZ =angz;
        if (dlg.DoModal() == IDOK)
        {
            angx = dlg.m_nAngleX;
            angy = dlg.m_nAngleY;
            angz = dlg.m_nAngleZ;
            xForm->gXFORM.LocalXForm( SPnt3D(), angz * 100,angx * 100,angy * 100);
            xForm->wndPara.InitAng( angx,angy,angz );

            pCurGis->Regen( );
            OnRedraw();
        }
    #endif
}


void CCZqwView::OnVideoCtrl()
{
    #ifndef FUNCTION_3D
        AfxMesqwgeBox("三维功能三维复杂地质线!");
    #else
        CString path = "http://localhost//cgisweb//DataQuery//RequestQuery.aspx?

type=6";
        CreateHttp(path);
    #endif
}


#include "LightingPara.h"

void CCZqwView::OnSetLight()
```

```
{
    #ifndef FUNCTION_3D
        AfxMesqwgeBox("三维功能三维复杂地质体!");
    #else
        CLightingPara dlg(this);
        dlg.DoModal();
    #endif
}

void CCZqwView::OnDrawImg()
{
    SetCommand(ID_DRAW_IMG, DRAW_IMAG);
}

BOOL CCZqwView::InitDrawImg(CDrawImage * pObj)
{
    char BASED_CODE szFilter[] ="图像文件（*.bmp,tif,jpg）|*.bmp|所有文件（*.*）
```

|*.*||";
　　//CFileDialog dlg(TRUE, NULL, NULL, OFN_HIDEREADONLY, szFilter);//20100722 该
为相

对路径 data 下
```
    CString filename;
    TCHAR curPath[MAX_PATH];
    GetExePath(curPath);
    filename =curPath;filename += "\\Data";

    CFileDialog dlg(TRUE, NULL, filename, OFN_HIDEREADONLY, szFilter);
    if(dlg.DoModal() ! = IDOK) return FALSE;

    CString strBmpFileName = dlg.GetPathName();
    if (strBmpFileName.IsEmpty()) { AfxMesqwgeBox("文件名不能为空!"); return FALSE; }

    CString szFolderPath = strBmpFileName;
    int ndx = szFolderPath.ReverseFind('\\');
    if(ndx < 0) { AfxMesqwgeBox("文件路径无效!"); return FALSE;}

    szFolderPath = szFolderPath.Mid(0,ndx);
    if(szFolderPath.CompareNoCase(filename)) {AfxMesqwgeBox("请确认图像文件在程序的
```

Data 文件夹");return FALSE;}

```
    pObj->SetFName(strBmpFileName);
    if (pObj->OpenImage()) return TRUE;

    AfxMesqwgeBox("无法打开图像!");
    return FALSE;
}
```

```
void CCZqwView::InitMdlTex()
{
    if (! pTexLib) return;

    CDrawObjList mdls;
    pCurGis->MatchObj(mdls, DRAW_MODEL, MATCH_DRAWID, NULL);
    pCurGis->MatchObj(mdls, DRAW_SPLNMDL, MATCH_DRAWID, NULL);
    if (mdls.IsEmpty()) return;

    HDC hdc = pHDC->GetSafeHdc();
    wglMakeCurrent(hdc, m_hRC);
    POSITION pos =mdls.GetHeadPosition();
    while(pos)
    {
      CBaseMdl * obj = (CBaseMdl *)mdls.GetNext(pos);
      CDrawImage * img = obj->pTexImg;
      if (! img) continue;
      img->OpenImage();
      BYTE * pData =img->GetImageBits();

        img->mTex = pTexLib->LoadTexture(img->mImg.GetWidth(), img->mImg.GetHeight(), pData);
        //img->mTex = pTexLib->LoadTexture(img->mImg.GetWidth(), img->mImg.GetHeight(), img->mImg.GetBits());
        img->CloseImage();
        delete pData;
    }
    wglMakeCurrent(hdc, NULL);
}

void CCZqwView::On3dTexImage()
{
    #ifndef FUNCTION_3D
        AfxMesqwgeBox("三维功能有孔地质体!");
    #else
        SetCommand(ID_3D_TEX_IMAGE, EDIT_TEX_IMG);
    #endif
}

void CCZqwView::AttachTexImg(CDrawImage * img)
{
    //if (! img) return;
    //if (img->mImg.GetType()==COLOR_NDX) return;
    lyrModel * pMdl = GetpMdl();
    if (! pMdl) { SaError(); return; }

    CDrawImage * cur = pMdl->pTexImg;
```

```
    if (img==cur) { AfxMesqwgeBox("该图象对象已被连接到本模型!"); return; }
    if (cur) {
        CString str = cur->GetFName();
        str += " 将被替换! 确认吗?";
        if (AfxMesqwgeBox(str, MB_YESNO)==IDNO) return;
    }

    HDC hdc = pHDC->GetSafeHdc();
    wglMakeCurrent(hdc, m_hRC);
    if (pTexLib)
    {
        UINT texId = cur ? cur->mTex : 0;
        if (texId) glDeleteTextures(1, &texId);

        pMdl->AttachTexObj(img);
        BYTE * pData = img->GetImageBits();
        img->mTex = pTexLib->LoadTexture(img->mImg.GetWidth(), img-
>mImg.GetHeight(), pData);
        //img->mTex = pTexLib->LoadTexture(img->mImg.GetWidth(), img-
>mImg.GetHeight(), img->mImg.GetBits());
        img->CloseImage();
        delete pData;
    }
    wglMakeCurrent(hdc, NULL);

    AfxMesqwgeBox("连接成功!");
}
void CCZqwView::OnUpdate3dTexImage(CCmdUI * pCmdUI)
{ pCmdUI->Enable(IsBaseModel()); }

void CCZqwView::On3dUnTex()
{
    #ifndef FUNCTION_3D
        AfxMesqwgeBox("三维功能三维弧段模型!");
    #else

        lyrModel * pMdl = GetpMdl();
        if (! pMdl) { SaError(); return; }

        HDC hdc = pHDC->GetSafeHdc();
        wglMakeCurrent(hdc, m_hRC);

        UINT texId = (pMdl->pTexImg) ? pMdl->pTexImg->mTex : 0;
        if (texId) glDeleteTextures(1, &texId);
        pMdl->AttachTexObj();

        wglMakeCurrent(hdc, NULL);
    #endif
```

```
}
void CCZqwView::OnUpdate3dUnTex(CCmdUI * pCmdUI)
{ pCmdUI->Enable(IsBaseModel()); }

void CCZqwView::MoveToCenter(CDrawObj * obj)
{
    if (! obj) return;

    qwBox vBox = obj->GetvBox();
    SPnt3D vorg = vBox.CentPnt();
    if (CDrawObj::b3D) {//by zsj 100111
        xForm->SetRefPnt( UPnt3D(vorg.x,vorg.y,vorg.z) );
        SetFocus();
    }
    else {
        CPoint norg;
        xForm->VPtoLP(vorg, norg);
        MoveToCenter(norg);
    }
    Invalidate(FALSE);
}

void CCZqwView::MoveToCenter(CPoint& norg)
{
    CRect rect;
    GetClientRect(&rect);
    CPoint org = rect.CenterPoint();
    rect.DeflateRect(80, 80);
    DocToClient(norg);

    if (! rect.PtInRect(norg))
    {
        CSize size(norg.x-org.x, norg.y-org.y);
        OnScrollBy(size);
    }
}

void CCZqwView::OnResetpos()
{
    SetCommand(ID_RESETPOS);
    CreateDlgCmd( new CDlgCoalStru(this) );
}

void CCZqwView::On3dTube()
{
        #ifndef FUNCTION_3D
        AfxMesqwgeBox("三维功能三维简单体模型!");
    #else
        bDrawCurve =0;
        SetCommand(ID_3D_TUBE, DRAW3D_TUBE);
```

```
    # endif
}

void CCZqwView::On3dLiba()
{
    # ifndef FUNCTION_3D
        AfxMesqwgeBox("三维功能三维复杂体模型!");
    # else
        bDrawCurve =0;
        SetCommand(ID_3D_LIBA, DRAW3D_LIBA);
    # endif
}

void CCZqwView::On3dFence()
{
    # ifndef FUNCTION_3D
        AfxMesqwgeBox("三维功能三维有孔面模型!");
    # else
        bDrawCurve =0;
        SetCommand(ID_3D_FENCE, DRAW3D_FENCE);
    # endif
}

void CCZqwView::OnDrawUnit()
{
    xForm->SwitchUnit();
}

void CCZqwView::OnUpdateDrawUnit(CCmdUI * pCmdUI)
{
    if (xForm->IsUnitMM())
        pCmdUI->SetText("绘图单位=>米(m)");
    else
        pCmdUI->SetText("绘图单位=>毫米(mm)");
}

void CCZqwView::OnVecSwitchOn()
{
    CDrawImage * pImgObj =(CDrawImage * )m_selection.GetHead();
    if(pImgObj->mImg.GetBpp() == 1)
    {
        CVecTraceTool::pVectTrace = pImgObj;
        if (! CVecTraceTool::pPlineTool)
            CVecTraceTool::pPlineTool = CPlineTool::Instance();

        CString bmpName =pImgObj->GetFName();
        bmpName = bmpName.Left(bmpName.GetLength()-3);
        CString vecName = bmpName + "vec_";
        if (CVecTraceTool::pPlineTool)
            CVecTraceTool::pPlineTool->Init(&pImgObj->mImg, vecName);
```

```
    }
}

void CCZqwView∷OnUpdateVecSwitchOn(CCmdUI * pCmdUI)
{
    BOOL fg = FALSE;
    if (m_selection. GetCount()==1)
    {
        CDrawObj * pObj =m_selection. GetHead();
        fg = pObj->IsKindOf(RUNTIME_CLASS(CDrawImage));
    }
    pCmdUI->Enable(fg);
}


void CCZqwView∷OnVecNewLine()
{
    if(CVecTraceTool∷pPlineTool ! = NULL)
    {
      SetCommand(ID_VEC_NEW_LINE, VEC_TRACE_LINE);
      CDrawTool∷pObj = NULL;
      RemoveSelSet();
      CVecTraceTool∷pPlineTool->Reset();
    }
    else
    {
      AfxMesqwgeBox("无法开始跟踪！\n请检查是否打开图像或图像为二值图像。");
    }
}


void CCZqwView∷OnVecAddLine()
{
    if(CVecTraceTool∷pPlineTool ! = NULL)
    {
      SetCommand(ID_VEC_ADD_LINE, VEC_TRACE_LINE);
      if (! m_selection. IsEmpty())
        CDrawTool∷pObj = m_selection. GetHead();
      CVecTraceTool∷pPlineTool->Reset();//转移到命令结束处??
    }
    else
    {
      AfxMesqwgeBox("无法开始跟踪！\n请检查是否打开图像或图像为二值图像。");
    }
}


void CCZqwView∷OnPaperScal()
{
    CClientDC client(this);
    CDC dc;
    dc. CreateCompatibleDC(&client);
    double vdx = dc. GetDeviceCaps(LOGPIXELSX)/25.4;  // pixels per inch<--- 1
```

```
(inch) = 25.4(mm)
    double vdy = dc.GetDeviceCaps(LOGPIXELSY)/25.4；
    CRect rect；
    GetClientRect(&rect)；
    xForm->set_screen(rect.Width()/vdx,rect.Height()/vdy)；  // 规范化坐标的尺寸是屏幕
```

按 mm 的计数

```
    int nx，ny；
    CSize size = xForm->SetViewport(nx,ny)；
    SetViewport(size，nx，ny)；

    Invalidate(FALSE)；
}

void CCZqwView::OnMuneCurv()
{
    CString szFilter="文本文件（*.txt）|*.txt|数据文件（*.dat）|*.dat|所有文件（*.*）
|*.*||";
    CFileDialog dlg(TRUE,NULL,NULL,OFN_HIDEREADONLY|OFN_OVERWRITEPROMPT,
szFilter)；
    dlg.m_ofn.lpstrTitle = "平面曲线数据文件"；
    if(dlg.DoModal() != IDOK) return；

    CCurveFrmFILE CurveF("各种平面曲线图",this)；
    CurveF.sFName = dlg.GetPathName()；
    CurveF.SetWizardMode()；
    CurveF.DoModal()；
}
//_declspec(dllimport) CString strMineID；
# include ".\Dialog\DlgMKBM.h"
void CCZqwView::OnMineSel()
{
    # ifndef FUNCTION_3D
        AfxMesqwgeBox("三维功能,您没有使用权限!")；
    # else
        GetDocument()->InitTrslator()；

        CDlgMKBM dlg；
        if (dlg.DoModal()==IDOK)
        {
            GetDocument()->pGis->SetMineName(dlg.curMK)；
            ToolObjInfo.SetName(dlg.curMK)；// 矿视图名
            strMineID = dlg.MineId；
            AfxGetApp()->WriteProfileString("MINEID","ID",strMineID)；
        }
    # endif
}
```

```
void CCZqwView::OnPopObjmsg()
{
    # ifndef FUNCTION_3D
        AfxMesqwgeBox("三维功能漫游记录!");
    # else
        SetCommand(ID_POP_OBJMSG, POPMSG_SEL);
    # endif
}


//extern qwLMT uSelLmt;
# include "dialog\WinCutDlg. h"
void CCZqwView::OnFileWinout()
{
    char BASED_CODE szFilter[] ="图形文件（＊.sDc)|＊.sDc|所有文件（＊.＊)|＊.＊||";
    CFileDialog dlg(FALSE,NULL,NULL,OFN_HIDEREADONLY|OFN_OVERWRITEPROMPT,
szFilter);
    dlg. m_ofn. lpstrTitle = "输出的图形（＊.sDc)文件名";
    if(dlg. DoModal() ！= IDOK) return;
    CString title = dlg. GetPathName();
    if (title. IsEmpty()) { AfxMesqwgeBox("文件名不能为空!"); return; }

    CString tmp =title;
    title =tmp. SpanExcluding(". ")＋". sDc";
    if (m_selection. GetCount() ！= 1)
    {
        SetCommand(ID_FILE_WINOUT);
        CreateDlgCmd( new CWinCutDlg(title, this) );
        return;
    }

    CDrawObj ＊ pObj = m_selection. GetHead();
    if (! pObj－＞IsKindOf(RUNTIME_CLASS(CDrawRect))) { AfxMesqwgeBox("所选对象必须是
矩形

    对象!"); return; }

    CWaitCursor wait;    wait. Restore();

    CCZqwDoc ＊ pDst =(CCZqwDoc ＊)((CCZqwApp ＊)AfxGetApp())－＞CreateNewDoc(title);
    if (! pDst) return;

    CCZqwDoc ＊ pSrc =GetDocument();
    pSrc－＞pGis－＞InitPtr();
    pSrc－＞SetMapRate();

    UPnt3D org =pObj－＞GetuOrg();
    int nAng =pObj－＞GetnAlfa();
    CBox3D ubox;
    pObj－＞GetUBox(ubox);
    ubox. Offset(org);
```

```
        qwBox vbox;
        xForm->UPtoVP(ubox, vbox);
        sSelFun. SelPara(vbox);
        qwLMT uLmt;
        uLmt. Init(ubox. x0,ubox. y0, ubox. x1,ubox. y1);

        qwXFORM xform;
        qwXFORM * old = xForm;
        float scale =pSrc->pGis->GetUScale();
        xform. SetUScale(scale);

        BOOL bRot = nAng==0 ? FALSE : TRUE;
        if (bRot)
        {
            CDrawObj::localOrg =org;
            CDrawObj::nAng = -nAng;
            xForm =&xform;
            xForm->gXFORM. InitXForm(org, SaGETFARC(-nAng));
            pSrc->pGis->Rotate();
            xForm =old;
            pSrc->Regen();
        }
        // ------------------------------------------
        pDst->pGis->InitLibs(pSrc->pGis);
        pDst->pGis->SetUScale(scale);
        pSrc->pGis->DoWinCut(pDst->pGis,uLmt,pObj);
        pDst->pGis->AddObj( pObj->Clone() );
        // ------------------------------------------
        if (bRot)
        {
            CDrawObj::localOrg =org;
            CDrawObj::nAng = nAng;
            xForm =&xform;
            xForm->gXFORM. InitXForm(org, SaGETFARC(nAng));
            pSrc->pGis->Rotate();
            pDst->pGis->Rotate();
            xForm =old;
            pSrc->Regen();
        }
        pDst->OnSaveDocument(title);
        delete pDst;

        pSrc->pGis->InitPtr();
        CMainFrame * pMain = (CMainFrame * )AfxGetApp()->m_pMainWnd;//by zsj 100205
        pMain->SetLayerCtrl(pSrc->pGis->GetpLyrSet());
}


void CCZqwView::OnDrillspaceSym()
{
    CDrillSpace *  pObj =(CDrillSpace * )m_selection. GetHead();
```

```
        pObj->SwitchtMod();
        pObj->RegenObjs();
        pObj->Regen();
        InvalObj(pObj);
}
void CCZqwView::OnUpdateDrillspaceSym(CCmdUI * pCmdUI)
{
        BOOL fg =FALSE;
        CDrawObj * pObj =NULL;
        if (m_selection. GetCount()==1)
        {
            pObj =m_selection. GetHead();
            fg = pObj->IsKindOf(RUNTIME_CLASS(CDrillSpace));
        }
        pCmdUI->Enable(fg);

        if (fg) fg =pObj->GettMod()==1;
        if (fg)
            pCmdUI->SetText("置倾角==>原始");
        else
            pCmdUI->SetText("置倾角==>地层");

        pCmdUI->SetCheck(fg);
}
void CCZqwView::OnCoalMnlStru()
{
        char BASED_CODE szFilter[] ="图形文件（*. sDc)|*. sDc|所有文件（*. *）|*. *||";
         CFileDialog dlg(TRUE, NULL, NULL, OFN_HIDEREADONLY|OFN_FILEMUSTEXIST,
szFilter);
        dlg. m_ofn. lpstrTitle = "选择模板图形文件:";
        if (dlg. DoModal() != IDOK) return;

        CString name =dlg. GetFileTitle();

        SetCommand(IDM_COAL_MNL_STRU);
        CreateDlgCmd( new CDlgDrillCoal(name, this) );
}


void CCZqwView::CaptureScreenBmp()
{
        CDC * dc=new CClientDC(this);

        CDC memDC;
        memDC. CreateCompatibleDC(dc);

        CRect r;
        GetClientRect(&r);

        CSize sz(r. Width(), r. Height());
        m_BmpCurWindow. CreateCompatibleBitmap(dc, sz. cx, sz. cy);
```

```
        CBitmap * oldbmp = memDC. SelectObject(&m_BmpCurWindow);
        memDC. BitBlt(0, 0, sz. cx, sz. cy, dc, 0, 0, SRCCOPY);

        memDC. SelectObject(oldbmp);
        memDC. DeleteDC();//xuwen 20110428
        delete dc;
}
void CCZqwView::MoveScreenBmp()
{
        CClientDC dc(this);
        int dx = nCPnt. x-nDPnt. x;
        int dy = nCPnt. y-nDPnt. y;

        if(dx == 0 && dy == 0) return;

        CRect rect;
        GetClientRect(rect);

        CBrush * pOldBrush, brush;
        CPen * pOldPen, pen;
        if (! brush. CreateSolidBrush(GetDocument()->mPaperColor))
            return;
        if (! pen. CreatePen(PS_SOLID,1,GetDocument()->mPaperColor))
            return;
        pOldBrush = dc. SelectObject(&brush);
        pOldPen = dc. SelectObject(&pen);

        if(dx>0)
            dc. Rectangle(0,0,dx,rect. bottom);
        else
            dc. Rectangle(rect. Width()+(dx),0,rect. Width(),rect. bottom);
        if(dy>0)
            dc. Rectangle(0,0,rect. Width(),dy);
        else
            dc. Rectangle(0,rect. Height()+(dy),rect. Width(),rect. Height());

        dc. SelectObject(pOldBrush);
        brush. DeleteObject();
        dc. SelectObject(pOldPen);
        pen. DeleteObject();

        CDC dcImage;
        if (! dcImage. CreateCompatibleDC(&dc)) return;

        BITMAP stBitmap;
        m_BmpCurWindow. GetObject(sizeof(BITMAP), &stBitmap);
        // Paint the image.
        CBitmap * pOldBitmap = dcImage. SelectObject(&m_BmpCurWindow);
        dc. BitBlt(dx, dy, stBitmap. bmWidth, stBitmap. bmHeight, &dcImage, 0, 0, SRCCOPY);
        dcImage. SelectObject(pOldBitmap);
```

```
        dcImage. DeleteDC();//xuwen 20110428
}

void CCZqwView::ReleaseScreenBmp()
{
    if (m_BmpCurWindow. m_hObject==NULL) return;

    m_BmpCurWindow. DeleteObject();

}

void CCZqwView::OnHScroll(UINT nSBCode, UINT nPos, CScrollBar * pScrollBar)
{
    CRect vRect;
    GetClientRect(&vRect);
    int nx1 =vRect. Width();
    int ny1 =vRect. Height();

    CPoint nOrg =vRect. CenterPoint();
    int nx,ny;
    CSize size;
    switch(nSBCode)
    {
      case SB_TOP:      xForm->move_view(-(int)(nx1 * 0.5),0);
        break;
      case SB_BOTTOM:       xForm->move_view((int)(nx1 * 0.5),0);
        break;
      case SB_LINEUP:      xForm->move_view(-nx1 * 0.1,0);
        break;
      case SB_LINEDOWN:       xForm->move_view(nx1 * 0.1, 0);
        break;
      case SB_PAGEUP:      xForm->move_view(-nx1 * 0.25,0);
        break;
      case SB_PAGEDOWN:xForm->move_view(nx1 * 0.25, 0);
        break;
      case SB_THUMBPOSITION:
        size = xForm->SetViewport(nx, ny);
        xForm->move_view(nPos-(nx+nx1/2), 0);
        break;
      default:
          return;
    }
    size = xForm->SetViewport(nx, ny);
    SetViewport(size, nx, ny);
    Invalidate(FALSE);

    //CView::OnHScroll(nSBCode, nPos, pScrollBar);
}

void CCZqwView::OnVScroll(UINT nSBCode, UINT nPos, CScrollBar * pScrollBar)
```

```
{
    int nx, ny;
    CSize size;

    CRect vRect;
    GetClientRect(&vRect);
    int nx1 = vRect.Width();
    int ny1 = vRect.Height();

    CPoint nOrg;
    nOrg = vRect.CenterPoint();
    switch(nSBCode)
    {
      case SB_TOP:     xForm->move_view(0,(int)(ny1 * 0.5));
        break;
      case SB_BOTTOM:     xForm->move_view(0,-(int)(ny1 * 0.5));
        break;
      case SB_LINEUP:     xForm->move_view(0,ny1 * 0.1);
        break;
      case SB_LINEDOWN:     xForm->move_view(0,-ny1 * 0.1);
        break;
      case SB_PAGEUP:     xForm->move_view(0,ny1 * 0.25);
        break;
      case SB_PAGEDOWN:     xForm->move_view(0,-ny1 * 0.25);
        break;
      case SB_THUMBPOSITION:
        size = xForm->SetViewport(nx, ny);
        xForm->move_view(0,(ny+ny1/2)-nPos);
        break;
      default:
        return;
    }
    size = xForm->SetViewport(nx, ny);
    SetViewport(size, nx, ny);
    Invalidate(FALSE);

    //CView::OnVScroll(nSBCode, nPos, pScrollBar);
}


#include "dialog\TnlElevIntval.h"
#include ".\cgisview.h"
void CCZqwView::OnTnlIntval()
{
    CDrawTunnel * pf =(CDrawTunnel * )(m_selection.GetHead());
    CDrawTunnel * pe =(CDrawTunnel * )(m_selection.GetTail());

    int fNdx=-1, eNdx=-1;
    UPnt3Dwn fpnt, epnt;
    int bfg = pf->Relate(pe, fNdx,eNdx, fpnt,epnt);
    if (bfg == -1) return;
```

```
        double fHigh = pf->GetHigh(fNdx);
        double eHigh = pe->GetHigh(eNdx);

        BOOL fg = fpnt.z >= epnt.z;
        CTnlElevIntval dlg;
        dlg.m_fUpElev = (fg) ? fpnt.z : epnt.z;
        dlg.m_fTnlHigh = (fg) ? fHigh : eHigh;
        dlg.m_fDnElev = (fg) ? epnt.z : fpnt.z;
        dlg.m_fDnHigh = (fg) ? eHigh : fHigh;

        if (! fg) eHigh = fHigh;
        dlg.m_fIntval = fabs(fpnt.z - epnt.z + eHigh);
        dlg.DoModal();
}

void CCZqwView::OnUpdateTnlIntval(CCmdUI * pCmdUI)
{
        int cnt = SelCount(DRAW_TUNNEL);
        pCmdUI->Enable(cnt == 2);
}

void CCZqwView::OnCtrlPnt()
    { SetCommand(IDM_DRAW_CALPNT, DRAW_CTRLPNT); }

void CCZqwView::OnEditUndo()
    { mUndo.Undo(this); }
void CCZqwView::OnUpdateEditUndo(CCmdUI * pCmdUI)
    { pCmdUI->Enable(mUndo.CanUndo()); }

void CCZqwView::OnEditRedo()
    { mUndo.Redo(this); }
void CCZqwView::OnUpdateEditRedo(CCmdUI * pCmdUI)
    { pCmdUI->Enable(mUndo.CanRedo()); }

UINT CCZqwView::StrToCmd(LPCTSTR strCmd)
{
    if (! stricmp(strCmd, "POLY"))      return ID_DRAW_POLY;
    if (! stricmp(strCmd, "POLYH"))     return ID_DRAW_POLY_HAND;//by zsj 090317
    if (! stricmp(strCmd, "POLYGON"))   return ID_DRAW_POLYGON;
    if (! stricmp(strCmd, "PLINE"))     return ID_DRAW_PLINE;
    if (! stricmp(strCmd, "GLINE"))     return ID_DRAW_GLINE;
    if (! stricmp(strCmd, "TUNNEL"))    return IDM_DRAW_TUNNEL;
    if (! stricmp(strCmd, "3DFAULT"))   return ID_DRAW_FAULT;
    if (! stricmp(strCmd, "MPOINT"))    return ID_DRAW_MSHX;
    if (! stricmp(strCmd, "RECTANG"))   return ID_DRAW_RECT;
    if (! stricmp(strCmd, "CIRCLER"))   return ID_DRAW_CIRCLE_RADIU;
    if (! stricmp(strCmd, "CIRCLED"))   return ID_DRAW_CIRCLE_DIAM;
    if (! stricmp(strCmd, "CIRCLE3"))   return ID_DRAW_CIRCLE_3PNT;
    if (! stricmp(strCmd, "ARC"))       return ID_DRAW_ARC_RADIU;
    if (! stricmp(strCmd, "ARC3"))      return ID_DRAW_ARC_3PNT;
```

```
    if (! stricmp(strCmd, "MTEXT"))      return ID_DRAW_TEXT;
    if (! stricmp(strCmd, "PAN"))        return ID_ZOOM_PAN;
    if (! stricmp(strCmd, "ZOOM"))       return ID_ZOOM_ALL;
    if (! stricmp(strCmd, "ZOOMWIN"))    return ID_ZOOM_WIN;
    if (! stricmp(strCmd, "POINT"))      return ID_DRAW_SPNT;
    if (! stricmp(strCmd, "BREAK"))      return IDM_BREAK;

    if (m_selection. IsEmpty()) return -1;
    if (! stricmp(strCmd, "MOVE"))          return IDM_MOVE;
    if (! stricmp(strCmd, "COPY"))          return IDM_SEL_COPY;
    if (! stricmp(strCmd, "ROTATE"))        return IDM_ROTATE;
    if (! stricmp(strCmd, "EXPLODE"))       return IDM_EXPLODE;
    if (! stricmp(strCmd, "BREAKPOINT"))    return IDM_BRK_NODE;
    if (! stricmp(strCmd, "TRIM"))          return ID_TRIM;
    if (! stricmp(strCmd, "EXTEND"))        return IDM_EXPEND;
    if (! stricmp(strCmd, "MIRROR"))        return IDM_REFLECT;

    return 0;
}

void CCZqwView::SetVCmdInfo(int cmd)
{
    CString strInfo = _T(""), strTip = _T("提示::指定起点:\r\n");
    switch(cmd)
    {
        case ID_DRAW_POLY:          strInfo = "命令:: poly\r\n";

break;   //qw20110408
        case ID_DRAW_POLY_HAND: strInfo = "命令:: poly\r\n";break;
        case ID_DRAW_POLYGON:   strInfo = "命令:: polygon\r\n";break;
        case ID_DRAW_PLINE:     strInfo = "命令:: pline\r\n";

break;
        case ID_DRAW_GLINE:     strInfo = "命令:: gline\r\n";

break;
        case IDM_DRAW_TUNNEL:   strInfo = "命令:: tunnel\r\n";break;
        case ID_DRAW_FAULT:     strInfo = "命令:: 3dfault\r\n";

break;
        case ID_DRAW_MSHX:      strInfo = "命令:: mpoint\r\n";

break;
        case ID_DRAW_RECT:      strInfo = "命令:: rectang\r\n";

strTip = "提示::指定第一个角点:\r\n";
break;
        case ID_DRAW_CIRCLE_RADIU:  strInfo = "命令:: circler\r\n";strTip = "

提示::指定圆的圆心.";break;
```

```
        case ID_DRAW_CIRCLE_DIAM：  strInfo = "命令：：circled\r\n";
        case ID_DRAW_CIRCLE_3PNT：  strInfo = "命令：：circle3\r\n";strTip = "

提示：：指定圆上的第一个点.";
break;
        case ID_DRAW_ARC_RADIU：  strInfo = "命令：：arc\r\n";

strTip = "提示：：指定圆弧的圆心.";break;
        case ID_DRAW_ARC_3PNT：  strInfo = "命令：：arc3\r\n";strTip = "

提示：：指定圆弧上的第一个点.";break;
        case ID_DRAW_TEXT：  strInfo = "命令：：mtext\r\n";

strTip = "提示：：指定第一角点.";break;
        case ID_BOX_TEXT：  strInfo = "命令：：mtext\r\n";

strTip = "提示：：指定第一角点.";break;
        case ID_ZOOM_PAN：  strInfo = "命令：：pan\r\n";

strTip = "提示：：窗口移动.";break;
        case ID_ZOOM_ALL：  strInfo = "命令：：zoom\r\n";

strTip = "提示：：窗口全屏显示";break;
        case ID_DRAW_SPNT：  strInfo = "命令：：point\r\n";

strTip = "提示：：输入第一个坐标";break;
        case IDM_MOVE：  strInfo = "命令：：move\r\n";

strTip = "提示：：使用鼠标选择对象移动的基点或输入对象基点坐标.";break;
        case IDM_SEL_COPY：  strInfo = "命令：：copy\r\n";

strTip = "提示：：使用鼠标选择对象移动的基点或输入对象基点坐标";break;
        case IDM_ROTATE：  strInfo = "命令：：rotate\r\n";

strTip = "提示：：使用鼠标选择对象旋转的基点或输入对象基点坐标.";break;
        case IDM_EXPLODE：  strInfo = "命令：：explode\r\n";

strTip = "提示：：对象分裂完毕.";break;
        case IDM_REFLECT：  strInfo = "命令：：mirror\r\n";

strTip = "提示：：选择镜像原对象的.";break;
        case IDM_BREAK：  strInfo = "命令：：break\r\n";

strTip = "提示：：指定第一个打断点";break;
        case IDM_BRK_NODE：  strInfo = "命令：：

breakpnt\r\n";strTip = "提示：：指定打断节点";break;
        case ID_TRIM：  strInfo = "命令：：trim\r\n";

strTip = "提示：：指定要打断的边";break;
```

```
            case IDM_EXPEND:   strInfo = "命令::extend\r\n";

strTip = "提示::选择要延伸的边";break;
            case ID_ZOOM_WIN:   strInfo = "命令::zoomwin\r\n";

strTip = "提示::窗口进行局部放大,结束命令请单击右键或按 Esc";break;
    }
    SetCmdInfo(strInfo);
    SetCmdInfo(strTip);
}

void CCZqwView::SetCmdInfo(LPCTSTR strIfo)
{
    //CMainFrame * pp=(CMainFrame * )AfxGetMainWnd();
    CMainFrame * pp=(CMainFrame * )AfxGetApp()->m_pMainWnd;
    if (pp->FlagIE()) return;
    CEdit * ppedit = (CEdit * )pp->m_dlgInput. GetDlgItem(IDC_EDITOUTPUT);
    if (ppedit)
    {
      ppedit->LineScroll(1);
      ppedit->ReplaceSel(strIfo);
    }
}

void CCZqwView::OnWorkrgn()
{
    bDrawCurve =0;
    SetCommand(IDM_DRAW_WORKRGN, DRAW_POLY3D);

}

void CCZqwView::OnPolyDecNodes()
{
    CDlgUsrVal dlg("几个节点选一个(选择后,双击执行)");
    dlg. m_fVal = (int)(CCZqwDoc::mOffset);
    if (dlg. DoModal() == IDOK)
    {
      CDrawTool::c_cnt = CCZqwDoc::mOffset = fabs(dlg. m_fVal);
      CDrawTool::c_drawTool =EDIT_DEC_NODE;

    }
    SetFocus();
}
void CCZqwView::OnUpdatePolyDecNodes(CCmdUI * pCmdUI)
{
    pCmdUI->Enable(m_selection. GetCount() ! = 0);
}

void CCZqwView::OnNoteShx()
{
```

```
CDrawTunnel * pTnl =(CDrawTunnel * )m_selection. GetHead();
UPnt3Ddn pnt;
BOOL fg = pTnl->GetPntMsg(CDrawCNode-1, pnt);
if (! fg)
  { SaError(); AfxMesqwgeBox("请设置当前节点!"); }
else {
  CCZqwDoc * pDoc= GetDocument();
  CComObj * obj =pDoc->pGis->CreateComObjs("临时导线点");
  if (obj==NULL) return;

  CString zstr;
  if (fabs(pnt. z) < 1.0E5)
    SetDecStr (pnt. z, zstr, CDrawObj;;nDecimal);
  else
    pnt. z =0. f, zstr. Empty();
  zstr. Trim();
  //obj->SetfAlfaArc(SlideDarc(pp->ang));
  obj->SetuOrg(pnt);

  CATextArray aobj;
  aobj. SetSize(0, 8);
  obj->GetAText(aobj);
  CDrawObj;;RplAText(aobj, "点号", (LPCTSTR)pnt. mName);
  CDrawObj;;RplAText(aobj, "点名", (LPCTSTR)pnt. mName);
  CDrawObj;;RplAText(aobj, "高程", zstr);
  CDrawObj;;RplAText(aobj, "标高", zstr);
  pDoc->AddObj(obj);
  }
}

void CCZqwView;;OnUpdateNoteShx(CCmdUI * pCmdUI)
{
  BOOL fg = FALSE;
  if (m_selection. GetCount()==1) {
    CDrawObj * pObj =m_selection. GetHead();
    fg = pObj->IsKindOf(RUNTIME_CLASS(CDrawTunnel));
  }
  pCmdUI->Enable(fg);
}

void CCZqwView;;OnCellAttr()
{
  CCZqwDoc * root = GetDocument();
  if (root->parent ! = NULL) return;

  CComObj * pSel =(CComObj * )m_selection. GetHead();
  CCZqwDoc * doc = (CCZqwDoc * )((CCZqwApp * ) AfxGetApp())->CreateFrmDoc (" *.sDc");
  doc->parent =root;
  doc->comId =pSel->GetObjId();
```

```
        doc->pGis->AddComObj(pSel);

        root->parent =doc;
        root->comId =0;

        Invalidate(FALSE);
}


void CCZqwView::OnUpdateCellAttr(CCmdUI * pCmdUI)
{
        BOOL fg = FALSE;
        if (m_selection.GetCount()==1) {
          CDrawObj * pObj =m_selection.GetHead();
          fg = pObj->DrawID()==DRAW_CMPOBJ;//IsKindOf(RUNTIME_CLASS(CComObj));
          //fg = pObj->IsKindOf(RUNTIME_CLASS(CDrawTab));
        }
        pCmdUI->Enable(fg);
}

BOOL CCZqwView::MonoSpclObj()
{
        BOOL fg = FALSE;
        if (m_selection.GetCount()==1) {
          CDrawObj * pObj =m_selection.GetHead();
          WORD Id =pObj->DrawID();
          fg = Id==DRAW_DRILL3D || Id==DRAW_DRILL || Id==DRAW_CMPOBJ || Id==
DRAW_RGN

|| Id==DRAW_CCLMN;
        }
        return fg;
}


void CCZqwView::OnMatchAttr()
{
        CDlgComMatch dlg;
        if (dlg.DoModal()! =IDOK) return;

        int flag =dlg.mFlag;
        if (flag==0) return;
        CComObj * pCom =(CComObj * )m_selection.GetHead();
        GetDocument()->MatchAttrDxyz(flag, pCom);
        Invalidate(FALSE);
}
void CCZqwView::OnUpdateMatchAttr(CCmdUI * pCmdUI)
{
        pCmdUI->Enable(MonoSpclObj());
}
```

```
void CCZqwView::OnMatchSelAttr()
{
    CDlgComMatch dlg;
    if (dlg.DoModal()! =IDOK) return;

    CDrawTool::cFlag =dlg.mFlag;
    if (CDrawTool::cFlag==0) return;
    SetCommand(ID_MATCH_SEL_ATTR, EDIT_ATTRCOPY);
}
void CCZqwView::OnUpdateMatchSelAttr(CCmdUI * pCmdUI)
{
    pCmdUI->Enable(MonoSpclObj());
}


void CCZqwView::DrawMiniView(int nType)
{
    CMiniView * pMiniView  = NULL;
    CMainFrame * m_pMainFram = (CMainFrame * )AfxGetApp()->m_pMainWnd;
    if (m_pMainFram->FlagIE())
    {
      CInPlaceFrame * WInFrame = (CInPlaceFrame * )GetParentFrame();
      CWorkView * pView= (CWorkView * )WInFrame->m_wndWorkspace.GetView(0);
      if (pView)
      {
        pMiniView = (CMiniView * )pView->m_wndSplitter.GetPane(0,0);
        if (pMiniView)   pMiniView->DrawRect(this);
      }
    }
    else
    {
        if (m_pMainFram->m_layallmapView) //
        {
            pMiniView = (CMiniView * )(m_pMainFram->m_layallmapView-
>m_wndSplitter.GetPane(0,0));
            if (CDrawObj::b3D==0)
                if(nType==1 && pMiniView) pMiniView->Invalidate(TRUE);
            if (pMiniView) pMiniView->DrawRect(this);
        }
    }
}


void CCZqwView::OnAddFault()
{
    delete pDlg;
    pDlg = new CDlgAddFault(this,NULL);
    pDlg->ShowWindow(SW_SHOW);
}
void CCZqwView::OnFaultAddlib()
{
```

```
    CDlgFaultInLib dlg;
    dlg. DoModal();
}
void CCZqwView::OnAddFaultLib()
{
    CDlgDrawFault dlg;
    dlg. DoModal();
}


void CCZqwView::OnPopOutcntr()
{
    CDrawObj * mdl = m_selection. GetHead();
    if (! mdl->IsBaseModel()) return;

    CCZqwDoc * doc = GetDocument();
    doc->NewLayer("模型等值线");

    CDrawObjArray * com = ((CBaseMdl *)mdl)->GetAObj();
    CDrawObj * * pptr = (CDrawObj * *)com->GetData();
    for(int i=0; i<com->GetCount(); i++,pptr++)
    {
        CDrawObj * ptr = * pptr;
        ptr = ptr ? ptr->Clone() : NULL;
        doc->AddObj(ptr);
    }
}


void CCZqwView::OnUpdatePopOutcntr(CCmdUI * pCmdUI)
{ pCmdUI->Enable(IsBaseModel()); }



void CCZqwView::OnTxtHg()
{
    CDlgUsrVal dlg("三维字高设置");
    dlg. m_fVal = 3;
    if (dlg. DoModal() == IDOK)
    {
        float high = fabs(dlg. m_fVal);
        POSITION pos = m_selection. GetHeadPosition();
        while(pos)
        {
            CDrawObj * pObj = m_selection. GetNext(pos);
            if (pObj->DrawID()! = DRAW_TEXT) continue;
            pObj->SetfTxtHg(high);
            pObj->Regen();
            InvalObj(pObj);
        }
    }
    SetFocus();
```

```
        GetDocument()-＞SetModifiedFlag();
}

void CCZqwView::OnUpdateTxtHg(CCmdUI * pCmdUI)
{
    pCmdUI-＞Enable(m_selection. IsEmpty() == FALSE);
}
void CCZqwView::OnMonthColor()
{
    CDlgTnlClr dlg;
    dlg. DoModal();
}

void CCZqwView::OnSubRelate()
{
    SetCommand(ID_SUB_RELATE, OBJ_RELATE);
}
void CCZqwView::OnUpdateSubRelate(CCmdUI * pCmdUI)
{ pCmdUI-＞Enable(m_selection. GetCount()==1); }

void CCZqwView::OnGetzByobjs()
{
    SetCommand(ID_GETZ_BYOBJS, OBJ_3D_ELEV);
    //CreateDlgCmd( new CLines3DByObjs(this));
}
void CCZqwView::OnUpdateGetzByobjs(CCmdUI * pCmdUI)
{ pCmdUI-＞Enable(! m_selection. IsEmpty()); }


void CCZqwView::OnPnttocom()
{
    CDlgPntToComObj dlg;
    dlg. pView = this;
    dlg. DoModal();
}

void CCZqwView::OnSqlSet()
{
    CDlgSetSQL dlgSql;
    dlgSql. DoModal();
}

#include "..\ImageRectify\CtrlPointsDlg. h"
void CCZqwView::OnImgrectify()
{
    //AfxMesqwgeBox("! @#");
    CDrawImage * pImgObj =(CDrawImage * )m_selection. GetHead();
    if(pImgObj-＞mImg. IsValid())
    {
```

```
        CString bmpName = pImgObj->GetFName();

        CCtrlPointsDlg dlg;
        dlg. SetOrigImage(bmpName);

        if(dlg. DoModal()==IDOK)
        {
            bmpName = dlg. GetNewImageFile();

            DOUBLE_EXTENT newImageExtent;
            double resolution;
            dlg. GetNewImagePara(newImageExtent, resolution);

            UPnt3D org = pImgObj->GetuOrg();
            org. x = newImageExtent. minX;
            org. y = newImageExtent. minY;
            pImgObj->MoveOrg( org );
            double wd= (newImageExtent. maxX - newImageExtent. minX);
            double hg = (newImageExtent. maxY - newImageExtent. minY);
            pImgObj->SetRectWd(wd);
            pImgObj->SetRectHg(hg);

            pImgObj->CloseImage();
            pImgObj->SetFName(bmpName);
            pImgObj->OpenImage();

        }

    }
}


void CCZqwView::OnUpdateImgrectify(CCmdUI * pCmdUI)
{
    BOOL fg = FALSE;
    if (m_selection. GetCount()==1)
    {
        CDrawObj * pObj =m_selection. GetHead();
        fg = pObj->IsKindOf(RUNTIME_CLASS(CDrawImage));
    }
    pCmdUI->Enable(fg);
}


void CCZqwView::OnArcgisrectify()
{
    SetCommand(ID_IMGRECTIFY, DIGIT_CAL);
}


void CCZqwView::OnUpdateArcgisrectify(CCmdUI * pCmdUI)
{
```

```
        BOOL fg = FALSE;
        if (m_selection. GetCount() = = 1)
        {
            CDrawObj *  pObj = m_selection. GetHead();
            fg = pObj->IsKindOf(RUNTIME_CLASS(CDrawImage));
        }
        pCmdUI->Enable(fg);
}


BOOL CCZqwView::SelTnlOnly()
{
        BOOL fg = FALSE;
        if (m_selection. GetCount() = = 1)
        {
            CDrawObj *  pObj = m_selection. GetHead();
            fg = pObj->IsKindOf(RUNTIME_CLASS(CDrawTunnel));
        }
        return fg;
}


void CCZqwView::OnUpdateDataimport(CCmdUI  * pCmdUI)
{
        pCmdUI->Enable(m_selection. GetCount() = = 1);
}


void CCZqwView::SaveSj()
{
        CDrawObj *  pObj = m_selection. GetHead();

        if( pObj->DrawID() = = DRAW_TUNNEL)
        {

            CDrawTunnel *  CZQW_HD=(CDrawTunnel * )pObj;
            CString sHDName=CZQW_HD->GetName();
            CHdSaveSetupDlg pDlg;
            pDlg. m_HdName=sHDName;
            pDlg. DoModal();

            if (! pDlg. isSave)
                return;

            sHDName=pDlg. m_HdName;
            int iWorkMId=pDlg. m_GzmId;

            CString strCon = AfxGetApp()->GetProfileString("CZQWLIB\\SQL","SQL");
            BOOL bOpen;
            //CString strCon = "DSN = CZQW; WID = localhost; UID = qw; PWD = qw; DATABASE =
CZQW";
            TRY
            {
```

```
        bOpen = m_pDatabase. OpenEx(strCon,CDatabase::noOdbcDialog);
    }
CATCH_ALL(e)
{
    m_pDatabase. Close();
    return;
}
END_CATCH_ALL

if (! bOpen) return;

m_hdb131Set. m_pDatabase= &m_pDatabase;
m_hdb232Set. m_pDatabase= &m_pDatabase;
m_hdb311Set. m_pDatabase= &m_pDatabase;

long UsrID=CZQW_HD->GetUsrID();
int isUsing=0;

float fHDHeight=CZQW_HD->GetHg();
float fHDWidth=CZQW_HD->GetWd();
CString strXT="";
UP3dnARRAY& apnt =CZQW_HD->GetTnlPnt();
int pntCount=apnt. GetCount();
UPnt3Ddn upt3Ddn;
CString strPointType;
CString strConPntXT;


m_hdb131Set. m_strFilter. Format("b13101 = %ld", UsrID);

m_hdb131Set. Open(CRecordset::dynamic);
m_hdb131Set. Requery();

m_hdb311Set. Open(CRecordset::dynamic);
m_hdb311Set. Requery();

m_hdb232Set. Open(CRecordset::dynamic, "B232");

m_hdb232Set. Requery();

if (m_hdb131Set. GetRecordCount()<=0)
{
    if (m_hdb131Set. CanAppend() && m_hdb311Set. CanAppend() &&

m_hdb232Set. CanAppend())
    {
        TRY
        {
            m_hdb131Set. AddNew();
```

```
m_hdb131Set. m_b13102＝sHDName;
m_hdb131Set. m_b13104 ＝ iWorkMId;
m_hdb131Set. m_b13105 ＝ isUsing;

m_hdb131Set. m_b13108 ＝ fHDHeight;
m_hdb131Set. m_b13109 ＝ fHDWidth;
m_hdb131Set. m_b13110 ＝ strXT;

m_hdb131Set. Update();

m_hdb131Set. m_strFilter＝"";
m_hdb131Set. Requery();


    m_hdb131Set. MoveLast();
    UsrID ＝m_hdb131Set. m_b13101;

GetDocument()－＞SetModifiedFlag();

for (int i＝0;i＜pntCount;i＋＋)
{
    CZQW_HD－＞GetPntMsg(i,upt3Ddn);

    m_hdb311Set. AddNew();
    m_hdb311Set. m_b31102 ＝ "";
    m_hdb311Set. m_b31103 ＝ upt3Ddn. y;
    m_hdb311Set. m_b31104 ＝ upt3Ddn. x;
    m_hdb311Set. m_b31105 ＝ upt3Ddn. z;
    m_hdb311Set. m_b31107 ＝ upt3Ddn. wd;
    m_hdb311Set. m_b31106 ＝ upt3Ddn. hg;
    m_hdb311Set. m_b31108 ＝ "";
    m_hdb311Set. m_b31109 ＝ 0;
    m_hdb311Set. m_b31110 ＝ "";
    m_hdb311Set. m_b31111 ＝ "";
    m_hdb311Set. m_b31112 ＝ "";
    m_hdb311Set. m_b31113 ＝

upt3Ddn. wOff＋upt3Ddn. wd/2;

        m_hdb311Set. Update();
        m_hdb311Set. MoveLast();


        m_hdb232Set. AddNew();
        m_hdb232Set. m_b23201 ＝

m_hdb311Set. m_b31101;
        m_hdb232Set. m_b23202 ＝ UsrID;
        m_hdb232Set. m_b23204 ＝ i;
        m_hdb232Set. Update();
```

```
                }
            }
            CATCH_ALL(e)
            {
                m_hdb131Set.Close();
                m_hdb232Set.Close();
                m_hdb311Set.Close();
                m_pDatabase.Close();
                return;
            }
            END_CATCH_ALL
            CZQW_HD->SetUsrID(UsrID);
            MesqwgeBox("保存完毕!");
        }
        else
        {
            MesqwgeBox("数据有误,不能保存!");
        }
    }
    else
    {
        if(m_hdb131Set.CanUpdate() && m_hdb311Set.CanUpdate() &&
m_hdb232Set.CanUpdate())
        {
        TRY
        {
            m_hdb131Set.m_strFilter.Format("b13101 = %ld",
UsrID);// ="b13101 =" + UsrID;
            m_hdb131Set.Requery();
            m_hdb131Set.Edit();
            m_hdb131Set.m_b13102=sHDName;
            m_hdb131Set.m_b13104 = iWorkMId;
            m_hdb131Set.Update();
            m_hdb232Set.m_strFilter.Format("b23202 = %ld",
UsrID);// ="b13101 =" + UsrID;
            m_hdb232Set.Requery();


            if(m_hdb232Set.GetRecordCount()>0)
            {
                for(int j=0;j<m_hdb232Set.GetRecordCount
();j++)
                {
                    m_hdb311Set.m_strFilter.Format
("b31101 = %ld", m_hdb232Set.m_b23201);// ="b13101 =" + UsrID;
                    m_hdb311Set.Requery();
```

```
                m_hdb311Set. Delete();
                m_hdb232Set. MoveNext();
            }
        }


        GetDocument()->SetModifiedFlag();



        m_hdb311Set. m_strFilter="";
        m_hdb311Set. Requery();
        m_hdb232Set. m_strFilter="";
        m_hdb232Set. Requery();

        for (int k=0;k<pntCount;k++)
        {
            CZQW_HD->GetPntMsg(k,upt3Ddn);

            m_hdb311Set. AddNew();
            m_hdb311Set. m_b31102 = "";
            m_hdb311Set. m_b31103 = upt3Ddn. y;
            m_hdb311Set. m_b31104 = upt3Ddn. x;
            m_hdb311Set. m_b31105 = upt3Ddn. z;
            m_hdb311Set. m_b31107 = upt3Ddn. wd;
            m_hdb311Set. m_b31106 = upt3Ddn. hg;
            m_hdb311Set. m_b31108 = "";
            m_hdb311Set. m_b31109 = 0;
            m_hdb311Set. m_b31110 = "";
            m_hdb311Set. m_b31111 = "";
            m_hdb311Set. m_b31112 = "";
            m_hdb311Set. m_b31113 =

upt3Ddn. wOff+upt3Ddn. wd/2;
            m_hdb311Set. Update();
            m_hdb311Set. MoveLast();

            m_hdb232Set. AddNew();
            m_hdb232Set. m_b23201 =

m_hdb311Set. m_b31101;
            m_hdb232Set. m_b23202 = UsrID;
            m_hdb232Set. m_b23204 = k;
            m_hdb232Set. Update();
        }
    }
    CATCH_ALL(e)
    {
        m_hdb131Set. Close();
        m_hdb232Set. Close();
```

```
                    m_hdb311Set. Close();
                    m_pDatabase. Close();
                    return;
                }
            END_CATCH_ALL
            MesqwgeBox("保存完毕!");
        }
        else
        {
            MesqwgeBox("数据有误,不能保存!");
        }


    m_hdb131Set. Close();
    m_hdb232Set. Close();
    m_hdb311Set. Close();
    m_pDatabase. Close();
    }
}


# include "dialog\TnlShapeDlg. h"
void CCZqwView::OnTnlShape()
{
    CDrawObj * pObj = m_selection. GetHead();
    if (CDrawCNode<0 || CDrawCNode>pObj->GetHandleCount())
        { AfxMesqwgeBox("需设定当前节点作为基点。"); return; }
    CTnlShapeDlg dlg;
    dlg. pView =this;
    if (dlg. DoModal()==IDOK) Invalidate(FALSE);
}


void CCZqwView::OnUpdateTnlShape(CCmdUI * pCmdUI)
{ pCmdUI->Enable(! m_selection. IsEmpty()); }//SelTnlOnly()
# include "dialog\TnlFltDlg. h"
void CCZqwView::OnTnlFault()
{
    CDrawObj * pObj = m_selection. GetHead();
    if (CDrawCNode<0 || CDrawCNode>pObj->GetHandleCount())
        { AfxMesqwgeBox("需设定当前节点作为基点。"); return; }
    CTnlFltDlg dlg;
    dlg. pView =this;
    if (dlg. DoModal()==IDOK) Invalidate(FALSE);
}
void CCZqwView::OnUpdateTnlFault(CCmdUI * pCmdUI)
{ pCmdUI->Enable(! m_selection. IsEmpty()); }
# include "dialog\DlgWorkRgnParaCal. h"
void CCZqwView::OnWorkrgnparacal()
{
    CDlgWorkRgnParaCal dlg;
```

```
    dlg. pView = this;
    dlg. DoModal();
}
void CCZqwView::OnUpdateWorkrgnparacal(CCmdUI * pCmdUI)
{
    pCmdUI->Enable(CDrawTool::c_drawTool==DRAW_SEL);
}


#include "Dialog\DlgFormWorkRgn. h"
void CCZqwView::OnBuiltworkrgn()
{
    SetCommand(IDM_BUILTWORKRGN, DRAW_WORKRGN);
    RemoveSelSet();
    CreateDlgCmd( new CDlgFormWorkRgn(this) );
}
void CCZqwView::OnUpdateBuiltworkrgn(CCmdUI * pCmdUI)
{
    pCmdUI->Enable(CDrawTool::c_drawTool==DRAW_SEL);
}


void CCZqwView::OnConnecttnlDbf()
{
    CSurTnlDlg dlg;
    dlg. bConnectTnl = TRUE;
    dlg. pDoc =GetDocument();
    dlg. DoModal();
    GetDocument()->SetLayContrl();
}
#include "Dialog\DlgTnlSearch. h"
void CCZqwView::OnTnlpntSearch()
{
    SetCommand(IDM_TNLPNT_SEARCH);
    CreateDlgCmd( new CDlgTnlSearch(this) );
}


void CCZqwView::On3dInsertTnlRgn()
{
    #ifndef FUNCTION_3D
      AfxMesqwgeBox("三维功能,您没有使用权限!");
    #else
      SetCommand(ID_3D_INSERT_TNL_RGN, MDL_INS_OBJ);
    #endif
}


void CCZqwView::OnUpdate3dInsertTnlRgn(CCmdUI * pCmdUI)
{
    pCmdUI->Enable(pRefObj ! = NULL);
}


void CCZqwView::OnTnlSketch()//qw20110803
```

```
{
    CDrawTunnel * tnl =(CDrawTunnel * )m_selection. GetHead();
    GetDocument()->OutTnlSect(tnl);
}
void CCZqwView::OnUpdateTnlSketch(CCmdUI * pCmdUI)
{
    pCmdUI->Enable(SelTnlOnly());
}


void CCZqwView::OnObjPathSel()
{
    #ifndef FUNCTION_3D
        AfxMesqwgeBox("三维功能,您没有使用权限!");
    #else
        CDlgCurPath dlg(this);
        dlg. mObj =m_selection. GetHead();
        dlg. DoModal();
    #endif
}
void CCZqwView::OnUpdateObjPathSel(CCmdUI * pCmdUI)
{
    pCmdUI->Enable(m_selection. GetCount() == 1);
}


void CCZqwView::OnInsertComobj()
{
    SetCommand(ID_INSERT_COMOBJ, DRAW_INC_COMOBJ);
}


void CCZqwView::OnTnlAutoxref()
{
    if (AfxMesqwgeBox("这个命令将取消先前的关系操作,你确定吗?",MB_YESNO) ! = IDYES)
        return;

    RemoveSelSet();

    CWaitCursor wait;
    double err =CDrawObj::OmidDt;
    CDrawObj::OmidDt =3. 0;
    pCurGis->AllTnlsRelate();
    CDrawObj::OmidDt =err;
    wait. Restore();

    GetDocument()->SetModifiedFlag();
    Invalidate(FALSE);
}


void CCZqwView::OnDelXRef()// 原来为"解除强制关系"
{
    SelObj(DRAW_TUNNEL);
```

```
    pCurGis->RplIdByPtr();
    pCurGis->DelURels(m_selection);
    pCurGis->RplPtrById(1);

    pCurGis->Regen(m_selection);
    RemoveSelSet();
    GetDocument()->SetModifiedFlag();
    Invalidate(FALSE);
}


void CCZqwView::OnMnlRelate()
{
    int num = SelObj(DRAW_TUNNEL);

    //CDlgTnlSel dlg;
    //if (dlg.DoModal()! =IDOK) return;
    //if (dlg.nType==4) //上下关系互换
    //    { pCurGis->ObjXRef(m_selection.GetHead(), m_selection.GetTail()); return;

}

    ///////////////////////////////////
    CDlgUsrVal dlg("设置误差距离值");
    dlg.m_fVal = CDrawObj::OmidDt;
    //dlg.mCmd = ID_MNL_RELATE;
    if (dlg.DoModal() ! = IDOK) return;
    CDrawObj::OmidDt =fabs(dlg.m_fVal);

    pCurGis->PreGen(m_selection);
    pCurGis->RplIdByPtr();
    if (num > 1)
        pCurGis->AutoLinkRelate(m_selection);
    else {
        CDrawTunnel * tnl =(CDrawTunnel * )m_selection.GetHead();
        pCurGis->AutoLinkRelate(tnl);
    }
    pCurGis->RplPtrById(0);
    pCurGis->FreePnts(m_selection);
    ///////////////////////////////////////
    GetDocument()->SetModifiedFlag();
    OnRegen();
}

void CCZqwView::OnUpdateMnlRelate(CCmdUI * pCmdUI)
{
    int cnt =SelCount(DRAW_TUNNEL);
    pCmdUI->Enable(cnt >= 1);
}


void CCZqwView::OnBlkRedef()
{
```

```
    CComObj * obj =(CComObj * )m_selection. GetHead();
    pCurGis->RedefBlk(obj);
}
void CCZqwView::OnUpdateBlkRedef(CCmdUI * pCmdUI)
{
    int cnt = m_selection. GetCount();
    BOOL fg =FALSE;
    if (cnt==1) {
        CDrawObj * obj = m_selection. GetHead();
        if (obj) fg = obj->IsComObj();
    }
    pCmdUI->Enable(fg);
}


void CCZqwView::OnComSubobj()
{
    CComObj * obj =(CComObj * )m_selection. GetHead();
    CDlgSubObjList dlg(obj);
    dlg. DoModal();
    obj->Regen();
    InvalObj(obj);
}
void CCZqwView::OnUpdateComSubobj(CCmdUI * pCmdUI)
{
    int cnt = m_selection. GetCount();
    BOOL fg =FALSE;
    if (cnt==1) {
        CDrawObj * obj = m_selection. GetHead();
        if (obj) fg = obj->IsComObj();
    }
    pCmdUI->Enable(fg);
}


void CCZqwView::OnRotNet()
{
    CDrawNet * obj =(CDrawNet * )m_selection. GetHead();
    CDlgRotByNet dlg(this, obj);
    dlg. DoModal();
}


void CCZqwView::OnUpdateRotNet(CCmdUI * pCmdUI)
{
    int cnt = m_selection. GetCount();
    BOOL fg =FALSE;
    if (cnt==1) {
      CDrawObj * obj = m_selection. GetHead();
      if (obj) fg = obj->IsKindOf(RUNTIME_CLASS(CDrawNet));
    }
    pCmdUI->Enable(fg);
}
```

```
void CCZqwView::OnTrsXpp()// 剖面＞平面｜平面＞剖面
{
    char BASED_CODE szFilter[] ="图形文件（*.sDc)｜*.sDc|所有文件（*.*)｜*.*||";
    CFileDialog dlg（TRUE，NULL，NULL，OFN_HIDEREADONLY|OFN_FILEMUSTEXIST,
szFilter);
    dlg.m_ofn.lpstrTitle = "选择图形文件:";
    if（dlg.DoModal()! = IDOK）return;

    bFileLnk =1;
    CCZqwDoc * pSrc =（CCZqwDoc *)((CCZqwApp *)AfxGetApp())-＞CreateDoc（dlg.
GetPathName()

);
    bFileLnk =0;
    if（! pSrc）{ AfxMesqwgeBox("文件不能打开!");return; }

    CCZqwDoc * pDoc =GetDocument();
    pDoc-＞pGis-＞InitPtr();     // CreateDoc 已改变了 xForm 等指针

    if（pSrc-＞pGis-＞GetGrhType() == pDoc-＞pGis-＞GetGrhType())
        AfxMesqwgeBox("不能同时为平面/剖面类型!");
    else {
        CReadTnlSkt vDlg(pSrc，this);
        //vDlg.pSrc =pSrc;  vDlg.pView =this;
        vDlg.DoModal();
    }
    delete pSrc;
}

void CCZqwView::OnSectToPlan()// 剖面 => 平面
{
    CCZqwDoc * pDoc =GetDocument();
    pDoc-＞InitTrslator();

    char BASED_CODE szFilter[] ="图形文件（*.sDc)｜*.sDc|所有文件（*.*)｜*.*||";
    CFileDialog dlg(

TRUE，NULL，NULL，OFN_HIDEREADONLY｜OFN_FILEMUSTEXIST｜OFN_
ALLOWMULTISELECT,szFilter);
    dlg.m_ofn.lpstrTitle = "选择图形文件:";
    if( dlg.DoModal()! =IDOK ）return;

    CInSectDlg mDlg;
    mDlg.pFileDlg =&dlg;
    mDlg.DoModal();

    pDoc-＞pGis-＞InitPtr();     // CreateDoc 已改变了 xForm 等指针
}

void CCZqwView::OnXasOutput()     // 交换数据点标注
```

```
    {
        GetDocument()->InitTrslator();

        char BASED_CODE szFilter[] ="交换文件（＊．xas）｜＊．xas｜所有文件（＊．＊）｜＊．＊｜｜";
        CFileDialog dlg（TRUE，NULL，NULL，OFN_HIDEREADONLY｜OFN_FILEMUSTEXIST，
szFilter）;
        dlg.m_ofn.lpstrTitle = "录入剖面数据交换文件";
        if( dlg.DoModal()! =IDOK ) return;

        CSaReadXFile mDlg;
        mDlg.m_sFName =dlg.GetPathName();
        if (mDlg.DoModal() ! = IDOK) return;

        UP3nARRAY mPnt;
        mDlg.ReadXFile(mPnt);

        GetDocument()->OutXData(mPnt);
    }


void CCZqwView::OnFaultMove()
    {
        CDrawObj * pObj =m_selection.GetHead();
        int id =pObj->DrawID();
        if (id! =DRAW_POLY && id! =DRAW_PLINE)
        {
            AfxMesqwgeBox("所选图素必须是折线或曲线的断层线!");return;
        }

        SetCommand(IDM_FAULT_MOVE，EDIT_MOVFLT);
        CDrawTool::c_cnt =0;
    }
void CCZqwView::OnUpdateFaultMove(CCmdUI * pCmdUI)
    {
        pCmdUI->Enable(m_selection.GetCount() == 1);
        pCmdUI->SetRadio(CDrawTool::c_drawTool == EDIT_MOVFLT);
    }


void CCZqwView::OnFaultRot()
    {
        CDrawObj * pObj =m_selection.GetHead();
        int id =pObj->DrawID();
        if (id! =DRAW_POLY && id! =DRAW_PLINE)
        {
            AfxMesqwgeBox("所选图素必须是折线或曲线的断层线!");return;
        }

        SetCommand(IDM_FAULT_ROT，EDIT_ROTFLT);
        CDrawTool::c_cnt =0;
    }
void CCZqwView::OnUpdateFaultRot(CCmdUI * pCmdUI)
```

```
{
    pCmdUI->Enable(m_selection.GetCount() == 1);
    pCmdUI->SetRadio(CDrawTool::c_drawTool == EDIT_ROTFLT);
}

void CCZqwView::OnLyrEndform()
{
    SetCommand(IDM_LYR_ENDFORM, EDIT_ENDPNT);
}

void CCZqwView::EndPnt(SPnt3D& vpnt)
{
    CDrawObj * pObj = PntSel(vpnt);
    if (! pObj) return;

    int id = pObj->DrawID();
    if (id! = DRAW_POLY && id! = DRAW_PLINE) return;

    SEditPLine mFlt;
    pObj->GetPline(mFlt);//pObj->GetMPnt();
    GetDocument()->pGis->FstEndPnt(&mFlt, m_selection);
    RegenSel();
}

void CCZqwView::XFormFault(int nAct)
{
    SEditPLine mFlt;
    CDrawObj * pSel = m_selection.GetHead();
    pSel->GetPline(mFlt);

    GetDocument()->pGis->LinkEndPt(pSel, &mFlt, m_selection);
    if (nAct==EDIT_ROTFLT) pSel->RotData(); else pSel->MoveData();

    //WORD mUndo = (nAct == EDIT_ROTFLT) ? UNDO_ROTFLT : UNDO_MOVFLT;
    //RecUndo(mUndo);
}

void CCZqwView::OnClmnDecTh()
{
    CDrawObj * pObj = m_selection.GetHead();

    CCZqwDoc * pDoc = GetDocument();
    pDoc->pGis->DecSpace((CDrawRect * )pObj);

    OnRegen();
}

void CCZqwView::OnUpdateClmnDecTh(CCmdUI * pCmdUI)
{
    BOOL fg = FALSE;
```

```
    if (m_selection. GetCount()==1)
    {
        CDrawObj * pObj = m_selection. GetHead();
        fg = pObj->IsKindOf(RUNTIME_CLASS(CDrawRect));
    }
    pCmdUI->Enable(fg);
}

void CCZqwView::On3dTrsroad()
{
    #ifndef FUNCTION_3D
        AfxMesqwgeBox("三维功能,您没有使用权限!");
    #else
        bDrawCurve =0;
        SetCommand(IDM_3D_TRSROAD, DRAW3D_TRSROAD);
    #endif
}

void CCZqwView::OnFlowSw()
{
    CDlgUsrVal dlg0("速度设置");
    if (dlg0. DoModal() ! = IDOK) { SetFocus(); return; }
    float speed =dlg0. m_fVal;
    CDlgUsrVal dlg1("间隔设置");
    if (dlg1. DoModal() ! = IDOK) { SetFocus(); return; }
    float space =dlg1. m_fVal;

    POSITION pos = m_selection. GetHeadPosition();
    while(pos)
    {
        CDrawObj * obj = m_selection. GetNext(pos);
        obj->SpeedPara(speed, space);
    }
    SetFocus();
}
void CCZqwView::OnUpdateFlowSw(CCmdUI * pCmdUI)
{
    pCmdUI->Enable(m_selection. GetCount() ! = 0);
}

void CCZqwView::SetXFormRefPnt(UINT nFlags)
{
    if (! CDrawObj::b3D || (nFlags & MK_LBUTTON)==0) return;
    CDrawObj * pObj =m_selection. IsEmpty() ? NULL : m_selection. GetTail();
    if (! pObj) pObj = pRefObj;
    //GetDocument()->pGis->SetXFormRefPnt(pObj);xuwen 201008

    /* qwBox objBox;
    if(pObj)
    {
```

```
        objBox = pObj->GetvBox();
    }
    else
    {
        objBox = xForm->GetLmt();
    }
    SPnt3D spnt = objBox.CentPnt();
    xForm->SetRefPnt(UPnt3D(spnt.x,spnt.y,spnt.z));*/
}
void CCZqwView::OnMButtonDown(UINT nFlags,CPoint point)
{
    CViewBase::AnimateSw(0);
    if(! m_bActive)return;

    TrsDCoord(point);

    SetCapture();
    SetCursor(AfxGetApp()->LoadCursor(IDC_ZOOM_PAN1));
    if(! CDrawObj::b3D)CaptureScreenBmp();
}
void CCZqwView::OnMButtonUp(UINT nFlags,CPoint point)
{
    if(! m_bActive)return;

    TrsCCoord(point);
    if(! CDrawObj::b3D)
    {
        ReleaseScreenBmp();
        ScrollBy(nFlags,TRUE);
    }
    SetCursor(AfxGetApp()->LoadCursor(IDC_ZOOM_PAN1));//IDC_CROSS
    ReleaseCapture();

}
void CCZqwView::OnMButtonDblClk(UINT nFlags,CPoint point)
{
    OnZoomAll();
}


void CCZqwView::OnTnlTrsroad()
{
    bool fg =AfxMesqwgeBox("是否保存参考的巷道?",MB_YESNO)==IDYES;
    if(! fg)
    {
        OnTransType(DRAW3D_TRSROAD);
        return;
    }

    CCZqwDoc * doc =GetDocument();
    POSITION pos = m_selection.GetHeadPosition();
```

```
    while(pos)
    {
        CDrawObj * pSrc = m_selection. GetNext(pos);
        if (! pSrc) continue;

        CDrawObj * pDst = pSrc->TransType(DRAW3D_TRSROAD);
        doc->Add(pDst);
        InvalObj(pDst);
    }
    m_selection. RemoveAll();
}
void CCZqwView::OnUpdateTnlTrsroad(CCmdUI * pCmdUI)
{
    pCmdUI->Enable(m_selection. GetCount() ! = 0);
}
void CCZqwView::OnDelGraph()
{
    #ifndef FUNCTION_3D
        AfxMesqwgeBox("三维功能,您没有使用权限!");
    #else
        CString sPath;
        ArrayPATH aPtr;
        CDrawObj * pObj = m_selection. GetHead();
        CCZqwDoc * pDoc = GetDocument();
        if (! pDoc) return;
        if (pDoc->GetSuperLnkSas(pObj, sPath))
        {
            pDoc->pGis->DelLnkSas(pObj->GetObjId(), sPath);
            pDoc->SetModifiedFlag();
        }
    #endif
}
void CCZqwView::OnUpdateDelGraph(CCmdUI * pCmdUI)
{
    pCmdUI->Enable(m_selection. GetCount()==1);
}
void CCZqwView::OnRotateAxis()
{
    CDlgSetAng dlgAng(this);
    dlgAng. DoModal();
    GetDocument()->pGis->mXForm. SetXForm(dlgAng. dbAng * TOPI);
}
void CCZqwView::OnAnimatesel()
{
    CDlgSelAnimateType dlgAnimateSel;
    if (dlgAnimateSel. DoModal() ! = IDOK) return;
}
#include ".\Dialog\addpntdlg. h"
void CCZqwView::OnNodeAddpnt()
{
```

```
        CDrawObj * pObj = m_selection.GetHead();
        if (CDrawCNode<0 || CDrawCNode>pObj->GetHandleCount())
            { AfxMesqwgeBox("需设定当前节点作为基点。"); return; }

        CAddPntDlg dlg;
        dlg.pView = this;
        dlg.DoModal();
}
void CCZqwView::OnUpdateNodeAddpnt(CCmdUI * pCmdUI)
{ pCmdUI->Enable(! m_selection.IsEmpty()); }
#include ".\Dialog\RefPntDlg.h"
void CCZqwView::OnBlinePnt()
{
        CDrawObj * pObj = m_selection.GetHead();
        if (CDrawCNode<0 || CDrawCNode>pObj->GetHandleCount())
            { AfxMesqwgeBox("需设定当前节点作为基点。"); return; }

        CRefPntDlg dlg;
        dlg.pView = this;
        dlg.DoModal();
}
void CCZqwView::OnUpdateBlinePnt(CCmdUI * pCmdUI)
{ pCmdUI->Enable(! m_selection.IsEmpty()); }
#include ".\Dialog\RktLineDlg.h"
void CCZqwView::OnTnlLyrline()
{
        CDrawObj * pObj = m_selection.GetHead();
        if (CDrawCNode<0 || CDrawCNode>pObj->GetHandleCount())
            { AfxMesqwgeBox("需设定当前节点作为基点。"); return; }

        CRktLineDlg dlg;
        dlg.pView = this;
        dlg.DoModal();
}
void CCZqwView::OnUpdateTnlLyrline(CCmdUI * pCmdUI)
{ pCmdUI->Enable(! m_selection.IsEmpty()); }
void CCZqwView::OnDrawPolyHand()
{
        CCZqwDoc * pDoc = GetDocument();
        tagLAYER * pLyr = pDoc->NewLayer("批阅");
        if(pLyr) pDoc->SetCurLayer(pLyr);
        SetCommand(ID_DRAW_POLY_HAND, DRAW_PEN);
}
void CCZqwView::OnGisTrsClass()
{
        CDlgTrsGisClass dlg;
        dlg.pDoc = GetDocument();
        dlg.DoModal();
}
void CCZqwView::OnDrawBoxText()
```

```
{
    SetCommand(ID_BOX_TEXT, DRAW_BOX_TEXT);
}
void CCZqwView::OnDrawEllipse()
{
    bDrawCurve=1;
    SetCommand(ID_DRAW_RECT, DRAW_RECT);
}
#include "DlgNewTable. h"
void CCZqwView::OnDrawTable()
{
    SetCommand(ID_DRAW_TABLE, DRAW_TAB_DRILL);
    CreateDlgCmd( new CDlgNewTable(this) );
}
void CCZqwView::OnInsRow()
{
    CDrawNewTab * tab = (CDrawNewTab * )FstSelObj(DRAW_TAB_DRILL);
    if (! tab) return;
    int ndx = tab->ObjRowCol(CDrawCNode, 2);// 0--obj;1--col;2--row
    tab->InsRowNULL(ndx);
    InvalObj(tab);
    tab->Regen();
    InvalObj(tab);
}
void CCZqwView::OnUpdateInsRow(CCmdUI * pCmdUI)
{
    pCmdUI->Enable(SelCount(DRAW_TAB_DRILL)==1);
}

void CCZqwView::OnInsCol()
{
    CDrawNewTab * tab = (CDrawNewTab * )FstSelObj(DRAW_TAB_DRILL);
    if (! tab) return;
    int ndx = tab->ObjRowCol(CDrawCNode, 1);// 0--obj;1--col;2--row
    tab->InsColNULL(ndx);
    InvalObj(tab);
    tab->Regen();
    InvalObj(tab);
}
void CCZqwView::OnUpdateInsCol(CCmdUI * pCmdUI)
{
    pCmdUI->Enable(SelCount(DRAW_TAB_DRILL)==1);
}

void CCZqwView::OnAppRow()
{
    CDrawNewTab * tab = (CDrawNewTab * )FstSelObj(DRAW_TAB_DRILL);
    if (! tab) return;
    tab->AppRowNULL();
    InvalObj(tab);
```

```
    tab->Regen();
    InvalObj(tab);
}
void CCZqwView::OnUpdateAppRow(CCmdUI * pCmdUI)
{
    pCmdUI->Enable(SelCount(DRAW_TAB_DRILL)==1);
}


void CCZqwView::OnAppCol()
{
    CDrawNewTab * tab = (CDrawNewTab * )FstSelObj(DRAW_TAB_DRILL);
    if (! tab) return;
    tab->AppColNULL();
    InvalObj(tab);
    tab->Regen();
    InvalObj(tab);
}
void CCZqwView::OnUpdateAppCol(CCmdUI * pCmdUI)
{
    pCmdUI->Enable(SelCount(DRAW_TAB_DRILL)==1);
}
void CCZqwView::OnDelRow()
{
    CDrawNewTab * tab = (CDrawNewTab * )FstSelObj(DRAW_TAB_DRILL);
    if (! tab) return;
    int ndx = tab->ObjRowCol(CDrawCNode, 2);// 0--obj;1--col;2--row
    float dy =tab->RowErase(ndx);
    tab->RowsMove(ndx, dy);
    InvalObj(tab);
    tab->Regen();
    InvalObj(tab);
}
void CCZqwView::OnUpdateDelRow(CCmdUI * pCmdUI)
{
    pCmdUI->Enable(SelCount(DRAW_TAB_DRILL)==1);
}
void CCZqwView::OnDelCol()
{
    CDrawNewTab * tab = (CDrawNewTab * )FstSelObj(DRAW_TAB_DRILL);
    if (! tab) return;
    int ndx = tab->ObjRowCol(CDrawCNode, 1);// 0--obj;1--col;2--row
    float dx =tab->ColErase(ndx);
    tab->ColsMove(ndx, dx);
    InvalObj(tab);
    tab->Regen();
    InvalObj(tab);
}
void CCZqwView::OnUpdateDelCol(CCmdUI * pCmdUI)
{
    pCmdUI->Enable(SelCount(DRAW_TAB_DRILL)==1);
```

```
}
void CCZqwView::OnDbdLen()
{

    CDlgUsrVal dlg("设置煤矿床长度");
    dlg.m_fVal = 2.f;
    if (dlg.DoModal()==IDOK) {
        CDrawTunnel * tnl =(CDrawTunnel * )m_selection.GetHead();
        tnl->SetDBD_Len(dlg.m_fVal);
        tnl->Regen();
    }
    SetFocus();
}
void CCZqwView::OnUpdateDbdLen(CCmdUI * pCmdUI)
{

    pCmdUI->Enable(SelTnlOnly());
}
void CCZqwView::OnDbdAng()
{

    CDlgUsrVal dlg("设置三维煤矿床旋转的角度");
    dlg.m_fVal = 2.f;
    if (dlg.DoModal()==IDOK) {
        CDrawTunnel * tnl =(CDrawTunnel * )m_selection.GetHead();
        tnl->SetDBD_Ang(dlg.m_fVal);
        tnl->Regen();
    }
    SetFocus();
}
void CCZqwView::OnUpdateDbdAng(CCmdUI * pCmdUI)
{

    pCmdUI->Enable(SelTnlOnly());
}
void CCZqwView::OnStru50()
{

    SetCommand(ID_STRU_50);
    CreateDlgCmd( new CDlgCStr50(this) );
}
void CCZqwView::OnUpdateStru50(CCmdUI * pCmdUI)
{

    pCmdUI->Enable(SelCount()>=1);
}
CDrawObj * CCZqwView::AddTnlToCom(CComTnls * obj)
{

    CDrawObj * lstObj =NULL;
    POSITION pos = m_selection.GetHeadPosition();
    while(pos)
    {

        CDrawObj * ptr =m_selection.GetNext(pos);
        if (! ptr) continue;
        if (ptr==obj) continue;
        if (ptr->IsKindOf(RUNTIME_CLASS(CComTnls)))
```

```
            obj->StoreCom((CComTnls * )ptr);
        else if (ptr->IsKindOf(RUNTIME_CLASS(CDrawTunnel)))
            obj->StoreObj(ptr);
        lstObj = ptr;
    }
    return lstObj;
}
void CCZqwView::OnOneTest()
{
    CDC dc;
    CClientDC client(this);
    if (! dc.CreateCompatibleDC(&client)) return;
    CfileBmpOut dlg(this);
    dlg.pathName = "c:\\Documents and Settings\\hp\\桌面\\tmp";
    dlg.extName = "jpg";
CPoint3D org = xForm->wndPara.uRef;
    CRect rect;
    GetClientRect(&rect);
    dlg.OutImg3D(dc,client, org,rect,CSize(2048, 2048),2,2, true);
}
void CCZqwView::OnEditDescription()
{
    GetDocument()->InitTrslator();
    CDrawObj * pObj = m_selection.GetHead();
    CreateDlgCmd(new CSetObjDescript(this,pObj));
}
void CCZqwView::OnUpdateEditDescription(CCmdUI * pCmdUI)
{
    BOOL fg = m_selection.GetCount() == 1;
    pCmdUI->Enable( fg );
}
void CCZqwView::OnSectType()
{
    CDlgTnlShpType dlg;
    dlg.mObj = 0;
    if (dlg.DoModal() ! = IDOK) return;
    BYTE type = dlg.mType;
    POSITION pos = m_selection.GetHeadPosition();
    while(pos)
    {
        CDrawObj * obj = m_selection.GetNext(pos);
        if (! obj) continue;
        if (! obj->IsKindOf(RUNTIME_CLASS(CDrawTunnel))) continue;
        CDrawTunnel * tnl =(CDrawTunnel * )obj;
        tnl->SetSectType(type);
    }
    OnRegen();
}
void CCZqwView::OnUpdateSectType(CCmdUI * pCmdUI)
{
```

```
        pCmdUI—>Enable(SelCount(DRAW_TUNNEL) >= 1);
    }
    void CCZqwView::OnTexPath()
    {
        char BASED_CODE szFilter[] ="纹理库文件（＊.TEX）|＊.TEX|所有文件（＊.＊）|＊.＊||";
         CFileDialog FileDlg（TRUE，"Tex"，"CZQW.Tex"，OFN_HIDEREADONLY | OFN_
CREATEPROMPT，
szFilter);
        if (FileDlg.DoModal() != IDOK) return;
        CTexLib lib( FileDlg.GetPathName() );
        wglMakeCurrent(pHDC—>GetSafeHdc(), SYS_hRC);
        pTexLib—>DeleteAll();
        pTexLib—>Copy(&lib);
        pTexLib—>LoadTexture(FALSE);
        pTexLib—>bModify =FALSE;
        wglMakeCurrent(pHDC—>GetSafeHdc(), NULL);
        GetDocument()—>pGis—>Regen();
    }
    void CCZqwView::OnSetViewpoly()
    {
        CDrawObj * obj =m_selection.GetHead();
        if (obj—>DrawID()! =DRAW_RECT && obj—>DrawID()! =DRAW_POLY)
            AfxMesqwgeBox("必须且只能选择一个矩形或多边形类的图形对象!");
        else {
            UP3dARRAY mpnt;
            obj—>GetMPnt(mpnt, FALSE);
            GetDocument()—>pGis—>SetViewRegion(mpnt);
            OnRegen();
        }
    }
    void CCZqwView::OnUpdateSetViewpoly(CCmdUI * pCmdUI)
    {
        pCmdUI—>Enable(SelCount()==1);
    }
    void CCZqwView::OnOffViewpoly()
    {
        GetDocument()—>pGis—>EmptyViewRegion();
        OnRegen();
    }
    void CCZqwView::OnTnlHigh()
    {
        CDlgUsrVal dlg("设置巷道/管线的高度,重新生成三维图");
        dlg.m_fVal = 2.f;
        if (dlg.DoModal()! =IDOK) return;
        float hg =fabs(dlg.m_fVal);
        POSITION pos = m_selection.GetHeadPosition();
        while(pos)
        {
            CDrawObj * obj =m_selection.GetNext(pos);
            if (! obj) continue;
```

```
        if (! obj->IsKindOf(RUNTIME_CLASS(CDrawTunnel))) continue;
        CDrawTunnel * tnl =(CDrawTunnel * )obj;
        tnl->SetTnlHigh(hg);
    }
}
void CCZqwView::OnAddKqy()
{
    if (m_selection.IsEmpty())
    { MesqwgeBeep(MB_ICONASTERISK); return; }
    CDrawObj  * obj = m_selection.GetHead();
    if(obj->DrawID() ! = DRAW_TUNNEL) return;
    CDlgAddKQY dlg;
    if(dlg.SetDrawObj((CDrawTunnel * )obj) == FALSE) return;
    if(dlg.DoModal()! = IDOK) return;
    SaveObj(dlg.GetKQYTunnel());
}
void CCZqwView::OnUpdateAddKqy(CCmdUI * pCmdUI)
{
    pCmdUI->Enable(SelTnlOnly());
}
void CCZqwView::OnDrawUpoly()
{
    SetCommand(ID_DRAW_POLYGON,DRAW_UPOLY);
}
void CCZqwView::OnPolyToUpoly()
{
    if (m_selection.IsEmpty())
    { MesqwgeBeep(MB_ICONASTERISK); return; }
    POSITION pos = m_selection.GetHeadPosition();
    while (pos)
    {
        CDrawObj  * obj = m_selection.GetNext(pos);
        if(obj->DrawID() ! = DRAW_FAULT&&obj->DrawID() ! = DRAW_POLY)
continue;
        UP3dARRAY mpnt;
        obj->GetMPnt(mpnt);
        CDrawUPoly * pUPoly = new CDrawUPoly(mpnt);
        if(pUPoly == NULL) continue;
        pUPoly->SetDrawObj(obj);
        SaveObj(pUPoly);
        InvalObj(obj);
        obj->UnSel();
        pCurGis->Remove(obj);
        InvalObj(pUPoly);
    }
}
void CCZqwView::OnUpolyToPoly()
{
    POSITION pos = m_selection.GetHeadPosition();
    while (pos)
```

```
    {
        CDrawObj * obj = m_selection. GetNext(pos);
        if(obj->DrawID() ! = DRAW_UPOLY) continue;
        CDrawFault * pPoly = new CDrawFault();
        CDrawUPoly * pUPoly = (CDrawUPoly * )obj;
        CDrawFault * pClone = (CDrawFault * )(pUPoly->CDrawFault::Clone());
if(pClone == NULL) continue;
        memcpy(pPoly,pClone,sizeof(CDrawFault));
        if(pPoly == NULL) continue;
        SaveObj(pPoly);
        obj->UnSel();
        InvalObj(obj);
        pCurGis->Remove(obj);
        InvalObj(pPoly);
    }
}
void CCZqwView::OnUpdateUpolyToPoly(CCmdUI * pCmdUI)
{
    BOOL cmdEnable = FALSE;
    if(m_selection. IsEmpty() == FALSE)
    {
        POSITION pos = m_selection. GetHeadPosition();
        while (pos)
        {
            CDrawObj * obj = m_selection. GetNext(pos);
        if(obj->DrawID() == DRAW_UPOLY) {
            cmdEnable = TRUE;
            break;
        }
        }
    }
    pCmdUI->Enable(cmdEnable);
}
void CCZqwView::CMdl_Drill(UPnt3D& udown, SPnt3D& vec, LPCTSTR name, float depth, BOOL
space)
    {
    if(IS_ZERO(vec. z)) return;
    CDrawObjList mdls;
    GetDocument()->MatchObj(mdls, DRAW_MODEL, MATCH_DRAWID, NULL);
    CDrillSpace * pHole = new CDrillSpace(name);
    if (! pHole) return ;
    pHole->SetOrg(udown);
    pHole->InitPara();
    pHole->SetRadius(1. 5);
    pHole->SetRate(0. 5f);
    pHole->SetbSym(TRUE);
    pHole->SetDrill(udown,vec,name,depth);
    UPnt3Dv upnt(udown);
    upnt. val = upnt. z = depth;
    pHole->InsertLayer(upnt,vec,depth);
```

```
        POSITION pos = mdls. GetHeadPosition();
        while (pos ! = NULL)
        {
            CDrawObj * mdl = mdls. GetNext(pos);
            if (! mdl) continue;
            UPnt3Dv pnt(udown);
            int bb = mdl->GetPntElevTh(pnt, &vec);
            if (bb==0) continue;
            float down = (udown. z  - pnt. z)/vec. z;
            pnt. z = down;
            pnt. val = pnt. val/vec. z;
            pHole->InsertLayer(pnt, vec, down);
        }
        GetDocument()->InitTrslator();
        CClmnSheet sheet( "预想柱状", this);
        sheet. InitPara(2);
        sheet. SetDrillSpace(pHole);
        sheet. SetWizardMode();
        sheet. DoModal();
        if(space) GetDocument()->AddObj(pHole);
        else delete pHole;
}
void CCZqwView::On3dDrill()
{
        SetCommand(ID_3D_DRILL);
        CreateDlgCmd(new SpacedrillDlg(this));
}
void CCZqwView::OnUpdate3dDrill(CCmdUI * pCmdUI)
{
        pCmdUI->Enable();
}
void CCZqwView::OnUpolyNum()
{
        CreateDlgCmd( new CUPolyReportDlg(this) );
}
void CCZqwView::OnModifyevel()
{
        CDlgUsrVal dlg("设置统改高程值");
        //dlg. m_fVal = CDrawObj::OmidDt;
        if (dlg. DoModal() ! = IDOK) return;

        float fValue = dlg. m_fVal;
        POSITION pos = m_selection. GetHeadPosition();
        while (pos)
        {
        CDrawObj * obj = m_selection. GetNext(pos);
        UPnt3D upnt = obj->GetuOrg();
        upnt. z = fValue;
        obj->SetuOrg(upnt);
    }
```

```
    SetFocus();
}
void CCZqwView::OnUpdateModifyevel(CCmdUI * pCmdUI)
{
    pCmdUI->Enable(! m_selection. IsEmpty());
}
void CCZqwView::OnEditTextEvel()
{
    if(m_selection. IsEmpty()) return;
    POSITION pos = m_selection. GetHeadPosition();
    while (pos)
    {
        CDrawObj * pObj = m_selection. GetNext(pos);
        if(pObj->IsDel()) continue;
        int drawID = pObj->DrawID();
        double zValue = pObj->GetuOrg(). z;
        LPCTSTR szText = NULL;
        if(drawID == DRAW_TEXT)
        {
            CDrawText * pTextObj = (CDrawText * )pObj;
            szText = pTextObj->GetText();
        }
        else if(drawID == DRAW_ATEXT)
        {
            CDrawAText * pTextObj = (CDrawAText * )pObj;
            szText = pTextObj->GetText();
        }
        else
        {
            continue;
        }
        double z = atof(szText);
        if(z ! = 0. 0) zValue = z;
        else
        {
            COLORREF clr = pObj->GetFColor();
            pObj->SetFColor(clr == 0 ? RGB(200,200,200) : clr ^ 0xFFFFFF);
        }
        UPnt3D upnt = pObj->GetuOrg();
        upnt. z = zValue;
        pObj->SetuOrg(upnt);
        pObj->Regen();
    }

}
void CCZqwView::OnTestDsgn()
{
    CDrawObj * obj = CreateObj(DRAW_INTERPOINT, UPnt3D());
    if (obj) obj->ObjProperties();
}
```

```
void CCZqwView::OnSetanimateimage()
{
    char BASED_CODE szFilter[] ="Gif 图片（ * . gif)| * . gif||";
    CFileDialog FileDlg(TRUE, "gif", NULL , OFN_HIDEREADONLY|OFN_CREATEPROMPT,
szFilter);
    if (FileDlg. DoModal() ! = IDOK) return;
    if(m_pImageAnimate ! = NULL)
        m_pImageAnimate->AnimateStop();
    else
        m_pImageAnimate = new CImageAnimate();
    m_pImageAnimate->SetName("矿图");
    CImageAnimate::SetWidthHeight(60,60);
    HDC hdc = pHDC->GetSafeHdc();
    wglMakeCurrent(hdc, m_hRC);
    CImageAnimate::LoadTexture(FileDlg. GetPathName());
    wglMakeCurrent(hdc,NULL);
}
void CCZqwView::OnLookmode()
{
    bLook = ! bLook;
    xForm->SetWander(bLook);
}
void CCZqwView::OnUpdateLookmode(CCmdUI * pCmdUI)
{
    if(bLook)
        pCmdUI->SetText("制图模式");
    else
        pCmdUI->SetText("行走模式");
}
# include "ZipUnzip/Zipper. h"
# include "ZipUnzip/Unzipper. h"
void CCZqwView::OnSdcpack()
{
    LPITEMIDLIST outDir;
    BROWSEINFO browseInfo;
    ::ZeroMemory(&browseInfo, sizeof(BROWSEINFO));
    browseInfo. hwndOwner = this->m_hWnd;
    browseInfo. lpszTitle = "SDC 打包输出文件夹";
    outDir = SHBrowseForFolder(&browseInfo);
    char outPutStr[MAX_PATH];
    ::SHGetPathFromIDList(outDir, outPutStr);
    if(strlen(outPutStr) == 0) return;
    CString DocName = GetDocument()->GetPathName();
    DocName = DocName. Mid(DocName. ReverseFind('\\'));
    if(DocName. IsEmpty()) return;
    CString zipName = DocName. SpanExcluding(". ") + ". qwr";
    strcat(outPutStr,zipName);
    BeginWaitCursor();
    CZipper zip;
    zip. OpenZip(outPutStr,NULL,FALSE);
```

```
    TCHAR szTempPath[MAX_PATH];
    ::GetTempPath(MAX_PATH,szTempPath);
    strcat(szTempPath,"\\CZqwTemp");
    CString tempPath = szTempPath;
    if(! PathIsDirectory(tempPath))
    {
        BOOL bRet = CreateDirectory(tempPath,NULL);
        if(bRet) SetFileAttributes(tempPath,FILE_ATTRIBUTE_NORMAL);
    }
    tempPath += "\\";
    CFileFind finder;
    CString srcName,destName;
    srcName = GetDocument()->GetPathName();
    if(finder.FindFile(srcName))
    {
        destName = tempPath + "CZqw.sdc";//DocName;
        if(CopyFile(srcName,destName,FALSE))
            zip.AddFileToZip(destName,true);
    }
    srcName = pTexLib->GetFName();
    if(finder.FindFile(srcName))
    {
        destName = tempPath + "CZqw.tex";
        if(CopyFile(srcName,destName,FALSE))
            zip.AddFileToZip(destName,true);
    }
    CTexNdx * pNdx=pTexLib->mTexSet.GetData();
    int cnt = pTexLib->mTexSet.GetSize();
    for(int i = 0;i < cnt; i++,pNdx++)
    {
        srcName = curPath + "\\Data\\" + pNdx->mName;
        if(finder.FindFile(srcName))
        zip.AddFileToZip(srcName,"\\Data");
    }
    zip.CloseZip();
    EndWaitCursor();
}
void CCZqwView::OnUpdateSdcpack(CCmdUI * pCmdUI)
{
    CString DocName = GetDocument()->GetPathName();
    DocName = DocName.Mid(DocName.ReverseFind('\\'));
    pCmdUI->Enable(! DocName.IsEmpty());
}
#include "DcSheet.h"
void CCZqwView::OnMdlDcBuild()
{
    CCZqwDoc * pDoc = GetDocument();
    CDcSheet sheet(_T("根据数据生成煤矿床模型"));
    sheet.InitPara();
    sheet.DoModal();
```

```
    if (! sheet. pMdl) return;
    lyrModel * pMdl = GetpMdl();
    if (! pMdl) { SaError(); return; }
    OnEditCopy();
    tagLAYER * lyr= pCurGis->GetpLyr(pMdl);
    CString strPlyrName = lyr->GetName();
    CString strLyrName = sheet. mdlDlg. strLyrName;
    lyr->SetName(strLyrName);
    m_selection. RemoveAll();
    OnEditPaste();
    pMdl = GetpMdl();
    pMdl->mName   =sheet. mdlDlg. strMdlName;
    pMdl->ResetZ(sheet. pMdl,sheet. mdlDlg. m_bMdl);
    tagLAYER * pLyr = pCurGis->GetpLyr(pMdl);
    pLyr->SetName(strPlyrName + "-" + strLyrName);
    lyr->SetName(strPlyrName);
    pLyr->SetName(strLyrName);
    delete sheet. pMdl;
    pDoc->SetModifiedFlag();
#endif
}
void CCZqwView::OnUpdateMdlDcBuild(CCmdUI * pCmdUI)
{
    pCmdUI->Enable(IsBaseModel());
}
void CCZqwView::OnVentOnOff()
{
    CDrawObj::bVent =! CDrawObj::bVent;
}
void CCZqwView::OnUpdateVentOnOff(CCmdUI * pCmdUI)
{
    pCmdUI->SetCheck(CDrawObj::bVent);
}


void CCZqwView::OnTfMinepara()
{
    CCZqwDoc * pDoc = GetDocument();
    CqwCZqw * gis =pDoc->pGis;
    grhMSG * msg =gis->GetMsg();

    CVentCZqw * vent =NULL;
    bool fg =gis->IsKindOf(RUNTIME_CLASS(CVentCZqw));
    if (fg)
      vent =(CVentCZqw * )gis;
    else {
      vent =new CVentCZqw("三维图");
      if (! vent) return;
      * (vent->GetMsg()) = * msg;
      vent->InitLibs(gis);
      * (vent->GetXForm()) = * (gis->GetXForm());
```

```
        vent->mLyrCntr. DumpObjs(gis->mLyrCntr);
        pDoc->Replace(vent);
    }
    CTFMineParaDlg mdlg;
    mdlg. SetMinePara(vent->GetMinePara());
    if (mdlg. DoModal()==IDOK) mdlg. GetMinePara(vent->GetMinePara());
    pDoc->SetModifiedFlag();
}
void CCZqwView::OnTfTnlTypes()
{
    CVentCZqw * vent =(CVentCZqw * )(GetDocument()->pGis);
    sTnlClsArray& tnls =vent->GetTnlClsLib();
    CTfTnlDataDlg tdlg;
    tdlg. tnlTypes. Copy(tnls);
    if (tdlg. DoModal()==IDOK) tnls. Copy(tdlg. tnlTypes);
}
void CCZqwView::OnUpdateTfTnlTypes(CCmdUI * pCmdUI)
{
    CqwCZqw * gis =GetDocument()->pGis;
    bool fg =gis->IsKindOf(RUNTIME_CLASS(CVentCZqw));
    pCmdUI->Enable(fg);
}
void CCZqwView::OnTfDrawVentnet()
{
    CqwCZqw * gis =GetDocument()->pGis;
    CDrawVentNet * net=gis->ConstructNet();
    if (net) {
        gis->mBase. AddObj(net);
        gis->Regen();
    }
    Invalidate(FALSE);
}
void CCZqwView::OnUpdateTfLaneDrctsw(CCmdUI * pCmdUI)
{
    BOOL fg =FALSE;
    if (m_selection. GetCount()==1) {
        CDrawObj * pObj =m_selection. GetHead();
        fg = pObj->IsKindOf(RUNTIME_CLASS(CDrawTunnel));
    }
    pCmdUI->Enable(fg);
}
void CCZqwView::OnTfLanePara()
{
    CqwCZqw * gis =GetDocument()->pGis;
    if (! gis->IsKindOf(RUNTIME_CLASS(CVentCZqw)))
        { AfxMesqwgeBox("三维图!"); return; }
    float len;
    CDrawTunnel * tnl =(CDrawTunnel * )m_selection. GetHead();
    SPnt3Dvm * lane =tnl->GetcurLane(len);
    if (lane==NULL) { SaError(); return; }
```

```
        CVentLaneDlg tdlg((CVentCZqw * )gis, lane, len);
        tdlg. DoModal();
}
void CCZqwView::OnUpdateTfLanePara(CCmdUI * pCmdUI)
{
        BOOL fg =FALSE;
        if (m_selection. GetCount()==1) {
                CDrawObj * pObj =m_selection. GetHead();
                fg = pObj->IsKindOf(RUNTIME_CLASS(CDrawTunnel));
        }
        pCmdUI->Enable(fg);
}
void CCZqwView::OnDrawTnlFrame()
{
        CDrawTunnel::DrawFrameSw();
}

void CCZqwView::OnUpdateTfNetcal(CCmdUI * pCmdUI)
{
        CqwCZqw * gis =GetDocument()->pGis;
        bool fg =gis->IsKindOf(RUNTIME_CLASS(CVentCZqw));
        pCmdUI->Enable(fg);
}
void CCZqwView::OnTfNetcal()
{
        CVentCZqw * pVentGis = (CVentCZqw * )GetDocument()->pGis;
        pVentGis->tfjs(0);
}


void CCZqwView::OnNetcalInit()
{
        CVentCZqw * pVentGis =(CVentCZqw * )GetDocument()->pGis;
        pVentGis->tfjs(1);
}
void CCZqwView::OnUpdateNetcalInit(CCmdUI * pCmdUI)
{
        CqwCZqw * gis =GetDocument()->pGis;
        bool fg =gis->IsKindOf(RUNTIME_CLASS(CVentCZqw));
        pCmdUI->Enable(fg);
}


void CCZqwView::OnUpdateCloseLane(CCmdUI * pCmdUI)
{
        BOOL fg =FALSE;
        if (m_selection. GetCount()==1) {
                CDrawObj * pObj =m_selection. GetHead();
                fg = pObj->IsKindOf(RUNTIME_CLASS(CDrawTunnel));
        }
        pCmdUI->Enable(fg);
}
```

```
void CCZqwView::OnExtendTnl()
  CSelTnlPnt dlg;
  if (dlg. DoModal()==IDOK) {
      CDrawTunnel * tnl =(CDrawTunnel * )m_selection. GetHead();
      tnl->ExtSurPnts(dlg. tnlPnts);
      tnl->Regen();
  }
}
void CCZqwView::OnUpdateExtendTnl(CCmdUI * pCmdUI)
{
    BOOL fg =FALSE;
    if (m_selection. GetCount()==1) {
      CDrawObj * pObj =m_selection. GetHead();
      fg = pObj->IsKindOf(RUNTIME_CLASS(CDrawTunnel));
    }
    pCmdUI->Enable(fg);
}
void CCZqwView::OnTabRowcolWdhg()
{
    CDlgUsrVal dlg("当前地物宽度");
    if (dlg. DoModal() == IDOK) {
      CDrawNewTab * tab =(CDrawNewTab * )m_selection. GetHead();
      tab->SetRowColWd(dlg. m_fVal);
      tab->Regen();
    }
}
void CCZqwView::OnUpdateTabRowcolWdhg(CCmdUI * pCmdUI)
{
    BOOL fg =FALSE;
    if (m_selection. GetCount()==1) {
        CDrawObj * pObj =m_selection. GetHead();
        fg = pObj->IsKindOf(RUNTIME_CLASS(CDrawNewTab));
    }
    pCmdUI->Enable(fg);
}


void CCZqwView::On33637()
{
    SetCommand(ID_33637，PATH_TEST);
}


void CCZqwView::On3dMdlmerg()
{
#ifndef FUNCTION_3D
    AfxMesqwgeBox("三维功能呈现!");
#else
    SetCommand(ID_3D_MDLMERG，MDL_MDLMERG);
#endif
}
void CCZqwView::SaveCComObj(CComObj * mCntrObj)
```

```
{
    CCZqwDoc * doc = GetDocument();
    doc->NewLayer("模型边界线");
    CDrawObjArray * com = mCntrObj->GetAObj();
    CDrawObj * * pptr = (CDrawObj * * )com->GetData();
    for(int i=0; i<com->GetCount(); i++,pptr++)
    {
        CDrawObj * ptr = * pptr;
        doc->AddObj(ptr);
    }
    mCntrObj->InitCom();
    doc->Regen();
    doc->SetModifiedFlag();
}
void CCZqwView::OnSectByLine()
{
    SetCommand(ID_SECT_BY_LINE, SECT_BY_LINE);
}
void CCZqwView::OnMdlSect()
{
    if(! pRefObj) return;
    SetCommand(ID_MDL_SECT, MDL_SECT);
}
void CCZqwView::OnUpdateMdlSect(CCmdUI * pCmdUI)
{
    if (pRefObj) pCmdUI->Enable(true);
    else pCmdUI->Enable(false);
}
```

后　记

近年来,笔者在煤矿床三维可视化、矿区开采沉陷预计及开采引起的地质灾害研究领域先后承担了教育部博士点新教师基金(20096121120001)(2010.1—2012.12)、陕西省自然科学基金(2009JQ5001)(2010.1—2011.12)、陕西省教育厅专项科研计划(09JK606)(2010.1—2011.12)、(12JK0781)(2012.7—2014.6)、西安科技大学培育基金(2008.1—2009.12)和西安科技大学矿业工程博士后启动基金(2010.1—2011.12)等项目的资助。本书是笔者的博士论文以及博士后出站报告的基础上进一步扩展而成。

2007年6月,笔者博士毕业后,继续在西安科技大学测绘科学与技术学院任教。2007年10月,人事处处长石磊老师、张向荣老师动员我到我校矿业工程博士后科研流动站在职从事博士后科研工作,考虑过后,我欣然答应。我的博士后报告是在合作导师伍永平教授的悉心指导下完成的。从报告的选题到工作的开展,直至报告的最终定稿,我与伍永平教授进行了多次讨论,伍永平教授倾注了大量的心血。在博士后进站后与伍老师交流中,伍老师根据我的专业背景和我的想法,希望我从煤层可视化角度出发,以煤层开采后引起地表沉陷为切入点,从而解决矿区开采沉陷引起地质灾害等问题。这些问题很快锁定了我的研究的目标,我当时也没想到这些问题的解决成为了本书的主要素材。在此,谨向伍永平教授致以衷心的感谢。

在博士后报告的选题和研究期间得到了西安科技大学侯恩科教授、姚顽强教授、黄庆享教授、邓军教授、李树刚教授的指点,在此深表感谢。

感谢张金锁副校长对我的博士后出站报告的审阅,对张金锁教授提出的诚恳的建议和给予的鼓励深表感谢。

感谢科技处来兴平教授、理学院张天军教授、能源学院张辛亥教授、建工学院戴俊教授、地质与环境学院王生全教授、化工学院杜美利教授、材料学院杜惠玲教授给予的关心和爱护。

感谢西安科技大学发展规划处石磊处长、人事处张向荣副处长、测绘学院姚顽强院长、研究生院王专兵副院长和杨善虎老师等给我学业和工作上的精心安排与关心。

感谢我的博士导师——中国矿业大学郭达志教授——在我博士研究生学习阶段给予的指导和帮组。感谢我的硕士导师——西安科技大学孟鲁闽教授——在硕士研究生学习阶段给予的指导和帮组。感谢我的大学老师——西安科技大学胡荣明教授、史经俭教授、厍向阳教授——给予的指导和关心。

感谢西安煤航研究所的俞小林高工,在论文程序实现方面给予了很大的帮助,同时感谢煤航研究所副所长王信民高工的大力帮助。

感谢我的母亲和兄弟姐妹,许多年来,他们的理解、支持和关爱一直伴随着我,让我时刻感受着亲人的温暖。特别感谢我的妻子刘蓉洁女士和儿子刘誉诚在生活中的陪伴、支持和鼓励,使我能够全身心地投入本书研究中。

　　一路走来,得到了许多亲人、老师、朋友、同学的关心和帮助。由于篇幅所限,不能逐一述及,在此谨致歉意并表谢忱。我也将永远秉承诚实做人、踏实做事、勤恳工作、快乐生活的原则来回报自己的老师、同事和亲人。

　　最后,再次向在我成长过程中给予关心、帮助和支持的老师、同事表示由衷的感谢!

朱庆伟

2014 年 11 月

参 考 文 献

[1] 陈述彭,鲁学军,周成虎. 地理信息系统导论. 北京:科学技术出版社,2003.

[2] 王浒,李琦,承继成. 数字城市与城市可持续发展. 中国人口、资源与环境,2001(2):114－119.

[3] 王占刚,曹代勇. 可视化技术在矿井地质中的应用——煤矿安全高效开采地质保障体系.北京:煤炭工业出版社,2001.

[4] 周心铁. 对地观测技术与数字城市. 北京:科学出版社,2001.

[5] 李清泉,杨必胜. 三维空间数据的实时获取、建模与可视化. 武汉:武汉大学出版社,2003.

[6] 边馥苓,涂建光. 从 GIS 到数字工程. 武汉大学学报·信息科学版,2004,29(2):95－99.

[7] 承继成,王宏伟,林晖,等. 走向城市信息化时代——数字城市的理论、方法和应用. 北京:中国城市出版社,2001.

[8] 李青元,林宗坚,李成明. 真三维 GIS 技术研究的现状与发展. 测绘科学,2000,25(2):47－52.

[9] 陈学工,潘懋. 约束四面体剖分和三维物体表面重建. 计算机工程与应用,2002(3):5－7.

[10] 陈云浩,郭达志. 一种三维 GIS 数据结构的研究. 测绘学报,1999,28(1):41－44.

[11] 朱庆伟,郭达志,侯恩科。等. 基于集合论的煤矿床空间数据模型. 中国矿业大学学报, 2007,36(2):188－192.

[12] 朱庆伟,郭达志. 煤矿区地表沉陷及其可视化新方法. 矿业安全与环保,2006,33(6):10－11.

[13] 陈述彭. 地球科学的复杂性与系统性. 地理科学,1991.

[14] 龚健华. 地学可视化——理论、技术及其应用. 中科院地理所博士后研究报告,北京,1997.

[15] 龚健雅,朱欣焰,朱庆,等. 面向对象集成化空间数据库管理信息系统的设计与实现. 武汉测绘科技大学学报,2000, 25(4):289－293.

[16] 郭达志,杜培军,盛业华. 数字地球与 3 维地理信息系统研究. 测绘学报,2000.29(3):250－256.

[17] 萨贤春,姜在炳,孙涛,等. 煤矿地测信息系统(MSGIS).地质论评,2000,46(z1):150－154.

[18] 李德仁,李清泉. 一种三维 GIS 混合数据结构研究. 测绘学报,1997,26(2):128－133.

[19] 孙敏. 三维城市模型的数据建模研究. 中南工业大学博士学位论文,2000.

[20] 唐宏,盛业华. 城市空间信息的特点与城市三维 GIS 数据模型初探. 城市勘测,2000(3):24－26.

[21] 吴键生. 地质体三维可视化及空间数据探索. 中国科学院地理科学与资源研究所博士学位论文,2001.

[22] 徐华. 虚拟环境中三维地质建模与可视化技术研究与实现. 中国矿业大学（北京校区）博士学位论文, 2003.

[23] 杨必胜. 数字环境中三维地质建模与可视化建模技术研究. 武汉大学博士学位论文, 2002.

[24] 赵树贤. 煤矿床可视化构建技术. 北京:中国矿业大学（北京校区）博士学位论文, 1999.

[25] 朱庆伟,苏里,郭达志. 矿区工业广场三维空间数据的获取方法. 武汉大学学报信息科学版, 2005, 30(12A):97-99.

[26] 朱庆伟,苏里,郭达志. 基于 RGIS 的地籍信息系统的设计与实现. 煤炭科学技术, 2000,34(4):12-14.

[27] 朱庆伟,苏里,谢宏全. 基于粗集挖掘法的 GIS 和 RS 融合. 辽宁工程技术大学学报, 2006,25(1):28-31.

[28] 吴立新,史文中. 地理信息系统原来与算法. 北京:科学出版社,2003.

[29] 吴立新,史文中,Christopher Gold. 3D GIS 与 3D GMS 中的空间构建技术. 地理与地理信息科学,2003,19(1):5-11.

[30] 龚健雅,夏宗国. 矢量与栅格集成的三维数据模型. 武汉测绘科技大学学报,1997,22(1),7-15

[31] 毛善君. 煤矿地理信息系统数据模型的研究. 测绘学报,1998,11(4),331-337.

[32] 李青元. 三维矢量结构 GIS 拓扑关系及其动态建立. 测绘学报,1997,26(3),235-240.

[33] 李之棠,郑晓颖,等. 不规则三角网数据结构的研究. 微型电脑应用,2000,18(11),20-23.

[34] 陈云浩,郭达志. 一种三维 GIS 矢量数据结构的研究. 测绘学报,1999,28(1),41-44.

[35] 徐青,常歌,杨力. 基于自适应分块的 TIN 三角网建立算法. 中国图像图形学报. 2000,5(6),461-465.

[36] 易法令,郑晓颖. TIN 的生成和存储算法. 微机发展,2001(3),9-11.

[37] 韩国建,郭达志,金学林. 矿体信息的八叉树存储和检索技术. 测绘学报,1992,21(1),13-17.

[38] 武晓波,王世新,等. 一种生成 Delaunay 三角网的合成算法. 遥感学报,2000,4(1),32-35.

[39] Li Qingyuan, Li Deren. Algorithms For Tetrahedral Network Generation. Geo-Spatial Information Science,2000,3(1).

[40] 杜培军,郭达志,田艳凤. 顾及矿山特性的三维 GIS 数据结构与可视化. 中国矿业大学学报（自然科学版）,2001,5(3),238-243.

[41] 郑贵洲,申永利. 地质特征三维分析及三维地质模拟研究现状. 地球科学进展,2004, 19(2):218-223.

[42] 宁书年,李育芳. 三维地质体可视化软件理论探讨. 矿产与地质, 2002,16(4):254-255.

[43] 武强,徐华. 三维地质建模与可视化方法研究. 中国科学（D 辑,地球科学）,2004,34(1):54-60.

[44] 朱良峰,吴信才,刘修国. 3D GIS 支持下的城市三维地质信息系统研究. 岩土力学,

2004，25(6)：882－886.

[45] 芮小平，余志伟，许友志.关于建立煤矿三维 GIS 的构想.矿山测量,2000,9(3):39-43.

[46] 陈述彭,鲁学军,等.地理信息系统导论.北京:科学出版社,2000.

[47] 龚健雅.地理信息系统基础.北京:科学出版社,2001.

[48] 邬伦,刘瑜,等.地理信息系统原理、方法和应用.北京:科学出版社,2001.

[49] 柴贺军,黄地龙,黄润秋,等.岩体结构三维可视化模型研究进展.地球科学进展,
2001,2(1):55-59.

[50] 唐荣锡,汪嘉业.计算机图形学教程(修订版).北京:科学出版社,2000.

[51] 勇奎,周晓敏.虚拟现实技术和科学计算可视化.中国图像图形学报,2000,5(9):794-
798.

[52] 冯德俊,张献州,张文君.虚拟现实技术在地理信息系统中的应用.四川测绘,2001
(2),51-54.

[53] 杨树强,陈火旺.等.矢量和栅格一体化的数据模型.软件学报,1998,9(2),91-96.

[54] 宋占峰.不规则三角网数模的快速搜索与定位.长沙铁道学院学报,2000,18(2),31-34.

[55] 边馥苓,傅仲良,等.面向目标的栅格矢量一体化三维数据模型.武汉测绘科技大学学
报,2000,25(4):294-298.

[56] 夏曙东,李琦,承继成.空间信息格网和关键技术分析.地球信息科学,2002(4):30-35.

[57] 唐泽圣,孙延奎,邓俊辉.科学计算可视化理论与应用研究进展.清华大学学报,2001,
41(4/5):199-202.

[58] TITAN4.0 地学综合咨询系统产品发布会资料汇编.北京东方泰坦科技有限公司,
2001.

[59] 李仲学,李翠平.矿床仿真及体视化技术.计算机仿真,2000(5):6-8.

[60] 侯恩科,吴立新.三维地学模拟几个方面的研究现状与发展趋势.煤田地质与勘探,
2000,28(6):5-7.

[61] 侯恩科.三维地质模拟的若干关键问题研究.中国矿业大学北京校区博士论文,2002.

[62] 李青元.三维矢量结构 GIS 拓扑关系研究.中国矿业大学北京校区博士论文,1996.

[63] 李清泉,李德仁.三维空间数据模型集成的概念框架研究.测绘学报,1998,27(4),325-
330.

[64] 芮小平,余志伟,许友志.VRML 在三维地质曲面动态显示中的应用.煤田地质与勘
探,2001,29(3),5-7.

[65] 张煜,白世伟.一种基于三棱柱体体元的三维地层建模方法及应用.中国图像图形学
报,2001,6(3):285-290.

[66] 宫毅,李志刚.三维 Delaunay 剖分的断层直接插入算法.工程图学学报,2001(1):89-95.

[67] 陈学工,潘懋.空间散乱点集 Delaunay 四面体剖分切割算法.计算机辅助设计与图形
学学报,2002,14(1):93-95.

[68] 吴立新.网络化 TITAN-MGIS 的研究与开发.1999,全国矿山测量学术会议论文集,
1999,6 Cz200004:69-73.

[69] 吴立新,齐安文,杨可明,等.矿山 GIS(TT-MGIS2000)简介及其关键技术.矿山测
量,2001,(1):5-8.

[70] 吴国平,徐忠祥,徐红燕. 用灰色关联法计算储层孔隙度. 石油大学学报(自然科学版),2000,24(1):107-108.

[71] 萨贤春,姜在炳,孙涛,等. 煤矿地测信息系统(MSGIS). 地质论评,2000,46(z1):150-154.

[72] 史文中,刘文宝. GIS 中线元位置不确定性的随机过程模型. 测绘学报,1998, 27(1) 37-44.

[73] 史文中,王树良. GIS 数据之属性不确定性研究. 中国图像图形学报,2001,6 (9):918-924.

[74] 史文中. 空间数据误差处理的理论与方法. 北京:科学出版社,2000.

[75] 史文中. 空间数据与空间分析不确定性原理. 北京:科学出版社,2005.

[76] 孙敏,陈军. 三维城市模型的数据获取方法评述. 测绘通报,2000,(11):25-32.

[77] 孙敏. 论三维地理信息系统. 北京大学博士后研究报告,2002,5,2-18.

[78] Gruen A, Xinhua W. Creation of A 3D City Model ofZurich with CC - Modeler. Deren Li et al. Spatial Information Science, Technology and its Applications: RS, GPS, GIS, Their Integration and Applications,2000.

[79] Alumbaugh D L, Newman, G A: 2004. 'Image Appraisal for 2 - D and 3 - D Electromagnetic Inversion', Geophysics 65, 1455-1467.

[80] Banaei - Kashani F and Shahabi C. BSWAM: A family of access methods for similarity - search in peer - to - peer data networks, in Proceedings of the Conference on Information and Knowledge Management - CIKM, 304Y313, Washington, DC, November 2004.

[81] Batko M, Gennaro C, Savino P,et al. BScalable similarity search in metric spaces, in Proceedings of the DELOS Workshop on Digital Library Architectures: Peer - to - Peer, Grid, and Service - Orientation, 213Y224, Padova, Italy, June 2004.

[82] Gruen A. Tobago: A Semi2automated Approach for the Generation of 3D Building Models A . ISPRS Journal of Photogrammetty & Remote Sensing,2001.

[83] Batko M, Gennaro C, Zezula P. BA scalable nearest neighbor search in P2P systems, in Proceedings of the International Workshop on Databases, Information Systems, and Peer - to - Peer Computing (held in conjunction with VLDB), 64-77, Toronto, Canada, August 2004.

[84] Surpac Software International Pty Ltd. The Introduction of SURPAC,2001.

[85] Kofler M. R2trees for Visualizing and Organizing Large 3D GIS Databases, Dr. thesis D. Technischen University Graz , 2000.

[86] Suppe J. Geometry and kinematics of fault - bend folding. American Journal of Science 283,2003,684-721.

[87] Tempfle K. 3D Topographic Mapping for UrbanGIS. ITC Journal,2001,(3/ 4):181-190.

[88] White N, Jackson J, Mackenzie, D. The relationship between the geometry of normal faults and that of the sedimentary layers in their hanging walls. Journal of Structural Geology 8 (8), 2005,897-909.

[89]   Ranzinger M, Gleixner G. GIS Datasets for 3D Urban Planning Computer. Environment and Urban Systems,2000, 21(2):159 – 173.

[90]   Hubbold R, Cook J, Keates M, et al. GNU/MAVERIK: A micro kernel for large – scale virtual environments. Presence: Teleoperators & Virtual Environments, Feb 2003, 10, 22 – 34.

[91]   Ishida T, Digital cities: technologies, experiences, and future perspectives, Springer, 2000.

[92]   Fruh C and Zakhor A, Constructing 3D City Models by Merging Ground – Based and Airborne Views, IEEE Conference on Computer Vision and Pattern Recognition 2003, II – 562 – 569, June 2003.

[93]   Brenner C, Haala N, Automated Reconstruction of 3D City Models, In Abdelguerfi, M. (ed), 3D Synthetic Environment Reconstruction, Kluwer Academic Publishers, 75 – 101, 2001.

[94]   Wang Y, Zhang X, A Dynamic Modeling Approach to Simulating Socioeconomic Effects on Landscape Changes, Ecological Modeling, 140(1),May 2001. :141 – 162

[95]   Balmelli L. Progressive Meshes in an Operational Rate – Distortion Sense with Application to Terrain Data J. http://lcavwww. epfl. ch 2000.

[96]   Parish Y I H, Muller P, Procedural Modeling of Cities", Computer Graphics (SIGGRAPH 2001), 301 – 307, 2001.

[97]   Honda M, Kato N, Fukui Y, et al. Nishihara, L – system – based Generation of Road Networks for Virtual Cities, TVRSJ JOURNAL, in Japanese,2003,6(4):299 – 304.

[98]   Honjo T. Realistic Visualization of Landscape and Application onInternet. In :Li D R,Gong J Y, Chen X L , eds. Spatial Information Science , Technology and Its Applications — RS , GPS , GIS , Their Integration and Applications. Wuhan : Press of Wuhan Technical University of Surveying and Mapping ,1998,756 – 763

[99]   Verbree E, et al. Interaction in virtual world views—— linking 3D GIS with VR, INT. J. Geographical Information Science, 1999,13(4):385 – 396.

[100]   Drebenstedt C,Grafe R. Stereoscopic 3D – display for mine planning and geological modeling. Computer Application In the Minerals Industries,2001, 323 – 328.

[101]   Mark de Berg, Katrin T G Dobrindt. On Levers of Detail in Terrains. Graphical models and image processing. 1998,60(1):January,1 – 12.

[102]   Mathieu KOEHL. Pierre GRUSSENMEYER. 3D data acquisition andmodeling in a Topographic Information System. IAPRS, Vol. 32, Pare 4 "Gis – Between Visions and Applications", Stuttgart, 1998. 32(4):314 – 320.

[103]   Dollner J, Hinrichs K. A Generic 3D Rendering System. IEEE Transactions on Visualization and Computer Graphics, 8(2):99 – 118, 2002.

[104]   Gulch E. Virtual Cities from Digital Imagery. Photogrammetric Record, October 2000, 16(96):893 – 903.

[105]   Godd E F. The relational Model for Database Management. Reading: Addison –

Wesley, Massachusetts, 1990.

[106] Gong J Y, Cheng P G. Study on 3D modeling and Visualization in Geological Exploration Engineering. Proc. of ISPRS Commission II Symposium: Integrated System for Spatial Data Production, Custodian and Decision Support. Xi'an, China, 2002, 133 – 138.

[107] Gunter Pomaska. Implementation of Digital 3D – Models in Building Surveys Based on Multiimage Photogrammetry. In: International Archives of Photogrammetry and Remote Sensing, 1996, Vol. XXXI, Part BS, Vienna, 487 – 492. Houlding S W. 3D Geosciences modeling. Computer techniques for geological characterization. New York: Springer – Verlag, 2000, 119 – 129.

[108] Kinder D B, Ware J M, et al. Multiscale Terrain and Topographic Modelling with the Implicit TIN. Transaction in GIS, 2000, 4(4):379 – 4.08.

[109] Koninger Alexander. 3D – GIS for Urban Purpose, Informatic, 1998, 2(1):79 – 103.

[110] Jianya Gong, Penggen Cheng, Yandong Wang. Three – dimensional modeling and application in geological exploration engineering. Computers &Geosciences, 2004, 30:391 – 404.

[111] Simon W Houlding. 3D geosciences modeling: computer techniques for geological characterization. New York and Heidelberg, Springer – Verlag, 2000.

[112] Simon W Houlding. Practical geostatistics, modeling and spatial analysis. New York and Heidelberg, Springer – Verlag, 2000.

[113] Tipper J C. reconstructing three – dimensional geological systems: The Topology and geometry of horizons in the subsurface. Geoinformatics, 1999, 4(3)199 – 207.

[114] Turner A. The Role of Three – Dimensional Geographic Information Systems in Subsurface Characterization for Hydro geological Application, In: Three – Dimensional Applications in Geographic Information Systems, 1989, Taylor & Francis, 115 – 127.

[115] Victor J D, Alan P. Delaunay Tetrahedral Data Modelling for 3D GIS Applications, 1993, GIS/LIS, 671 – 678.

[116] Victor J D. Delaunay Triangulations in TIN Creation: An Overview and a Linear Timing Algorithm, INT. J. Geographical Information Systems, 1993, 7(6):501 – 524.

[117] Wang X, Gruen A. A hybrid GIS for 3D city models. International Archives of Photogrammetry and Remote Sensing. Amsterdam, The Netherlands, 2000, 33 (part4/3):1165 – 1172.

[118] Wenzhong SHI. Development of a hybrid model for three – dimensional GIS. Geo – Spatial Information Science, 2000, (2): 6 – 12.

[119] Wu L X. Topological relations embodied in a generalized tri – prism (GTP) model for 3D geosciences modeling system. Computer & Geosciences, 2004, 30(4):405 –

418.

[120] Terje Midtbo. Spatial Modelling by Delaunay Networks of Two and Three Dimensions,1996,1 – 88.

[121] Roberte Lattuada, Jonathan Raper. Application of 3D Delaunay triangulation algorithms in geoscientific modeling,1998,1 – 9.

[122] Donald Hearn,M. Pauline Baker. Computer Graphics,Prentice – Hall International. Inc,1998, 565 – 582.

[123] William Ford, William Topp. Data Structures with C + +, Prentice – Hall International. Inc, 1998, 225 – 271.

[124] Bermard Kolman, Robert C. Busby, Sharon Ross. Discrete Mathematical Structures, Prentice – Hall International. Inc, 1998,30 – 32.

[125] Vector J D, Tsai. Delaunay Triangulations in TIN creation: an overview and a linear time algorithm [J]. International Journal of Geographical Information Systems, 1998, 7 (6):501 – 524.

[126] Bertolotto M, Egenhofer M J, Progressive transmission of vector map data over the World Wild Web. GeoInfor – matica,2001,5(4):345 – 373.

[127] Wu Qiang, Xu Hua, An approach to computer modeling and visualization of geological faults in 3D [J]. Computers & Geosciences, 2004, 29(4):503 – 509.

[128] Zhou, Aihua. 3D visualization study of coalmine geological entity [J]. Progress in Safety Science and Technology, 2004, 4:2500 – 2504.

[129] Zlatanova Siyka, Rahman Alias Abdul, Shi Wenzhong. Topological models and frameworks for 3D spatial objects [J]. Computers & Geosciences, 2004, 30(4):419 – 428.

[130] Julian Templeman, John Paul Mueller. COM Programming with Microsoft. NET, Microsoft, 2003, 2.

[131] Lukichev S V, Nagovitsyn O V, Modelling the geological and mining objects in 'GEOTECH – 3D' program complex[J]. Izvestiya Vysshikh Uchebnykh Zavedenii, Gornyi Zhurnal, 2003, 2:13 – 19.

[132] Malcolm Scoble, Laeeque Danesbmend, Mine of the Year 2020: Technology and Human Resources [J]. The Australian Coal Review peril, 1999, 17 – 26.

[133] Pilouk Morakot,Tempfli Klaus. A Tetrahedron – Based 3D Vector Data Model for Geoinformation. Advanced Geographic Data Modeling. Netherlands Geodetic Commission. Publications on Geodesy,1994,40:129 – 140.

[134] Xiaoyong C, Ikeda K. Raster Algorithms for Generating Delaunay Tetrahedral Tessellations. International Archives of Photogrammetry and Remote Sensing. Munich, Germany. 1994,30. 124 – 131.

[135] Breunig M. An approach to the integration of spatial data and systems for a 3D geo – information system [J]. Computers & Geosciences, 1999, 25(1): 39 – 48.

[136] BULL SA, Les – Clayes – Sous – Bois. The REBOOT environment [software reuse]

Software Reusability, 1993: 80 - 88.

[137] Carr J R On visualization for assessing Kriging outcomes [J]. Math Geology, 2002, 34 (4): 421 - 433.

[138] Daminan C. Constructive solid geometry using the luminance contour model [J], Computers & Graphics, 2001, 15(3): 341 - 347.

[139] Deutsch C V, Journel A G. GSLIB geostatistical software library and user's Guide, 2nd edition [M]. NewYork: Oxford University press, 1998.

[140] Kilgard M J Improving Shadows and Reflections via the Stencil Buffer. NVIDIA White Paper, 2000.

[141] Cline D, Egbert P. Interactive Display of Very Large Textures. Proceedings IEEE Visualization '98, 343 - 350, 1998.

[142] Lindstrom, P. , and Pascucci, V. Visualization of Large Terrains Made Easy. Proceedings of IEEE Visualization 2001, 363 - 370, 2001.

[143] ZEITOUNI K, CAMBRAY B, DELPY T. Topological modeling for 3D GIS[C]// 4th Int. Conf. on Computers in Urban Planning and Urban Management, 1995: 217 - 230

[144] Wynn C. Using P - Buffers for Off - Screen Rendering in OpenGL. NVidia Technical Paper, 2002.

[145] Woo M, Neider J, Davis T, et al, D. OpenGL Programming Guide - 3rd ed. Addison - Wesley, 1999.

[146] ZLATANOVA C, TEMPFLI K. Data structuring and visualization of 3D urban data [C]// Int. Conf. of the Association of Geographic Laboratories inEurope. Spie, 1998:58 - 70.

[147] Ware J M, Jones C B, Matching and aligning features in overlayed coverages. Proceedings of the Sixth ACM International Symposium on Advances in Geographic Information Systems, Washington, DC, 1998,28 - 33.

[148] ZLATANOVA S. On 3D topological relationships[C]//Int. Workshop on Database and Expert System Applications. Springer, 2000: 913 - 919.

[149] GIEZEMAN G J, KETTNER L, SCHIRRA S, et al. On the design of CGAL, the computational geometry algorithms library [J]. Software - Practice and Experience, 2000, 30:1167 - 1202.

[150] SCHNEIDER M. Spatial data types and 3D model for database systems - finite resolution geometry for geographic information systems [C]//Volume LNCS1390. Springer - Verlag, Berlin Heidelberg, 2003: 19 - 30.

[151] Berg M, van Kreveld M, Overmars M, et al. Computational Geometry Algorithms and Applica - tions. Springer, Berlin, 2001, 365.

[152] http://www. gisforum. net, Nie Chang - chun, a new GIS bourn based on moduled GIS.

[153] http://gocad. ensg. inpl - nancy. fr, Julian Templeman, how to use gocad and word

properly.

[154] http://www. ctech. com，Simon J D，Geologic Data Transfer Using XML.

[155] http://www. esrichina － bj. cn，Wadembere M I，3D GIS Demonraphics Spatial Analysis and modelling.

[156] http://www. mapgis. com. cn，Martin Dodne，Towards the Virtual City：VR &. Internet GIS for Lrban Planninn. Virtual Reality and Geonraphical Information Systems，liirkbeck Collene.

[157] http://www. rsichina. com，Edward Verbree，A multiview VR interface for 3D GIS.

[158] http://www. supersoft. com. cn，Christopher B，Data Structure for 3I）Spatial Information System in Geology.

[159] http://www. dgi. com，Vicaor，T，Delaunay Triangulation in TIN Creation about Time Algorithm.

[160] http://www. lynxgeo. com，Renato P，Delaunay Triangulation of Arbitraily shaped Pannar Domain.

[161] http://www. mincom. com，Mucke E，A Robust Implementation for 3P Delaunay Triangulalions.

[162] http://www. geoquest. com，Thoma；S，A Survev of Constrnction and Manipulation of octree.

[163] http://www. surpac. com. cn，Christopher C，Triangulation and spatial ordering in computer cartography.

[164] http://www. mincom. com，Kraak M，Web Based Exploratory Data Analysis：Visualisation Meets Spatial Analysis.

[165] http://www. vulcan3d. com，Ranzinger M，A short thought about GIS Datasets for 3D Urban Planning. .

[165] http://www. geocom. com，Simon W，3D geoscience modeling computer techniques for geological characterization.